W0288293

Grohmann · Papendieck · Westphal-Nagel

Automatisierungstechnik mit Simatic S7

Programmierprojekte für die berufliche Aus- und Weiterbildung

3. überarbeitete und aktualisierte
Auflage 2009

ISBN 978-3-936318-75-3

www.epv-verlag.de

Bibliografische Information der Deutschen Bibliothek:
Die Deutsche Bibliothek verzeichnet diese Publikation in der Deutschen Nationalbibliografie; detaillierte bibliografische Daten sind im Internet über **http://dnb.ddb.de** abrufbar.

Das Fotokopieren dieses Buches ist - auch auszugsweise - verboten!

Für die in diesem Buch enthaltenen Aufgaben und Übungen ist eine CD-ROM mit Lösungen und Lösungshinweisen optional erhältlich.

Copyright 2009 by
EPV Elektronik-Praktiker-Verlagsgesellschaft mbH
und deren Lizenzgeber. Alle Rechte vorbehalten.
Postfach 1163, D-37104 Duderstadt
Email: info@epv-verlag.de
Web: www.epv-verlag.de

Das Werk ist urheberrechtlich geschützt. Die dadurch begründeten Rechte, insbesondere die der Übersetzung, des Nachdrucks, der Entnahme von Abbildungen, der Funksendung, der Wiedergabe auf fotomechanischem oder ähnlichem Wege und der Speicherung in Datenverarbeitungsanlagen bleiben, auch bei nur auszugsweiser Verwertung, vorbehalten.

Die Wiedergabe von Gebrauchsnamen, Handelsnamen, Warenbezeichnungen usw. in diesem Werk berechtigt auch ohne besondere Kennzeichnung nicht zu der Annahme, dass solche Namen im Sinne der Warenzeichen- und Markenschutz-Gesetzgebung als frei zu betrachten wären und daher von jedermann benutzt werden dürften.

Wir übernehmen auch keine Gewähr dafür, dass die in diesem Buch enthaltenen Angaben frei von Patentrechten sind. Durch diese Veröffentlichung wird weder stillschweigend noch sonstwie eine Lizenz auf etwa bestehende Patente gewährt.

Bei der Zusammenstellung von Texten und Abbildungen wurde mit größter Sorgfalt vorgegangen. Trotzdem können Fehler nicht vollständig ausgeschlossen werden. Verlag und Autor können für fehlerhafte Angaben und deren Folgen weder eine juristische Verantwortung noch irgendeine Haftung übernehmen. Für Verbesserungsvorschläge und Hinweise auf Fehler sind wir dankbar. Hierfür hat der Verlag eine eigene Emailadresse eingerichtet: simatic@epv-verlag.de

Dem Buch liegt eine Demo DVD der Siemens AG bei:
„STEP 7 Professional, Edition 2006 SR5, Trial License" umfasst: STEP 7 V5.4 SP4, S7-GRAPH V5.3 SP6, S7-SCL V5.3 SP5, S7-PLCSIM V5.4 SP2 und ist 14 Tage zu Testzwecken nutzbar.

Dem Buch liegt eine Demo DVD der Siemens AG bei:
„SIMATIC WinCC flexible 2008, Trial Software" umfasst: SIMATIC WinCC flexible 2008 Advanced und ist 30 Tage zu Testzwecken nutzbar.

Die Software ist nur unter Microsoft Windows XP Professional Edition SP2 oder Microsoft Windows Vista 32 Business oder Microsoft Windows Vista 32 Ultimate ablauffähig.

Weitere Informationen erhalten Sie im Internet unter
http://www.siemens.de/sce/promotoren
http://www.siemens.de/sce/module
http://www.siemens.de/sce/tp

Vorwort

In der Automatisierungstechnik ist nach dem Hard- und Softwarewechsel von Simatic S5 auf Simatic S7 die Umstrukturierung zum normgemäßen Programmieren nach **IEC-61131** weltweit in vollem Gange. Neu erstellt werden strukturierte Programme mit bibliotheksfähigen Funktionsbausteinen. Die Verwendung von Symbolnamen und lokalen Variablen wird dabei ebenso konsequent genutzt, wie der Gebrauch der **IEC-Timer** und der **IEC-Counter**.
Mit der Neuordnung in der beruflichen Aus- und Weiterbildung ist angesagt, die vorgesehenen lernfeldorientierten Lerninhalte an ganzheitlichen Projekten in kleinen Arbeitsgruppen oder zunehmend selbständig zu erarbeiten. Um die fachliche Vielfalt der Automatisierungstechnik mit Simatic S7 zu erarbeiten, stehen in diesem Arbeitsheft 3 aufeinander aufbauende Programmierprojekte zur Verfügung:

- **A** Die programmtechnischen S7-Grundlagen werden mit dem kombinatorischen Projekt „Kühlhaussteuerung" gelegt.
- **B** Die Schrittkettenprogrammierung, der Umgang mit S7-Graph und sicherheitsrelevante Aspekte stehen beim sequentiellen Projekt „Palettenhubtisch" im Vordergrund des Lernens.
- **C** Die Programmelemente zur Analogwertverarbeitung werden am Projekt „Geregelter DC-Antrieb" erarbeitet.

Alle Automatisierungsprojekte sind strukturiert angelegt. Die einzelnen Kapitel führen den Lernenden bei seiner Programmierarbeit anhand von Beschreibungen und Screen-Shots durch die Fachthematik. Der Umgang mit der S7-Software wird dabei ebenso unterstützt wie das konsequente Anwenden von IEC-61131-konformen S7-Programmelementen. Im Projekt B bilden sicherheitstechnische Aspekte einen besonderen Schwerpunkt.

Das Übungsprojekt „Kombischütten-Steuerung" bietet die Möglichkeit zur Überprüfung der erlernten grundlegenden Programmierkenntnisse.
Für die Programmvisualisierung steht jeweils ein virtuelles Modell mit **WinCC flexible** und mit **ProTool/Pro** zur Verfügung.

Die hierfür erforderlichen Runtime-Versionen und die Simatic-Funktionsbausteine für die Visualisierung stehen zur Verfügung unter:
http://www.epv-verlag.de/automatisierung/simatic.zip

Schleswig-Holstein im Januar 2009
Dirk Papendieck, Siegfried Grohmann und Peter Westphal-Nagel

Systemvoraussetzungen

Für die Umsetzung der Programmieraufgaben werden folgende Anforderungen an die Hard- und Software gestellt:

- **Windows 2000 Pro** SP4 bis **Step7** V5.4 SP3 oder **Windows XP Pro** SP2 mit **Step7** V5.3 SP2 oder **Windows XP Pro** SP3 ab **Step7** V5.4 SP4 oder **Windows Vista Ultimate & Business** ab **Step7** V5.4 SP3
- **S7 PLC-SIM** ab V5.2 (in **Step7 Professional Edition** enthalten; PLC-SIM wird nur genutzt, wenn keine reale CPU angeschlossen ist)
- **S7 Graph** ab V5.2 (in **Step7 Professional Edition** enthalten)
- **S7 PID Control** ab V5.1 (in **Step7 Professional Edition** enthalten)
- **Nur als Runtime notwendig**: **WinCC flexible 2005** SP1 oder **WinCC flexible 2007** oder **WinCC flexible 2008** (geeignet auch für Windows Vista)
- **oder ProTool/Pro** ab V6.0 SP2; für Windows XP SP2 **ProTool/Pro** ab V6.0 SP3 (**nur die Runtime ist notwendig**))
- **MPI-Schnittstelle** z.B. PC-Adapter USB (nicht notwendig bei Benutzung von PLC-SIM)
- **Step7 CPU** der 300er Reihe (nicht notwendig bei Benutzung von PLC-SIM)

Weitere Angaben zu den einzelnen Systemvoraussetzungen befinden sich auf den Siemens Internetseiten http://www.automation.siemens.com/_de/portal/index.htm im Support-Bereich!

Inhaltsverzeichnis
Automatisierungstechnik mit Simatic S7

C Das Projekt SPS-geregelter Gleichstromgenerator

D Das Übungsprojekt „Kombischütte"

E Die virtuellen Modelle

A1 Projekt Kühlhaussteuerung

Dieses Automatisierungsprojekt „Kühlhaussteuerung“ wird mit grundlegenden kombinatorischen Verknüpfungen mit Simatic S7 programmiert. Dabei sollen folgende Programmierkenntnisse in diesem Automatisierungsprojekt in strukturierten Abschnitten erarbeitet werden:

- Das Konfigurieren der Hardware einer S7-300-Station
- Das Erstellen und Programmieren einer Funktion, eines Funktionsbausteins, eines Instanzdatenbausteins und eines Organisationsbausteins
- Das Erstellen einer Symboltabelle und die Deklaration von Bausteinvariablen
- Das Benutzen von globalen und lokalen Daten
- Das Bilden von Multiinstanzen bei Funktions- und bei Systemfunktionsbausteinen
- Das Verwenden des IEC-Timers TON
- Das Arbeiten mit binären Funktionen
- Das Arbeiten mit Zuweisungen, mit Flanken und mit Taktmerkern

Für die Programmvisualisierung steht eine WinCC flexible und / oder eine ProTool/Pro Runtimeversion zur Verfügung:

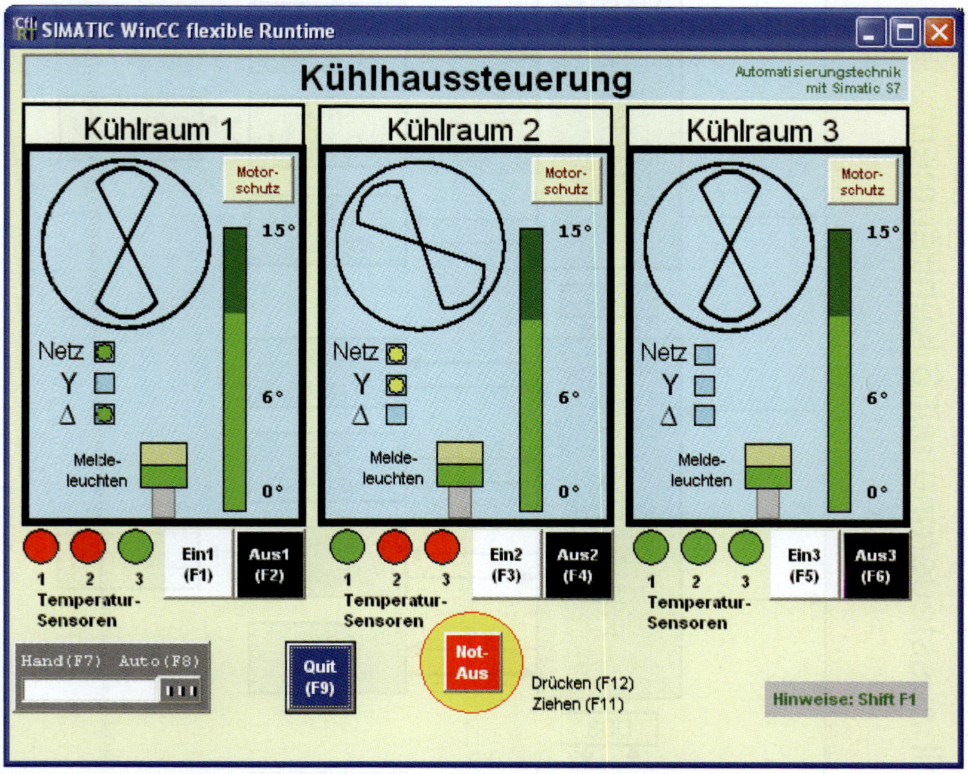

Die Programmbeschreibung des Projektes Kühlhaussteuerung:

Ein Kühlhaus für Gemüse soll mit einer SPS automatisiert werden. Die Temperaturwerte betragen in den Kühlräumen je nach Gemüseart zwischen 1°C und 15°C. Das Kühlhaus besteht aus mehreren - in diesem Fall aus 3 - einzelnen Kühlräumen.

Jeder Kühlraum ist mit den folgenden Komponenten ausgestattet:

- 2 Taster zum Steuern der Anlage im Handbetrieb: Ein - Aus
- 3 Temperatursensoren
- 1 Kühlaggregat, dessen Drehstrommotor im Y–Δ–Anlauf gestartet werden muss
- 1 Motorschutzrelais, um den Motor vor Überstrom zu schützen
- 2 Meldeleuchten: Gelb und Grün

Alle Kühlräume werden zentral mit folgenden Komponenten gesteuert:

- 1 Umschalter für Automatik- oder Handbetrieb, Automatikbetrieb = 1
- 1 Not-Aus-Schalter
- 1 Quittierungstaster

In jedem Kühlraum sind an verschiedenen Raumpositionen drei Temperatursensoren montiert. Wenn mindestens 2 der drei Temperatursensoren eine zu hohe Temperatur melden (=1), soll das Kühlaggregat anspringen. Spricht kein Temperatursensor mehr an, soll das Kühlaggregat wieder ausgehen. Die Drehstrommotoren sind mittels Motorschutzrelais gesichert und werden im Y–Δ–Anlauf angelassen. Störungen oder das Auslösen des Not-Aus müssen quittiert werden, bevor die Anlage wieder in Betrieb gehen kann.

Die gelbe Meldeleuchte blinkt mit 1 Hz nach einer Not-Aus-Betätigung oder bei Ausfall eines Motors. Sie zeigt Dauerlicht, wenn alle 3 Temperatursensoren bei zu hoher Temperatur angesprochen haben.

Die grüne Meldeleuchte blinkt mit 1 Hz, wenn im Automatikbetrieb das Kühlaggregat läuft. Sie zeigt Dauerlicht, wenn im Automatikbetrieb das Kühlaggregat aus ist.

Im Handbetrieb wird das Kühlaggregat mit den Ein- und Austastern gesteuert. Die Hand-Automatik-Umschaltung geschieht zentral für alle Räume.

Die Struktur der Kühlhaussteuerung:

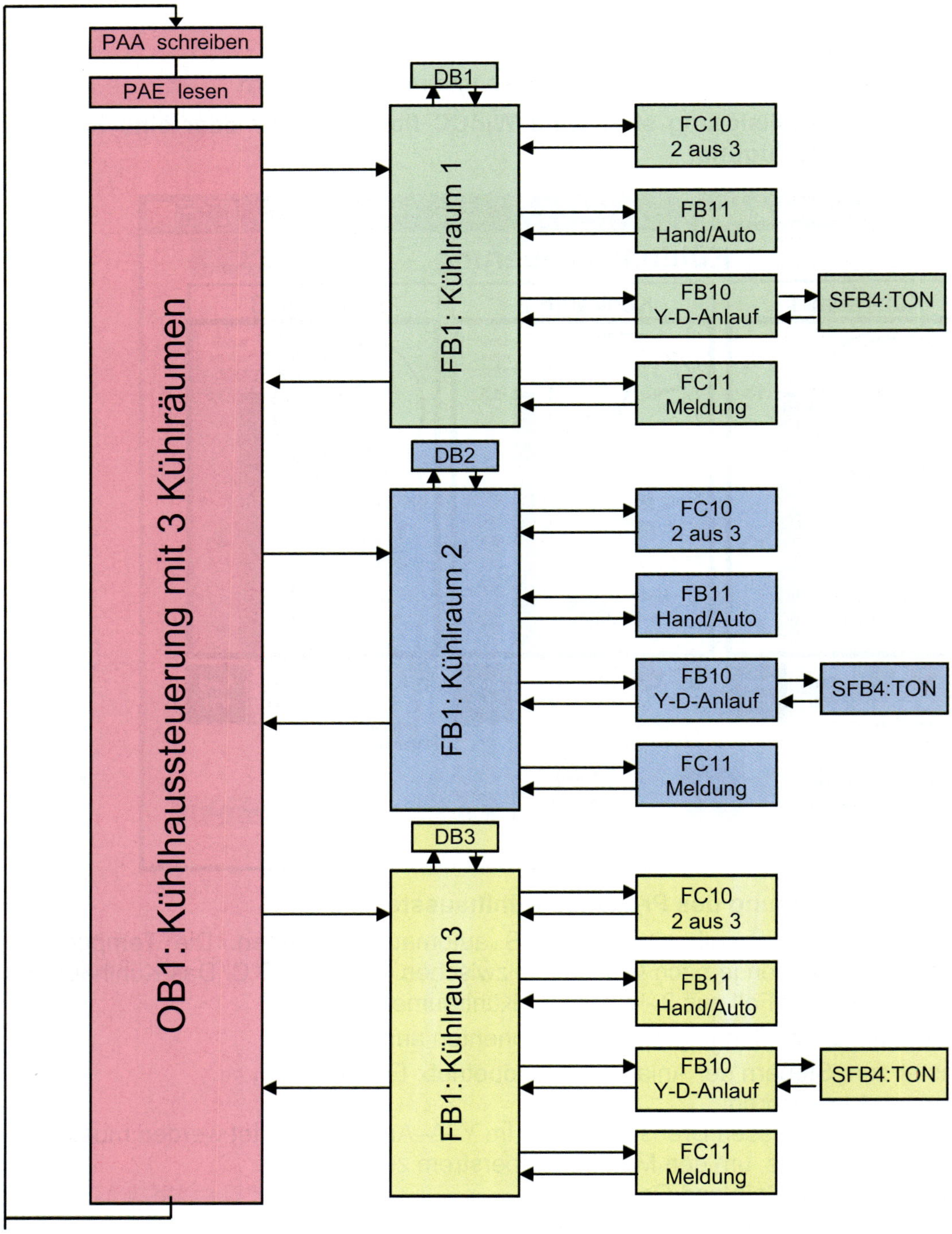

PAA: Prozessabbild der Ausgänge SFB: Systemfunktionsbaustein OB: Organisationsbaustein FC: Funktion
PAE: Prozessabbild der Eingänge FB: Funktionsbaustein DB: Datenbaustein

Das strukturierte Projekt „Kühlhaussteuerung“ besteht aus funktionalen Programmeinheiten.

A2 Ein neues Projekt erstellen

Über den gestarteten **SIMATIC-Manager** kann ein **neues Projekt** geöffnet werden:

Das Projekt bekommt im nächsten Fenster einen **Namen** (hier "Kuehlhaus"). Außerdem wird in dem Fenster der **Ablageort (Pfad)** festgelegt. Der S7-Projekt-Pfad wird standardmäßig vorgeschlagen.

Ein neuer Pfad ist aber einstellbar.

OK anklicken und das Projekt wird angelegt.

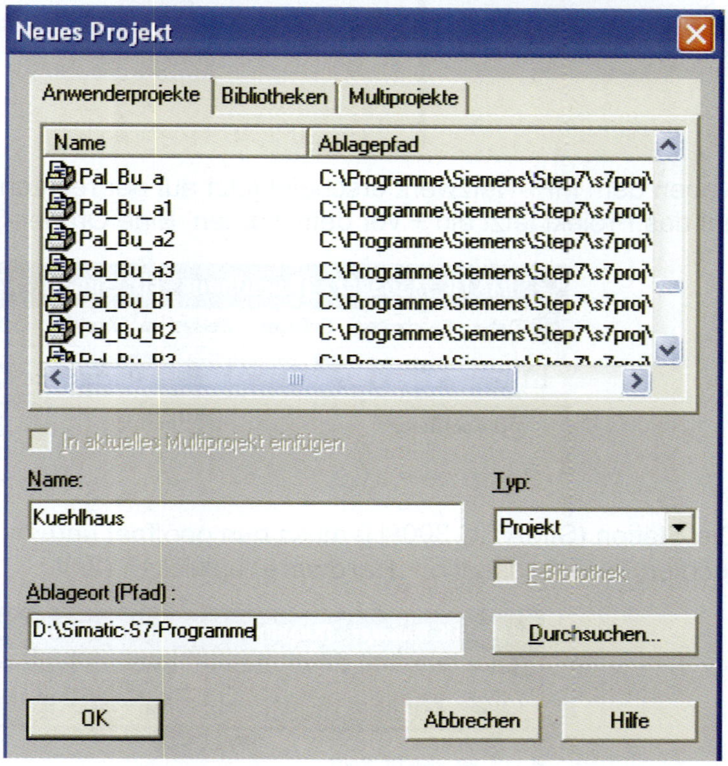

Es öffnet sich das **Projekt-Fenster**!

Das Projekt hat z.Zt. nur einen Namen (geöffneter Ordner auf der linken Seite), in dem sich ein **MPI-Netzwerk** befindet. (MPI: Multi Point Interface).
Diese mehrpunktfähige Schnittstelle wird zur Kommunikation mit angeschlossenen SPS-Geräten (Hardwarekomponenten) und zum Programmieren genutzt. Das MPI-Netzwerk ist der integrierte Simatic-Hausbus.

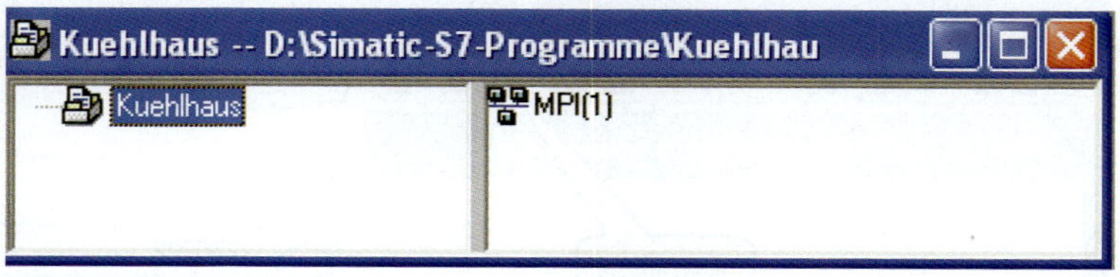

Dieses Projekt muss nun „gefüllt“ werden.

Die Grundlage des Projektes ist eine **SIMATIC-Station**. Diese SIMATIC-Station wird über die Menüfolge „Einfügen und Station“ oder über einen rechten Mausklick im rechten Fensterbereich „**eingefügt**“. In diesem Projekt wird eine Simatic 300-Station eingefügt.

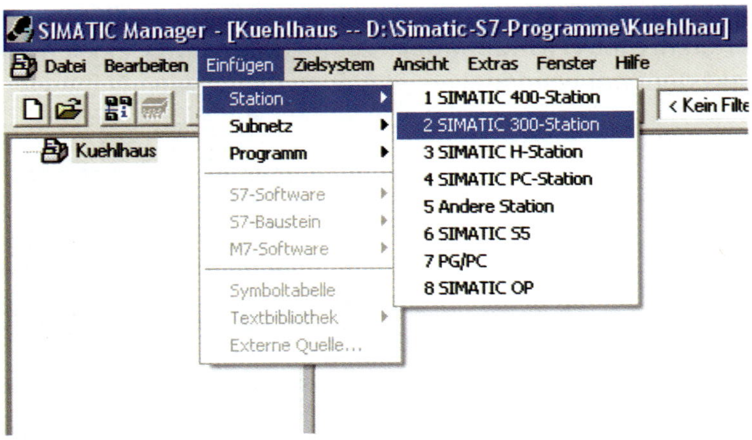

Neben dem MPI-Netzwerk erscheint jetzt auf der rechten Seite eine **SIMATIC 300(1)**. Außerdem hat das Projekt jetzt ein + vor dem Namen. Eine Ordner-Struktur ist entstanden:

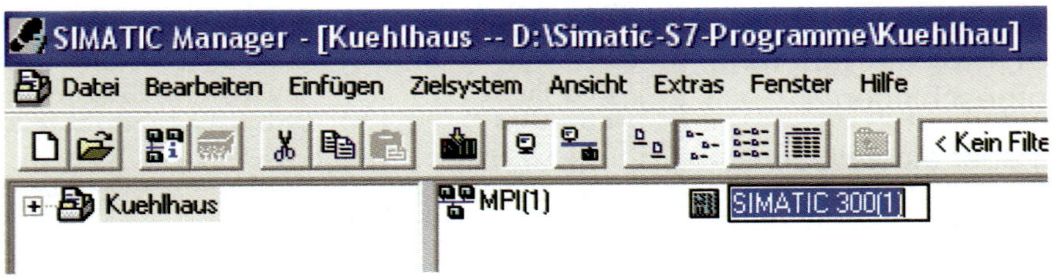

Die Station (SIMATIC 300(1)) muss nun geöffnet und mit Hardware versehen werden. Dazu im rechten Fenster das Icon „**Hardware**“ anklicken (2x)!

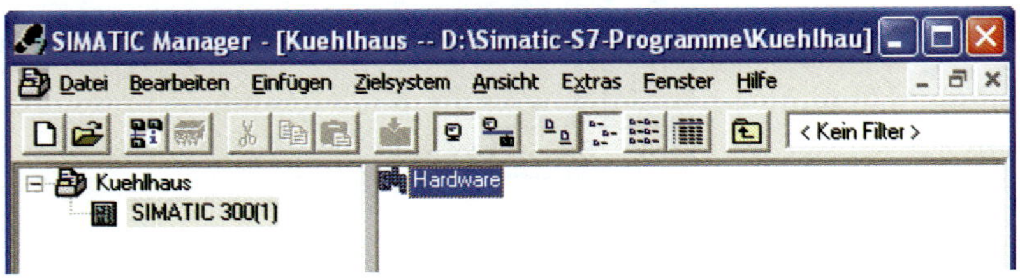

Jetzt öffnet sich ein Fenster (**HW Konfig**), und die Hardware der Station muss spezifiziert werden. Das heißt: es müssen die erforderlichen Hardware-Baugruppen konfiguriert, also softwaremäßig zusammengestellt werden.

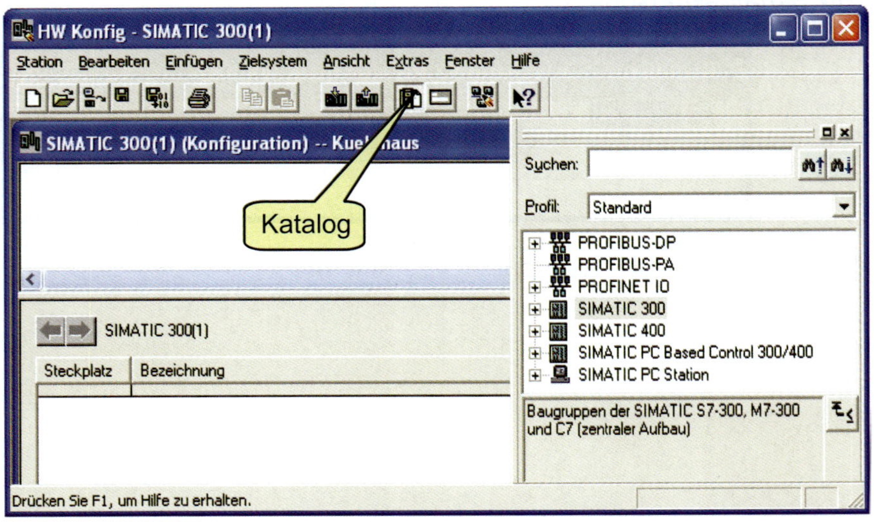

Dazu muss, wenn dies nicht automatisch passiert ist, der "Katalog" durch Anklicken des Icons geöffnet werden. Aus dem Katalog werden die erforderlichen Komponenten ausgewählt und auf den entsprechenden Steckplatz gebracht.

Zunächst wird die Profilschiene, das "Rack", eingebaut:
Ordner „**Rack-300**" öffnen
Die „**Profilschiene**" durch Doppelklicken einbauen. (Oder über Drag und Drop in das linke Fenster ziehen).

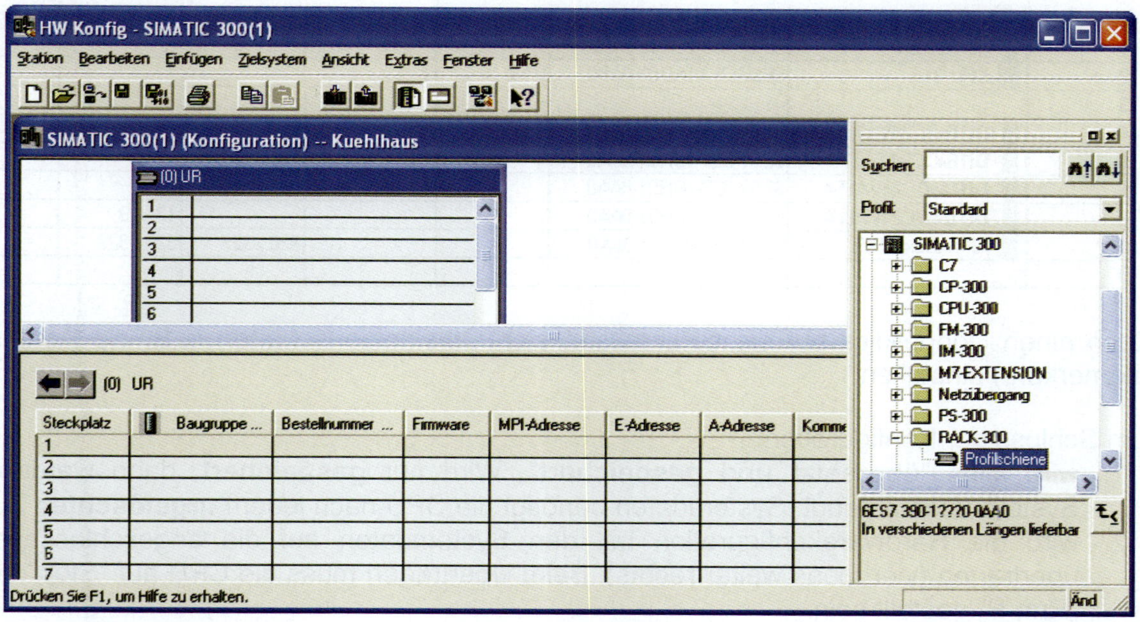

Jetzt müssen die einzelnen Baugruppen auf die Profilschiene gezogen oder durch Doppelklick eingefügt werden. Jeder Baugruppentyp hat einen bestimmten Platz oder Bereich auf der Schiene:

Platz	Baugruppe
1	Power-Supply (PS-300)
2	CPU (z.B.:CPU313) (CPU-300)
3	IM-Verbindungsbaugruppen (hier leer)
4 ++	I/O-Baugruppen (SM-300)

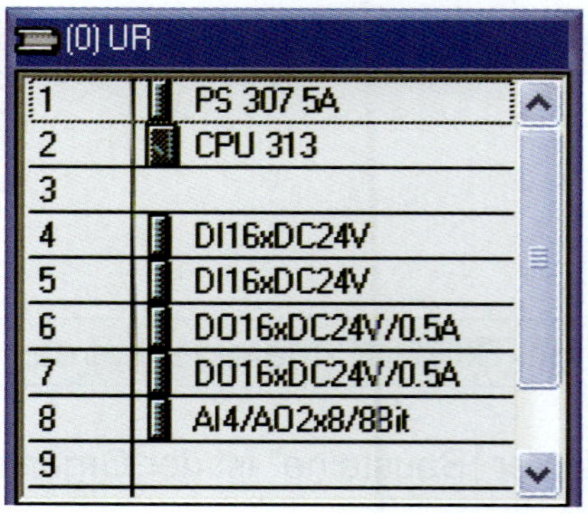

Hinweis: Das Programm liefert eine Meldung, falls ein Platz nicht erlaubt ist!

!Achtung!
Wenn keine IM-Verbindungsbaugruppe eingebaut wird, ist der Steckplatz 3 leer. Beim realen Aufbau bleibt hier natürlich kein Loch! Mit einem IM-Anschaltmodul kann ein mehrzeiliger Aufbau mit weiteren Racks hergestellt werden.

Im unteren Teil des linken Fensters ist die Konfiguration nochmals detailliert dargestellt. Hier sind auch die Eingangs- und Ausgangs-Adressen aufgelistet.
Weil für viele CPUs das Prozessabbild der Eingänge und das Prozessabbild der Ausgänge nur im Adressbereich von 0.0 bis 127.7 gebildet wird, sind diese Angaben vor allem für die analogen Ein- und Ausgänge wichtig! Baugruppen, die Adressen außerhalb des Prozessabbildes haben, werden über periphere Bereiche angesprochen. Weitere Informationen zu den analogen Baugruppen folgen im Projekt C.

Steckplatz	Baugruppe ...	Bestellnummer	Firmware	MPI-Adresse	E-Adresse	A-Adresse	Kommentar
1	PS 307 5A	6ES7 307-1EA00-0AA0					
2	CPU 313	6ES7 313-1AD03-0AB0	V1.2	2			
3							
4	DI16xDC24V	6ES7 321-1BH01-0AA0			0...1		
5	DI16xDC24V	6ES7 321-1BH01-0AA0			4...5		
6	DO16xDC24V/0.5A	6ES7 322-1BH01-0AA0				8...9	
7	DO16xDC24V/0.5A	6ES7 322-1BH01-0AA0				12...13	
8	AI4/AO2x8/8Bit	6ES7 334-0CE01-0AA0			320...327	320...323	
9							

Durch einen Doppelklick auf die CPU lassen sich Objekteigenschaften (z.B. die Adresse des Taktmerkers) einstellen.

Zum Schluss der Konfiguration:

1. wird alles "**übersetzt und gespeichert**". Wird nur **gespeichert**, dann werden keine Systemdaten erzeugt. Systemdaten benötigt die CPU nach jedem **urgelöschten** Zustand.
2. wird die Hardwarekonfiguration mit den Systemdaten auf die angeschlossene CPU übertragen (vier Icons weiter rechts). Beim Übertragen muss die CPU auf "Stop" oder auf „Run-P“ gestellt sein.

Ist keine reale SPS vorhanden, kann die Hardwarekonfiguration auch auf den SPS-Simulator PLCSIM übertragen werden. Nähere Informationen hierzu unter den Kapiteln A4 und A5!

Im SIMATIC-Manager hat das Projekt noch mehr Unterordner bekommen. (Bitte alle öffnen!)

Unter "Bausteine" ist der Organisationsbaustein OB1 zu finden.

Jetzt können die einzelnen Programmteile der Kühlhaussteuerung geschrieben werden. Doch hierfür sind noch einige Vorüberlegungen und Vorarbeiten notwendig:

- Das Festlegen der symbolischen Bezeichnungen
- Das Erstellen der Programmstruktur

A3 Die erste Funktion

... auf dem Weg zur strukturierten Programmierung

A3.1 Grundsätzliches

A3.1.1 SPS-Programmiersprachen

Ein SPS-Programm besteht aus logischen Verknüpfungen, die alle nacheinander und sehr schnell zyklisch abgearbeitet werden. Alle „paar Millisekunden" werden die Anweisungen durchlaufen. Es gibt verschiedene Möglichkeiten, ein SPS-Programm zu schreiben:

- **AWL** **Anweisungs-Liste**: Eine Text-orientierte Sprache, die sehr an Assembler erinnert. Sie bietet die umfangreichsten Programmier-Möglichkeiten (auch um Fehler zu machen). AWL ist etwas für Spezialisten bzw. für Fachleute, die mit der SPS-Programmierung routiniert arbeiten.
- **KOP** **Kontaktplan**: Eine grafische Programmier-Oberfläche, in der in Form eines Stromlaufplanes gezeichnet wird. KOP ist in den USA und in Asien sehr verbreitet.
- **FUP** **Funktionsplan:** Eine grafische Programmier-Oberfläche, die mit Logiksymbolen (UND, ODER, NICHT, ...) arbeitet. Sie ist in Europa weit verbreitet. Da die Programme sehr gut lesbar sind, sollen die Projekte dieses Buches mit dieser Programmier-Oberfläche bearbeitet werden. (genormt nach IEC 61131: **FBS, Funktionsbausteinsprache**).
- **SCL** **Structured Control Language**: Eine PASCAL- bzw. C-nahe Programmiersprache.
- **GRAPH** **Grafische Programmiersprache**: Sie wird für Ablaufketten eingesetzt.
- **HI-GRAPH** **Programmierung mit Zustandsgraphen**: Bei Beschreibung von Prozessen mit wechselnden Verfahrens- und Bewegungsabläufen.
- **CFC** **Continuous Function Chart**: Grafische Verschaltung von Bausteinen und Signalen durch festgelegte Ablaufeigenschaften.

A3.1.2 Strukturierte Programmierung

Es werden drei verschiedene Strukturarten unterschieden:

- **lineares Programm**: Alle Anweisungen / logische Verknüpfungen werden hintereinander geschrieben. Das Ergebnis: lange, unübersichtliche Programme, die zudem auch noch langsam sind. Bestenfalls für Mini-Programme anwendbar, auf keinen Fall empfehlenswert!
- **gegliedertes Programm**: Funktionell zusammengehörende Anweisungen werden in Bausteinen zusammengefasst. Diese werden nach Bedarf bearbeitet. Ein Datenaustausch zwischen den Programm-Teilen findet nicht statt.
- **strukturiertes Programm**: Einer der wichtigsten Punkte in einem Programmiersystem ist die Möglichkeit, ein größeres Programm in überschaubare und universell nutzbare Einheiten zu unterteilen. Einzelne Programmfunktionen werden dabei in Programmbausteinen zusammengefasst. Diese Bausteine werden bei Bedarf in einem Programm mehrfach verwendet (z.B. der Y-Δ-Anlauf mehrerer Drehstromantriebe). Programmbausteine sind **bibliothekfähig** und sie entsprechen der **IEC-Norm 61131**, wenn die verwendeten Variablen **hardwareunabhängig** deklariert sind, wenn **IEC-genormte** Programmelemente verwendet werden und wenn über definierte Schnittstellen mit anderen Software-Komponenten kommuniziert wird. Strukturierte Programme sind sehr übersichtlich, servicefreundlich und erlauben ein effektives Programmieren.

Die Programm-Projekte dieses Buches sollen strukturiert aufgebaut sein! Die einzelnen Programmteile sollen **hardwareunabhängig**, **bibliothekfähig** und damit der **IEC-Norm 61131** entsprechend programmiert werden!

A3.1.3 SPS-Programmierbausteine (x steht für 1, 2, 3 ...)

- OB1 **Organisationsbaustein** 1: Das ist das „Hauptprogramm“. Von dort werden die anderen Bausteine zyklisch aufgerufen. Es gibt noch weitere OBs mit besonderen Aufgaben, z.B. OB35 als Weckalarm oder OB82 als Diagnosealarm.
- FCx **Funktionen**: funktionale Bausteine (Unterprogramme), in denen nichts (lokal) für den nächsten Programm-Zyklus gespeichert werden kann („Sofort-Logik“).
- FBx **Funktionsbausteine**: In diesen Bausteinen können Daten lokal gespeichert werden. Die statisch deklarierten Daten bleiben auch bis zum nächsten Programm-Zyklus erhalten. Der Speicher besteht aus einem zugeordneten Datenbaustein (DBx, Instanz-Datenbaustein). Ein FB kann mehrfach mit verschiedenen DBs in einem Programm aufgerufen werden.
- DBx **Datenbaustein**: In diesen Baustein werden Daten gespeichert. Es gibt globale Datenbausteine und Instanzdatenbausteine (sind einem FB zugeordnet). Die Instanzdatenbausteine werden auf Nachfrage automatisch generiert.

A3.2 Vorgehensweise beim Programmieren

A3.2.1 Die Aufgabenstellung festlegen

Ein Kühlhaus soll mit einer SPS automatisiert werden. Jeder Kühlraum hat:

- 2 Taster zum Bedienen: Ein – Aus
- 3 Temperatursensoren
- 1 Kühlaggregat, dessen Motor im Y-Δ-Anlauf gestartet werden muss.
- 2 Meldeleuchten

Die Umschaltung von Handbetrieb auf Automatikbetrieb geschieht mit einem Schalter zentral für alle Räume.

Automatikbetrieb: Wenn 2 der drei Temperatursensoren ansprechen (=1) soll das Kühlaggregat anspringen. Wenn kein Temperatursensor mehr anspricht, soll das Kühlaggregat wieder ausgehen.

Handbetrieb: Das Kühlaggregat wird mit den Ein- und Aus-Tastern gesteuert.

Motoren: Die Motoren werden im Y-Δ-Anlauf angelassen. Nach 5s im Y-Betrieb soll automatisch auf Δ-Betrieb umgeschaltet werden. Das gilt sowohl für den Hand- als auch für den Automatikbetrieb.

Motorschutz: Die Motoren sind durch Überlastrelais (Motorschutzrelais) gesichert. Der Öffner (NC: 95-96) des Relais wird als realer Kontakt in der Ansteuerung zu den Motorschützen verwendet. Der Schließer (NO: 97-98) liefert der SPS-Steuerung eine Auslöseinformation. Die Motorschütze müssen bei Auslösung eines Überlastrelais abgeschaltet werden.

Meldeleuchten:

1. gelb: - Blinken mit 1 Hz bei Ausfall eines Motors oder bei Not-Aus. (hat Vorrang)
   - Dauerlicht bei zu hoher Temperatur (alle 3 Sensoren haben angesprochen)
2. grün: - Blinken mit 1 Hz: im Automatik-Betrieb, wenn das Kühlaggregat läuft.
   - Dauerlicht: im Automatik-Betrieb, wenn das Kühlaggregat aus ist.

Allgemein: Nach dem Zurücksetzen einer Not-Aus-Betätigung oder einer Überlastauslösung ist eine Quittierung zwingend erforderlich. Erst danach dürfen die Kühlaggregate wieder gestartet werden.

A3.2.2 Die Ein- und Ausgänge der SPS zuordnen, die Zuordnungsliste erstellen

Bei den Eingangskontakten muss die Drahtbruchsicherheit beachtet werden. Bei jedem Schalter, Taster oder Sensor ist festzulegen, ob es sich um einen **Öffner**- oder **Schließer**-Kontakt handelt!

NC Normal closed	Öffner	Bevorzugt bei stoppender Befehlsgebung
NO Normal open	Schließer	Bevorzugt bei startender Befehlsgebung

Bezogen auf die konfigurierte SPS ergibt sich diese Zuordnungsliste. Bei einer anderen Hardwarekonfiguration müssen entsprechende Ein- und Ausgangsadressen gewählt werden.

Eingänge			Ausgänge	
Bezeichnung	Typ	SPS	Bezeichnung	SPS
Hand-Auto	Auto = 1	E 0.0	NetzSchuetz_1	A 8.0
EIN_1	NO Schließer	E 0.1	Y_Schuetz_1	A 8.1
AUS_1	NC Öffner	E 0.2	D_Schuetz_1	A 8.2
EIN_2	NO Schließer	E 0.3	NetzSchuetz_2	A 8.3
AUS_2	NC Öffner	E 0.4	Y_Schuetz_2	A 8.4
EIN_3	NO Schließer	E 0.5	D_Schuetz_2	A 8.5
AUS_3	NC Öffner	E 0.6	NetzSchuetz_3	A 8.6
MotorSchutz_1	NO Schließer	E 0.7	Y_Schuetz_3	A 8.7
MotorSchutz_2	NO Schließer	E 1.0	D_Schuetz_3	A 9.0
MotorSchutz_3	NO Schließer	E 1.1	Meldeleuchte11	A 9.1
NotAus	NC Öffner	E 1.2	Meldeleuchte12	A 9.2
Quittieren	NO Schließer	E 1.3	Meldeleuchte21	A 9.3
Temperatur11	NO Schließer	E 4.0	Meldeleuchte22	A 9.4
Temperatur12	NO Schließer	E 4.1	Meldeleuchte31	A 9.5
Temperatur13	NO Schließer	E 4.2	Meldeleuchte32	A 9.6
Temperatur21	NO Schließer	E 4.3		
Temperatur22	NO Schließer	E 4.4		
Temperatur23	NO Schließer	E 4.5		
Temperatur31	NO Schließer	E 4.6		
Temperatur32	NO Schließer	E 4.7		
Temperatur33	NO Schließer	E 5.0		
Kontakt_K11	NO Schließer	E 5.1		
Kontakt_K21	NO Schließer	E 5.2		
Kontakt_K31	NO Schließer	E 5.3		

A3.2.3 Die Symbol-Tabelle erstellen

Für eine gute Programmverständlichkeit und für eine schnelle Diagnose im Fehlerfall, werden prozessverständliche Namen für die Sensorik, die Aktorik und die Programmbausteine verwendet.

In dem Ordner **S7-Programm(1)** einen Doppelklick auf „**Symbole**“ ausführen. Dadurch wird der Symbol-Editor gestartet.

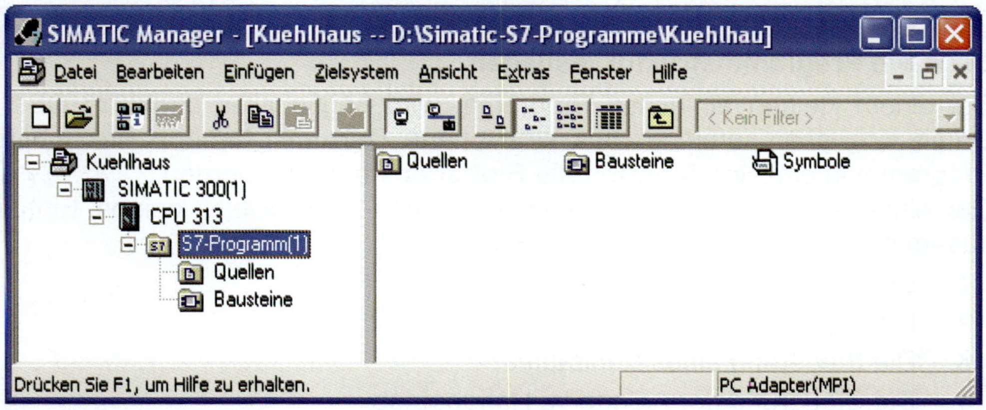

Alle **symbolischen Namen** werden im Simatic-Programm durch ein Anführungszeichen, z.B. **„NetzSchuetz1“** gekennzeichnet. Diese Anführungszeichen zeigen an, dass es sich um Namen handelt, die **in der Symboltabelle eingetragen** wurden. Die Ein- und Ausgänge der Logik-Elemente **können** sowohl mit den **absoluten Adressen** (z.B. E0.1) als auch mit den entsprechenden **symbolischen Namen** (z.B. "EIN") beschriftet werden.

Die entsprechende Symboltabelle:

	Status	Symbol	Adresse	Datentyp	Kommentar
1		NetzSchuetz_1	A 8.0	BOOL	K1, Netzschütz für Motor M1
2		Y_Schuetz_1	A 8.1	BOOL	K11, Stern-Schütz 1
3		D_Schuetz_1	A 8.2	BOOL	K12, Dreieck-Schütz 1
4		NetzSchuetz_2	A 8.3	BOOL	K2, Netz-Schütz für Motor M2
5		Y_Schuetz_2	A 8.4	BOOL	K21, Stern-Schütz 2
6		D_Schuetz_2	A 8.5	BOOL	K22, Dreieck-Schütz 2
7		NetzSchuetz_3	A 8.6	BOOL	K3, Netzschütz für Motor M3
8		Y_Schuetz_3	A 8.7	BOOL	K31, Stern-Schütz 3
9		D_Schuetz_3	A 9.0	BOOL	K32, Dreieck-Schütz 3
10		Meldeleuchte11	A 9.1	BOOL	H11, grün, Auto:1Hz=Motor an, Dauer=Motor aus
11		Meldeleuchte12	A 9.2	BOOL	H12, gelb, 1Hz=Ausfall, Dauer=Temp. zu hoch
12		Meldeleuchte21	A 9.3	BOOL	H21, grün, Auto:1Hz=Motor an, Dauer=Motor aus
13		Meldeleuchte22	A 9.4	BOOL	H22, gelb, 1Hz=Ausfall, Dauer=Temp. zu hoch
14		Meldeleuchte31	A 9.5	BOOL	H31, grün, Auto:1Hz=Motor an, Dauer=Motor aus
15		Meldeleuchte32	A 9.6	BOOL	H32, gelb, 1Hz=Ausfall, Dauer=Temp. zu hoch
16		Auto-Hand	E 0.0	BOOL	S100, Schalter Hand/Auto, Auto = 1
17		EIN_1	E 0.1	BOOL	S1, Schließer NO, weiss
18		AUS_1	E 0.2	BOOL	S2, Öffner NC, schwarz
19		EIN_2	E 0.3	BOOL	S3, Schließer NO, weiss
20		AUS_2	E 0.4	BOOL	S4, Öffner NC, schwarz
21		EIN_3	E 0.5	BOOL	S5, Schließer NO, weiss
22		AUS_3	E 0.6	BOOL	S6, Öffner NC, schwarz
23		MotorSchutz_1	E 0.7	BOOL	F1, Schließer NO
24		MotorSchutz_2	E 1.0	BOOL	F2, Schließer NO
25		MotorSchutz_3	E 1.1	BOOL	F3, Schließer NO
26		NotAus	E 1.2	BOOL	S120, Öffner NC, rot
27		Quittieren	E 1.3	BOOL	S130, Schließer NO, blau
28		Temperatur11	E 4.0	BOOL	S11, Raum1 Sensor1, Schließer wenn Temp. zu hoch
29		Temperatur12	E 4.1	BOOL	S12, Raum1 Sensor2, Schließer wenn Temp. zu hoch
30		Temperatur13	E 4.2	BOOL	S13, Raum1 Sensor3, Schließer wenn Temp. zu hoch
31		Temperatur21	E 4.3	BOOL	S21, Raum2 Sensor1, Schließer wenn Temp. zu hoch
32		Temperatur22	E 4.4	BOOL	S22, Raum2 Sensor2, Schließer wenn Temp. zu hoch
33		Temperatur23	E 4.5	BOOL	S23, Raum2 Sensor3, Schließer wenn Temp. zu hoch
34		Temperatur31	E 4.6	BOOL	S31, Raum3 Sensor1, Schließer wenn Temp. zu hoch
35		Temperatur32	E 4.7	BOOL	S32, Raum3 Sensor2, Schließer wenn Temp. zu hoch
36		Temperatur33	E 5.0	BOOL	S33, Raum3 Sensor3, Schließer wenn Temp. zu hoch
37		Kontakt_K11	E 5.1	BOOL	K11, Hilfskontakt 13-14, Freigabe für Netzschütz, NO
38		Kontakt_K21	E 5.2	BOOL	K21, Hilfskontakt 13-14, Freigabe für Netzschütz, NO
39		Kontakt_K31	E 5.3	BOOL	K31, Hilfskontakt 13-14, Freigabe für Netzschütz, NO

Ein Klick auf eine Spaltenüberschrift bewirkt eine alphanumerische Sortierung.

Mit dem Windows-spezifischen Icon wird die Tabelle gespeichert.

A3.2.4 Die Programmstruktur festlegen

Bei einem kleinen einfachen Programm wird häufig alles direkt im OB1 programmiert. Damit sich aber sofort an das strukturierte Denken gewöhnt wird, soll das Kühlhaus-Programm in einzelne **funktionelle Einheiten** aufgeteilt werden.

Die einzelnen funktionellen Einheiten, sortiert von jeweils kleinen Einheiten zu einem zusammenwirkenden komplexen System sind:

1. Die „2_aus_3“ -Funktion
2. Der Y-D-Anlauf
3. Die Steuerung eines Kühlraums
4. Die Steuerung der Anlage im Handbetrieb
5. Die Signalgebung über Meldeleuchten
6. Die komplette Steuerung eines Kühlraums
7. Die Steuerung für das ganze Kühlhaus

Genau in dieser Reihenfolge soll das Projekt Stück für Stück aufgebaut werden.

A3.3 Den S7-Baustein „Funktion“ erstellen und programmieren

A3.3.1 Erstellen der Funktion FC10 „2_aus_3“ (Function, FC)

Zuerst muss der FC-Baustein erzeugt und eingefügt werden. Dazu im SIMATIC-Manager das Projekt bis zu „Bausteine“ öffnen. Dort eine neue **Funktion** einfügen:

Im folgenden Fenster muss der **Name** und die **Erstellsprache** ausgefüllt bzw. ausgewählt werden. Ein **symbolischer Name** mit einem **Symbolkommentar** sollte ebenfalls vergeben werden:

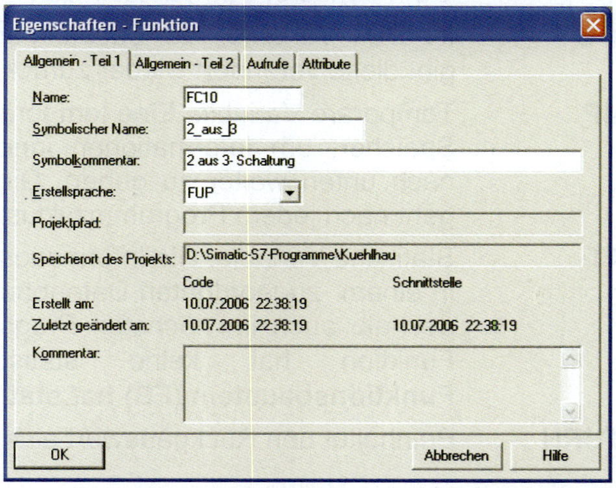

> Der „Symbolische Name“ und der „Symbolkommentar“ werden automatisch in die Symboltabelle eingetragen.

A3.3.2 Der Programm-Editor

Den KOP/AWL/FUP-Editor des FC10 durch einen Doppelklick öffnen. Der **Editor** unterteilt sich in drei Fenster / Frames:

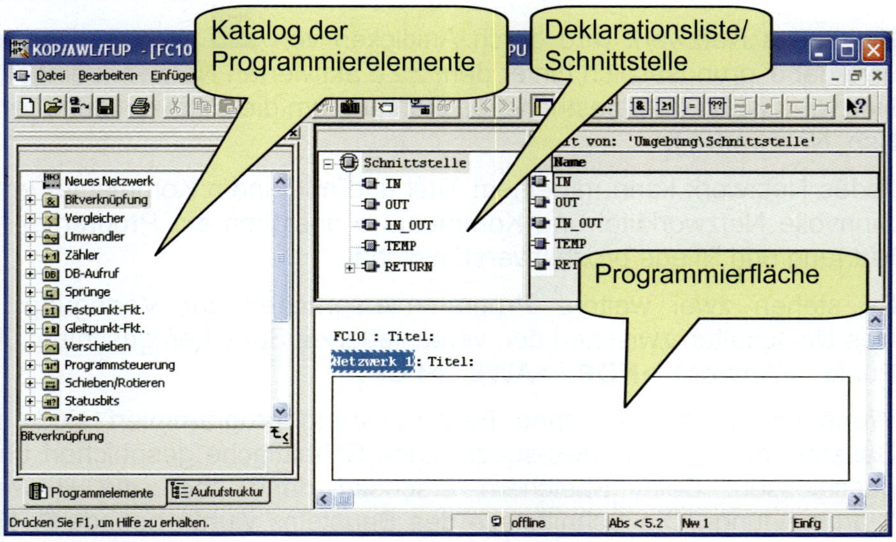

A3.3.3 Der Katalog der Programmierelemente

Der Katalog der Programmierelemente stellt die Programmierbefehle zur Verfügung. Falls der Katalog nicht automatisch geöffnet wurde, dann kann er über:

Ansicht – Katalog oder **<Strg><K>** oder oder über **Einfügen – Programmelemente** oder **<Strg><G>** eingeschaltet werden.

A3.3.4 Die Deklarationsliste/Schnittstelle

In der Deklarationsliste werden die lokalen Variablen deklariert, die im Baustein benötigt werden. Diese Schnittstelle bildet den Datenübergang zwischen einem Programmbaustein und einem übergeordneten aufrufenden Baustein (z.B. einem Organisationsbaustein). Programmbausteine erhalten die Bibliothekfähigkeit gemäß IEC 61131, wenn sie ausschließlich mit deklarierten lokalen Variablen programmiert werden. Alle deklarierten Variablen werden mit einer vorangestellten Raute "**#**" angezeigt. Die Raute "**#**" verweist auf den Eintrag in die **Deklarationsliste / Schnittstelle** des Bausteins. Bei der strukturierten Programmierung werden Hardwareadressen bzw. symbolische Namen erst im Organisationsbaustein OB1 verwendet.

Es gibt folgende Variablen-Typen:

- **IN** IN-Variable. Der Baustein erhält Eingangs-Informationen
- **OUT** OUT-Variable. Der Baustein gibt Ausgangs-Informationen zurück.
- **IN_OUT** IN_OUT-Variable. Der Baustein erhält Eingangsinformationen und gibt diese verändert wieder zurück.
- **TEMP** Temporäre Variable. Eine temporäre Variable dient als Zwischen-Speicher, um Informationen innerhalb des Bausteins von oben nach unten weiter zu geben. Die Information der Temp-Variable geht nach jedem Programmzyklus verloren.
- **STAT** Statische Variable. Die Information einer statischen Variablen wird in einem zugeordneten Datenbaustein (DB) gespeichert. Sie steht deshalb auch im nächsten Programmzyklus zur Verfügung. Eine Funktion hat keine statischen Variablen. **Nur ein Funktionsbaustein (FB) hat statische Variable**.
- **RETURN** Beinhaltet den Rückgabewert einer Funktion (**nur beim FC**)

A3.3.5 Die Programmierfläche

Die Programmierfläche steht für die Programmprogrammierung zur Verfügung. Im „Katalog der Programmierelemente“ sind die Grundfunktionen unter „**Bitverknüpfungen**“ zu finden. Sie werden per „drag and drop“ oder per Mausklick auf die Programmierfläche gebracht. Wichtige Hinweise:

- In jedem Netzwerk darf nur eine zusammenhängende Verknüpfung existieren.
- Ein neues Netzwerk wird durch Anklicken von erzeugt. Das neue Netzwerk wird dabei grundsätzlich hinter dem z.Zt. aktivierten Netzwerk eingefügt. Das aktive Netzwerk ist an dem gestrichelten Rahmen um die Netzwerknummer erkennbar (im Bsp. Netzwerk 1).
- Jedes Netzwerk kann mit einem Titel und mit einem Kommentar erläutert werden. Sinnvolle Netzwerktitel und Kommentare gestalten ein Programm für die spätere Wartung und Pflege prozessverständlicher.
- Es stehen zwei weitere Programmiersprachen zur Verfügung. **AWL / KOP** Das Umschalten zwischen den verschiedenen Sprachen geschieht über den Menü-Punkt: **>Ansicht >KOP / >AWL / >FUP**.
- Wenn alle Netzwerke ohne Fehlermeldung programmiert sind, dann wird der Baustein mit der Windows-spezifischen Schaltfläche gespeichert und das Fenster geschlossen. Beim Speichern erscheint dann noch ein Hinweis bzw. eine Warnmeldung: "Die Schnittstelle des Bausteins wurde geändert“. Diesen Hinweis durch Mausklick bestätigen!

A3.3.6 Die Variablen der Funktion FC10, „2_aus_3“- Schaltung deklarieren

Alle Eingangsinformationen, die im Baustein benötigt werden, müssen als lokale **IN-Variable** deklariert werden:

- Der Temperatursensor 1
- Der Temperatursensor 2
- Der Temperatursensor 3

Die Informationen, die der Baustein als Programm-Ergebnis zurückliefert, werden als lokale **OUT-Variable** deklariert:

- Das Einschaltsignal **_2aus3**
- Das Ausschaltsignal **kein_sensor**

Informationen, die als Zwischenwerte dienen, werden als lokale **TEMP-Variable** deklariert:

- fall_1 , - fall_2 und -fall_3

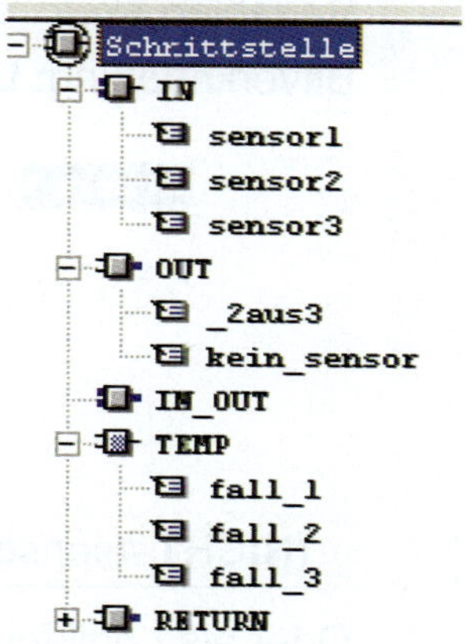

A3.3.7 Die Programm-Logik der Funktion FC10, "2_aus_3"-Schaltung erstellen

Der entsprechende Teil der Aufgabenstellung lautet:

Automatikbetrieb: Wenn **2 der 3** Temperatursensoren ansprechen (=1), dann soll das Kühlaggregat anspringen. Wenn **kein** Temperatursensor mehr anspricht, dann soll das Kühlaggregat wieder ausgehen.

Netzwerk 1: Die erste Einschaltmöglichkeit ist gegeben, wenn der #sensor1 und der #sensor2 ansprechen. Das Ergebnis dieser UND-Verknüpfung wird über eine Zuweisung (=) als Zwischenwert in der temporären Variablen #fall_1 gespeichert.

Bitverknüpfung: **UND**

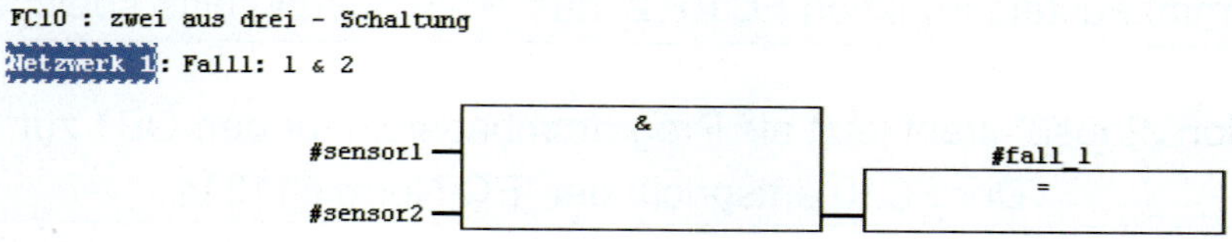

(#sensor1 **und** #sensor2) = #fall_1

Netzwerk 2: Die zweite Einschaltmöglichkeit ist gegeben, wenn der #sensor2 und der #sensor3 ansprechen. Das Ergebnis dieser UND-Verknüpfung wird über eine Zuweisung (=) als Zwischenwert in der temporären Variablen #fall_2 gespeichert.

(#sensor2 **und** #sensor3) = #fall_2

Netzwerk 3: Die dritte Einschaltmöglichkeit ist gegeben, wenn der #sensor3 und der #sensor1 ansprechen. Das Ergebnis dieser UND-Verknüpfung wird über eine Zuweisung (=) als Zwischenwert in der temporären Variablen #fall_3 gespeichert.

(#sensor3 **und** #sensor1) = #fall_3

Netzwerk 4: Das Kühlaggregat muss anspringen, wenn #fall_1 oder #fall_2 oder #fall_3 gegeben sind. Das Ergebnis dieser ODER-Verknüpfung wird der OUT- Variablen #_2aus3 zugewiesen. Bitverknüpfung: **ODER**

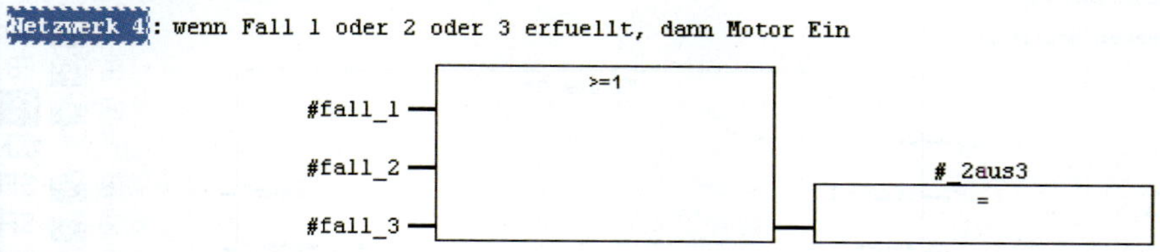

(#fall_1 **oder** #fall_2 **oder** #fall_3) = #_2aus3

Netzwerk 5: Das Kühlaggregat muss ausgehen, wenn kein Sensor mehr angesprochen hat. Das Ergebnis dieser UND-Verknüpfung mit **negierten** Eingängen wird der OUT-Variablen #kein_sensor zugewiesen.

Bitverknüpfung: **UND** mit negierten Eingängen

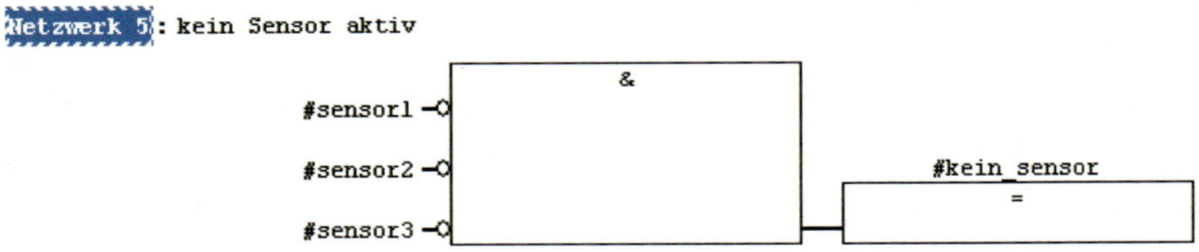

(**NICHT** #sensor1 **UND NICHT** #sensor2 **UND NICHT** #sensor3) = #kein_sensor

Oder als Logikform mit Negationsstrichen (Strich über der Variablen) geschrieben:

($\overline{\text{\#sensor1}}$ **UND** $\overline{\text{\#sensor2}}$ **UND** $\overline{\text{\#sensor3}}$) = #kein_sensor

Ein weitergehender Hinweis zur Negationssymbolik:

$\overline{\text{(\#sensor1 ODER \#sensor2 ODER \#sensor3)}}$ = #kein_sensor

Ein gemeinsamer Strich über alle drei Variablen entspricht einer ODER-Verknüpfung mit einer Ausgangsnegierung!
Es ist keine ODER-Verknüpfung mit drei Eingangsnegierungen!

Den Programmbaustein Funktion FC10 „2_aus_3"-Schaltung bitte speichern!

Die Funktion „2aus3" steht jetzt als Programmbaustein für den OB1 zur Verfügung!
Der FC10 entspricht der IEC-Norm 61131!

A3.3.8 Den Organisationsbaustein OB1 erstellen

Der zuvor programmierte Baustein FC10 **„2_aus_3"** ist allein nicht lauffähig. Er muss vom zyklisch arbeitenden Organisations-Baustein OB1 aufgerufen werden.

Den OB1 durch einen Doppelklick öffnen!

Hinweis:
Beim ersten Öffnen des OB1 erscheint ein Fenster, in dem die Programmiersprache **FUP** einzustellen ist. Für den OB1 kann ebenfalls in diesem Fenster ein symbolischer Name vergeben werden.

Netzwerk 1: Im **Netzwerk 1** muss die Funktion **FC10 aufgerufen** werden. Dazu wird im **Programm-Elemente-Katalog** der Ordner **FC Bausteine** geöffnet. Dort hat Simatic-S7 den **FC10 „2_aus_3" beim Abspeichern eingetragen**. Mit drag and drop kann der FC10 in das Netzwerk 1 gezogen werden.

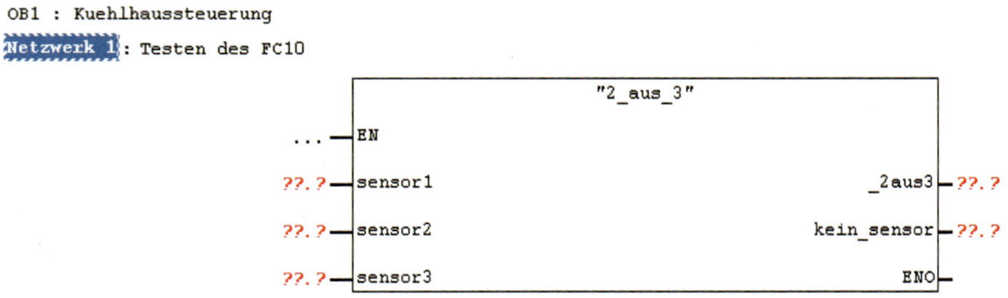

Die deklarierten Variablen **IN** (sensor1, sensor2 und sensor3) und **OUT** (_2aus3 und kein_sensor) des Bausteins (FC10) müssen mit den Ein- und Ausgängen der SPS-Hardware "verschaltet" werden.

Als Sensoren die Temperatursensoren des Kühlraumes 1 benutzen! Als Ausgänge für diesen ersten Programmtest die gelbe und die grüne Meldeleuchte des Kühlraums 1 (Meldeleuchte11 und Meldeleuchte12) verwenden.

Für das „Verdrahten" der Ein- und Ausgänge gibt es drei Möglichkeiten:

1. Direktes Eintragen der Hardware-Adressen, z.B. E 4.0 bzw. A 9.1
2. Direktes Eintragen des symbolischen Namens, z.B. "Temperatur11" (Die Anführungszeichen zeigen an, dass sich der Name **Temperatur11** auf einen Eintrag in der Symboltabelle bezieht.
3. Mit der rechten Maustaste auf die Fragezeichen (??.?) klicken und den Menüpunkt "Symbol einfügen" auswählen. Aus dem Auswahlfenster kann der gewünschte Ein- oder Ausgang ausgewählt werden.

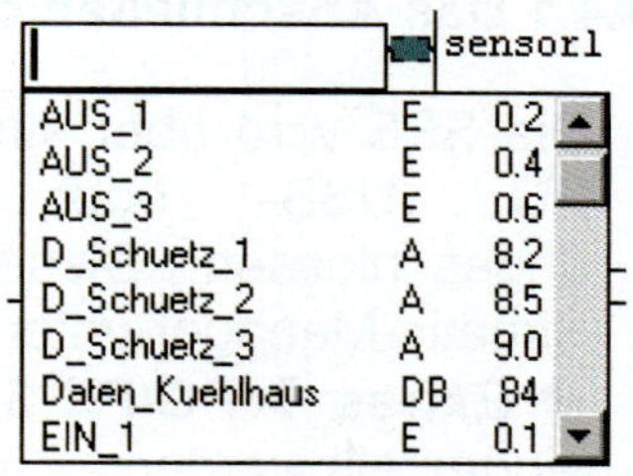

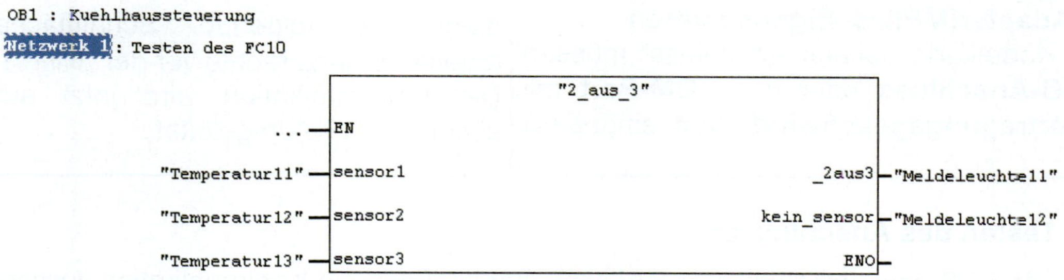

Hinweis:

Mit der Schaltfläche  kann die **symbolische Darstellung** ein- und ausgeschaltet werden.

Der OB1 muss jetzt noch gespeichert, geschlossen und getestet werden!

Die **Struktur des Programms** sieht nun wie folgt aus:

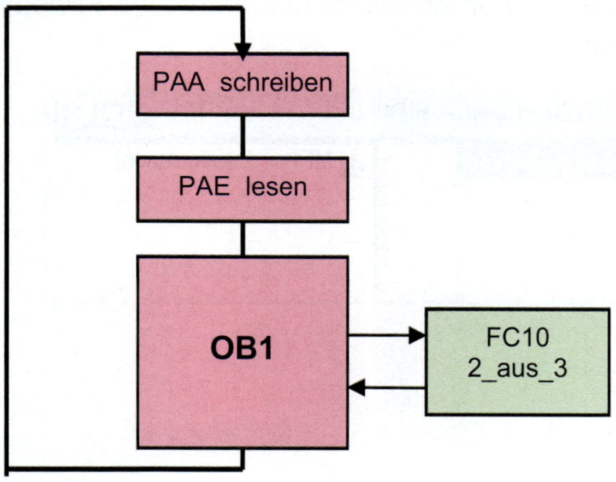

Hiermit ist die erste Funktion mit Simatic S7 programmiert!

A4 Das Programm übertragen und testen

Das Programm soll nun in die reale SPS bzw. in den SPS-Simulator PLCSIM (weiteres hierzu auch unter Kapitel 5) übertragen und getestet werden.

Im Folgenden werden, wenn notwendig, die Anleitungen aufgeteilt:

In der linken Spalte stehen die Anweisungen, wenn eine **echte SPS** angeschlossen ist.	In der rechten Spalte ist das entsprechende Verfahren für den **Simulator** beschrieben.

A4.1 Das Anschließen der SPS an den PC

Die SPS wird über einen **MPI-Adapter** an den PC (USB- oder serielle Schnittstelle) angeschlossen. Diese Schnittstelle muss im Simatic-Manager unter **➔ Extras ➔ PG/PC-Schnittstelle** eingestellt werden: **➔ PC-Adapter(MPI) ➔ Eigenschaften** auf der Karteikarte „lokaler Anschluss" müssen der **USB-Anschluss** oder der **COM-Port** mit der **Übertragungsgeschwindigkeit** eingestellt werden.	Der **Simulator** gehört **nicht** zur **Standard-Ausrüstung** von STEP7 und muss eventuell zusätzlich installiert und autorisiert werden. Zum Starten des Simulators im Simatic-Manager die Simulation einschalten. Dazu dient die folgende Schaltfläche: (meistens ganz rechts vor der „Hilfe") Die Kommunikation wird jetzt auf diese simulierte SPS umgeleitet.

A4.2 Das Testen des Anschlusses

Wenn die SPS bzw. der Simulator eingeschaltet ist, kann die Kommunikation zwischen dem PC und der SPS getestet werden. Dazu wird die Schaltfläche „erreichbare Teilnehmer" angeklickt.

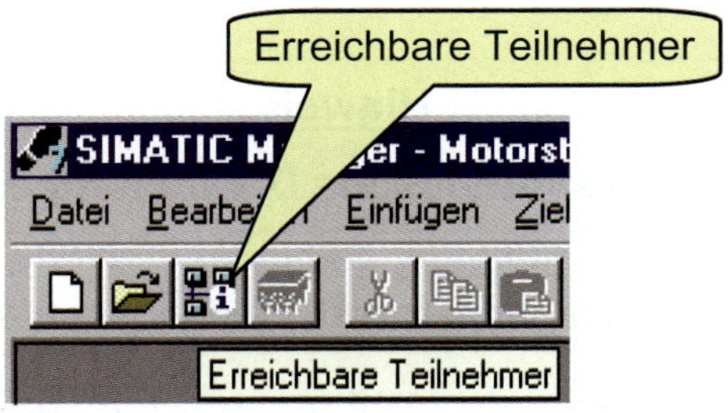

Bei funktionierender Kommunikation erscheint ein hellblaues Fenster, in dem auch die MPI-Adresse (MPI=2) zu lesen ist.

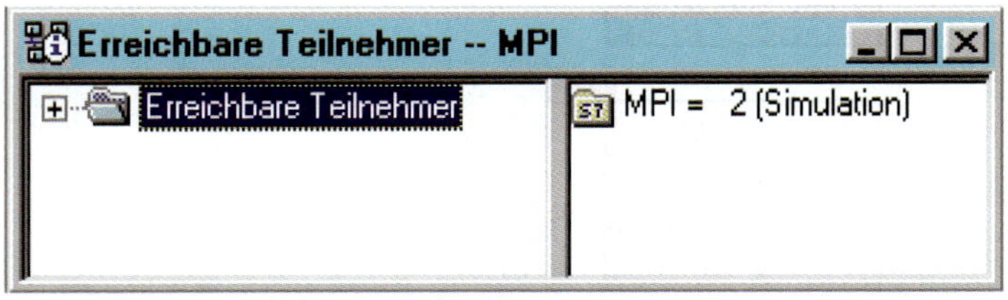

A4.3 Die Betriebsarten der SPS

Ältere CPUs besitzen einen Schlüsselschalter zur Umschaltung der Betriebsarten. Je nach Stellung des Schlüsselschalters sind bestimmte Programmier (PG)-Funktionen erlaubt. Folgende Betriebsarten sind möglich:

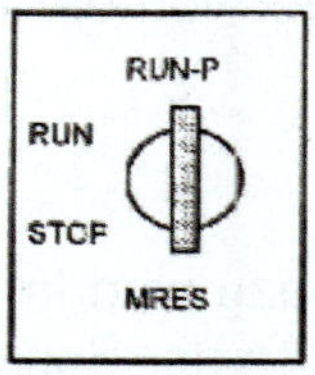

RUN-P:	Programm wird bearbeitet; alle PG-Funktionen sind erlaubt
RUN:	Programm wird bearbeitet; nur lesende PG-Funktionen sind erlaubt
STOP:	Programm wird nicht bearbeitet; alle PG-Funktionen sind erlaubt
MRES:	Mit dieser Stellung können Sie wie unten beschrieben Urlöschen durchführen

Bei den CPUs der Serien CPU31xC ist dieser Schalter als Kippschalter ausgeführt. Die Betriebsart **Run** mit Schreibschutz fehlt hier.

A4.4 Die Status-Anzeigen der SPS

An jeder SPS befinden sich mindestens 6 LED's zur Statusanzeige

Sammelfehler: Programmausführung nicht möglich

Batteriefehler: Die Pufferbatterie ist leer

Interne Spannungsversorgung ist ok.

„Force"-Aufträge sind aktiviert

RUN: Die SPS arbeitet ordnungsgemäß

Die SPS ist im Stopp-Betrieb.

A4.5 Das Urlöschen der SPS

Vor dem Beginn einer neuen Programmierung sollte Urlöschen durchgeführt werden. Es werden alle Anwenderdaten auf der CPU gelöscht.

Es gibt **zwei Möglichkeiten** zur Durchführung des Urlöschens:

- vom **Simatic-Manager** aus:
  Voraussetzung: Der Schlüsselschalter der CPU steht auf STOP (auch beim Simulator!)
  ➔ Zielsystem ➔ Diagnose/Einstellung ➔ Urlöschen... ➔ <Ja>

- direkt an der **CPU** mit Hilfe des **Schlüsselschalters**:
  Dies geschieht in den folgenden 3 Schritten:

Schritt	Ausführung	Ergebnis
1	Den Schlüssel in die Stellung **STOP** drehen	Die Anzeige STOP leuchtet
2	Den Schlüssel in die Stellung **MRES** drehen und ihn ca. 3 Sekunden gedreht halten bis die STOP- Anzeige wieder leuchtet	Die STOP-Anzeige erlischt und nach ca. 3 Sekunden leuchtet sie wieder. Bei neueren CPUs warten, bis die STOP-Anzeige zum zweiten Mal aufleuchtet. **Wichtig:** Zwischen Schritt 2 und Schritt 3 dürfen max. 3 Sekunden vergehen
3	Den Schlüssel zurück in die Stellung **STOP** drehen und dann innerhalb von 2 Sekunden erneut in Stellung **MRES** drehen	Die STOP-Anzeige blinkt für ca. 3 Sekunden und leuchtet danach wieder: alles o.k.; die **CPU ist urgelöscht**

A4.6 Das Urlöschen bei CPUs mit MicroMemoryCard

Das Urlöschen löscht alle Anwenderdaten auf der CPU, jedoch nicht die Daten der MicroMemoryCard (MMC). Diese Daten müssen extra gelöscht werden:
Im Online-Projekt sind die gespeicherten Daten auf der MMC zu erkennen. Dort können die nicht benötigten Bausteine und Daten gelöscht werden. Solange die Daten auf der MMC nicht gelöscht sind, wird das Programm beim Einschalten der SPS wieder von der MMC in den Arbeitsspeicher kopiert.

A4.7 Das Programm vom PC zur SPS übertragen

Das Programm sollte beim ersten Mal vollständig übertragen werden. Dazu wird im Projekt die Station (SIMATIC 300) angeklickt (blau hinterlegt). Durch das Anklicken der Schaltfläche „Laden“ werden das Programm und alle Systemdaten zur CPU übertragen.

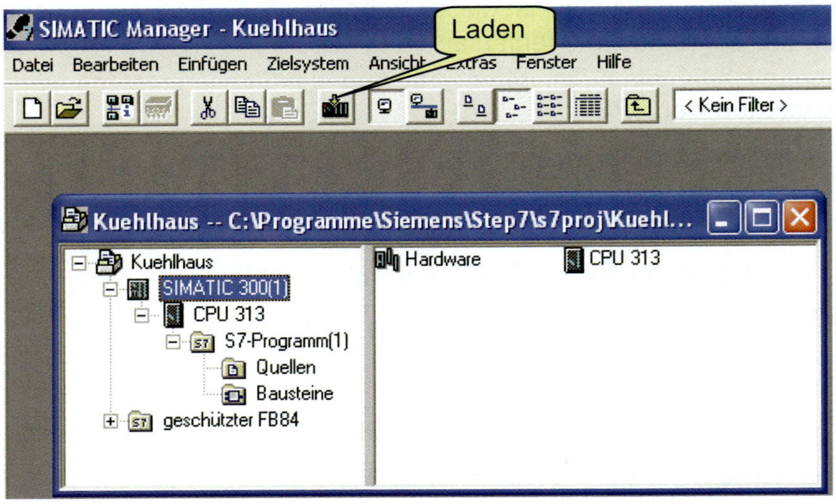

Vor dem Laden der Systemdaten bittet das Programm um Bestätigung:

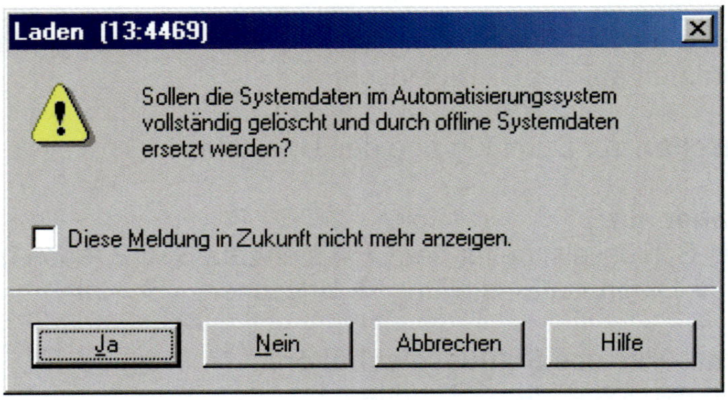

Diese Bestätigung mit <Ja> quittieren.

A4.8 Die SPS starten

Durch Drehen des Schlüsselschalters auf die Position **RUN** oder **RUN-P** wird die SPS gestartet.	Durch Anklicken des Kästchens **RUN** oder **RUN-P** wird der SPS-Simulator gestartet.

Das **Beobachten** und das **Testen** des Programms ist im **RUN**-Betrieb möglich! In der Position **RUN-P** können Online-Änderungen vorgenommen werden.

A4.9 Das Programm beobachten

Um das Programm beobachten und testen zu können, muss der Baustein, der beobachtet werden soll, im **KOP/AWL/FUP-Editor** geöffnet werden.

Um das Beobachten einzuschalten, muss die Schaltfläche einmal angeklickt werden. Das Fenster ändert seine Farbe in ein Hellblau.

Baustein FC10: Das Online-Fenster im Modus Beobachten

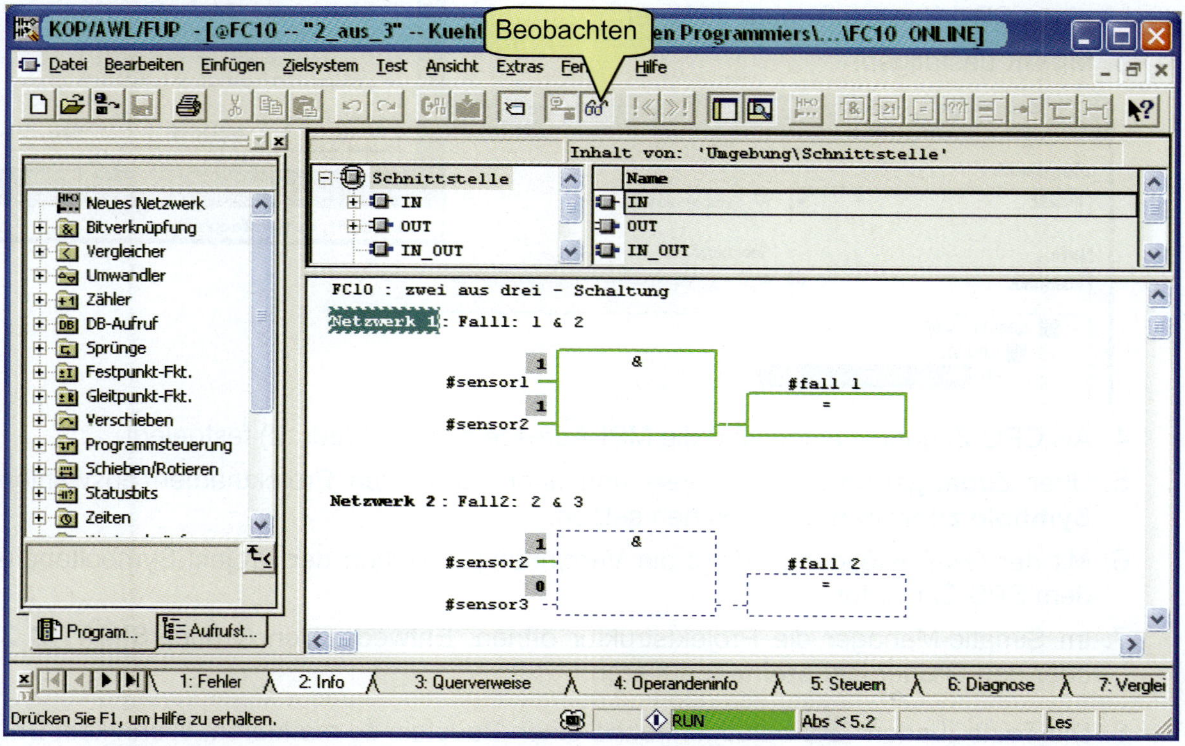

Organisationsbaustein OB1: Das Online-Fenster im Modus Beobachten

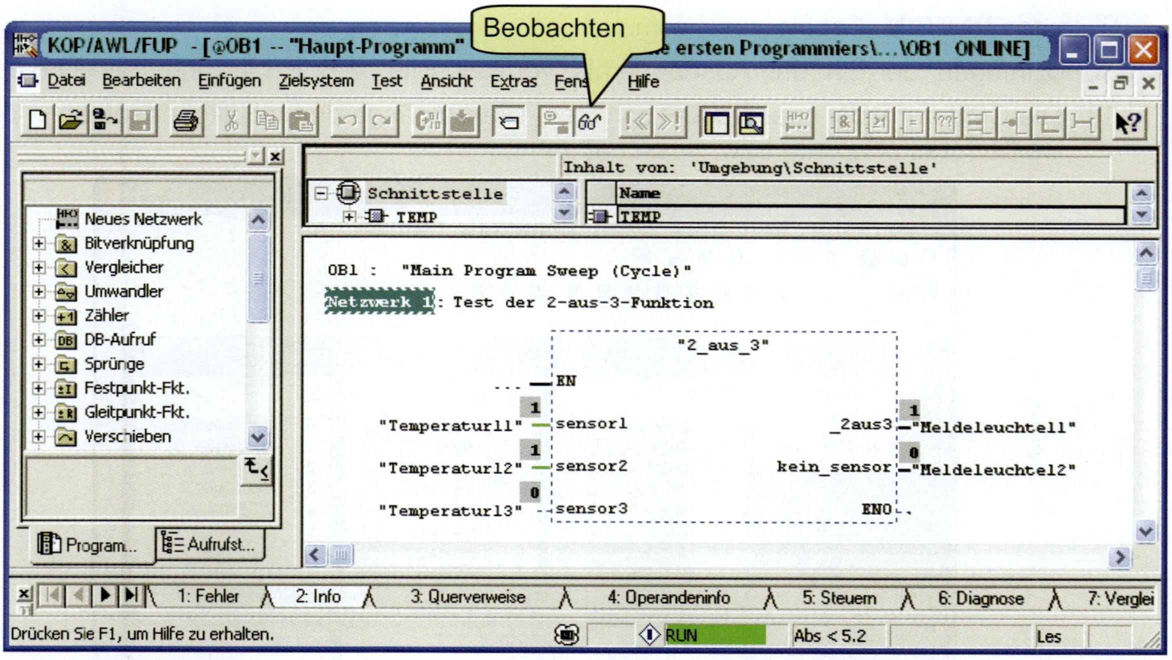

A5 Der Umgang mit dem SPS-Simulator PLCSIM

Das Starten des Simulators:

1. Bei geöffnetem Projekt die Simulator-Taste hineindrücken. Es öffnet sich automatisch das **S7-PLCSIM**-Fenster (der Simulator)!
2. Ab S7 PLCSIM V5.4 wird das Projekt über einen CPU-Zugangsknoten geöffnet.
3. Mit OK bestätigen.

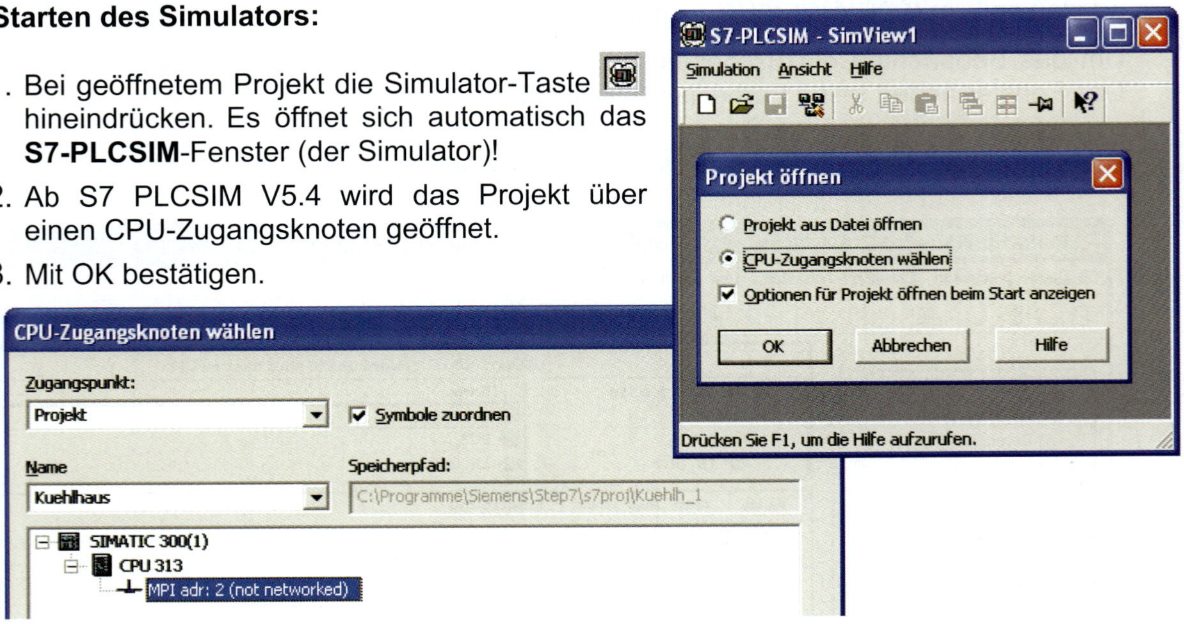

4. Als CPU-Zugangsknoten wird die MPI-Adresse der CPU (adr.:2) festgelegt.
5. Über **Zugangspunkt** das Projekt und über **Name** den Projektnamen auswählen. Bei **Symbole zuordnen** das Häkchen setzen.
6. Mit der OK-Bestätigung erfolgt die Verbindung zwischen der Projekt-Symboltabelle und dem SPS-Simulator.
7. Im Simatic-Manager die Projektstruktur öffnen. Entweder den Ordner **SIMATIC 300(1)** oder den Ordner **Bausteine** markieren.
8. Die Taste „Laden“ betätigen, ohne einen Baustein zu markieren. Wenn kein Baustein markiert ist, werden alle Bausteine incl. der Systemdaten in das simulierte Automatisierungsgerät (AG) übertragen, ansonsten nur die markierten!
9. In das **PLCSIM** -Fenster wechseln.
10. „Einfügen“ der Ein- und Ausgänge als "vertikale Bits": z.B. EB 4: Eingangs-Byte 4
11. Die CPU auf **RUN** oder **RUN-P** schalten. Die Eingänge durch Häkchensetzen in den weißen Kästchen ein- bzw. ausschalten!

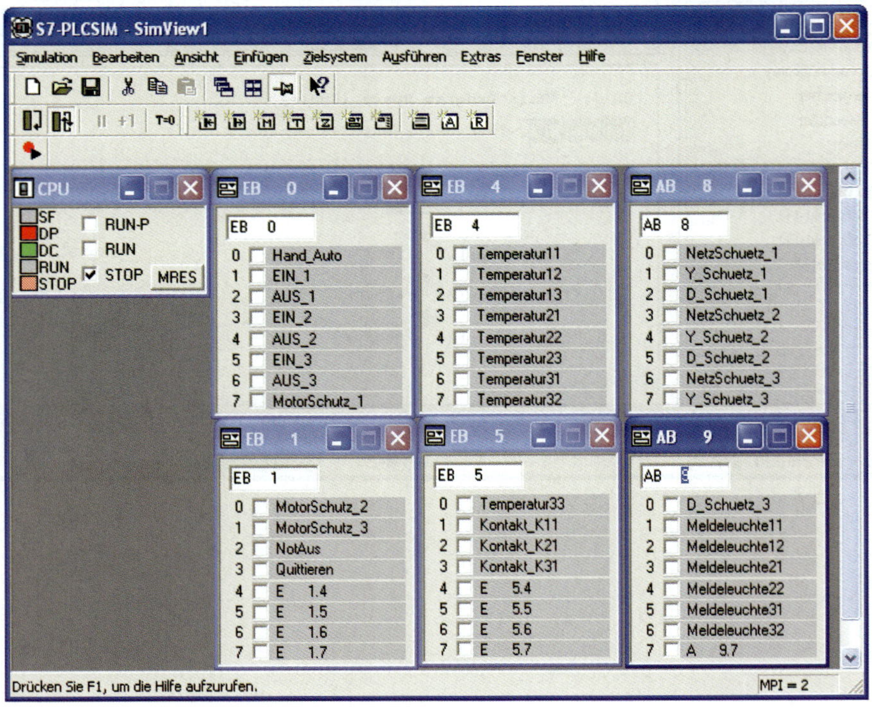

Für spätere Anwendungen weitere Einfügeoptionen des Simulators:

Einfügen	Bezeichnung	Datentyp
Allgemein	Eingangsbit 124.4	E124.4 Bits
Vertikale Bits	Eingangsbyte 124	EB 124 (mit Symboltext)
Allgemein	Bit aus Datenbaustein DB1, Adresse 0.7	DB1.DBX 0.7 Bits
Allgemein	Byte aus Datenbaustein DB1, Adresse 22	DB1.DBB 22 z.B. Bits
Allgemein	Word aus Datenbaustein DB1, Adresse 0	DB1.DBW 0 z.B. Binär
Allgemein	Doppelword aus Datenbaustein DB1, Adresse 18	DB1.DBD 18 z.B. Zeit

Hinweis: Bei früheren Step7-Versionen erfolgte die Verbindung zwischen der Symboltabelle und dem SPS-Simulator auf folgendem Wege:

Über "Extras" – "Optionen" – "Symbole zuordnen…" werden die Symbolnamen zugeordnet. Dabei muss das aktuelle Projekt ausgewählt und bis zur Symboldatei geöffnet werden.

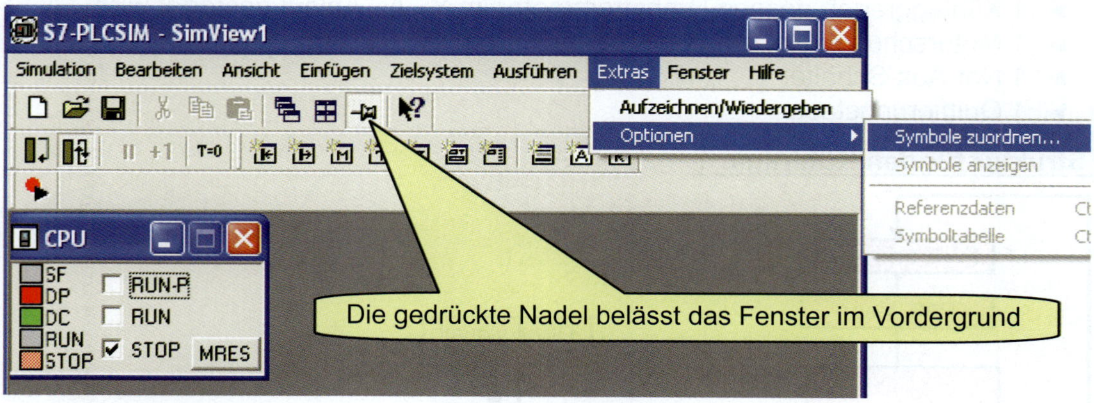

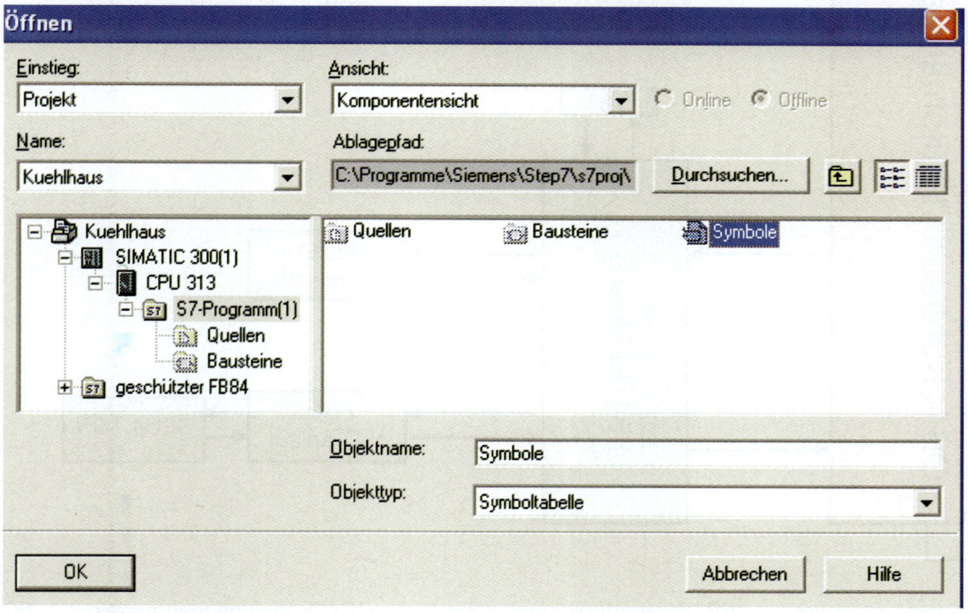

Der gestartete Simulator hat immer Vorrang vor einer angeschlossenen echten SPS!

A6 Den Kühlraum 1 automatisieren

Nachdem im ersten Projektteil die Funktion FC10 geschrieben und getestet wurde, soll in diesem Projektteil der Kühlraum 1 mit folgender Funktionalität automatisiert werden:

Im Kühlraum 1 sind an verschiedenen Raumpositionen insgesamt drei Temperatursensoren montiert. Wenn mindestens 2 der drei Temperatursensoren eine zu hohe Temperatur melden, soll das Kühlaggregat anspringen. Spricht kein Temperatursensor mehr an, soll das Kühlaggregat wieder ausgehen. Der Drehstrommotor des Kühlaggregats wird über das Anlassverfahren „Y–Δ“ hochgefahren. Der Motor ist mit einem Motorschutzrelais gegen Überstrom gesichert. Das Auslösen des Not-Aus-Schalters und eine Überstromauslösung müssen zwingend quittiert werden. Erst danach kann die Anlage wieder in Betrieb gehen.

Der Kühlraum 1 ist mit den folgenden Bedienkomponenten ausgestattet:

- 3 Temperatursensoren
- 1 Kühlaggregat, dessen Drehstrommotor im Y– Δ –Anlauf gestartet wird
- 1 Motorschutzrelais, um den Motor vor Überstrom zu schützen
- 1 Not-Aus-Schalter
- 1 Quittierungstaster

<u>Die Struktur für den Kühlraum 1:</u>

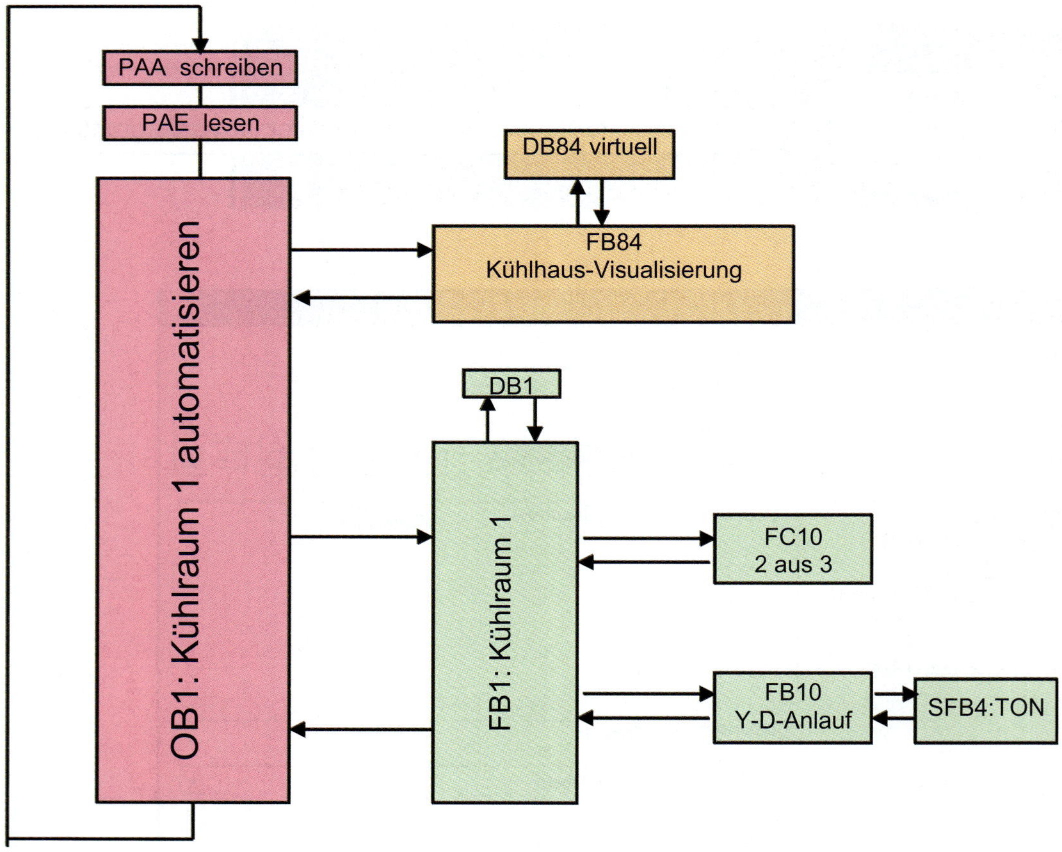

PAA: Prozessabbild der Ausgänge   SFB: Systemfunktionsbaustein   OB: Organisationsbaustein   FC: Funktion
PAE: Prozessabbild der Eingänge   FB: Funktionsbaustein   DB: Datenbaustein

Die Steuerung für den Kühlraum 1 besteht aus einzelnen funktionalen Programmeinheiten, die strukturiert aufgerufen werden.

A6.1 Den Funktionsbaustein FB10 programmieren, Symbolname: „Y-D-Anlauf“

Der Motor wird im **Stern-Dreieck-Anlauf (Y-D-Anlauf)** angelassen. Nach 5 Sekunden im Sternbetrieb soll automatisch auf den Dreieckbetrieb umgeschaltet werden.

Weil für den IEC-Timer „TON“ als Multiinstanzaufruf und für die Umschaltung von Stern auf Dreieck eine statische Speicherung erforderlich ist, muss diese Programmlogik in einem Funktionsbaustein programmiert werden.

Den Funktionsbaustein FB10 erstellen

Der FB10 wird auf die gleiche Weise wie der FC10 erstellt.
Im Simatic-Manager wird in dem Projekt "Kuehlhaus" der Ordner "Bausteine" geöffnet.

Mit -Einfügen -S7-Baustein -Funktionsbaustein

wird der Funktionsbaustein eingefügt. Der symbolische Name wird automatisch in die Symboltabelle eingetragen.

Name:	FB10
Symbolischer Name:	Y-D-Anlauf
Erstellsprache:	FUP

Die Variablen des FB10 „Y-D-Anlauf" deklarieren

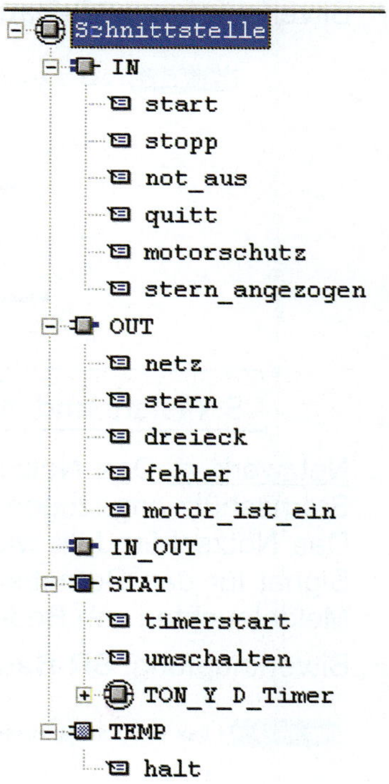

Der Baustein benötigt Informationen (**IN-Variablen**):
- Das Start-Signal
- Das Stopp-Signal
- Das Not-Aus-Signal
- Das Quittierungs-Signal
- Den Zustand des Motorschutzrelais
- Das Signal vom Hilfskontakt des Stern-Schützes

Der Baustein liefert Informationen (**OUT-Variablen**):
- Für das Netz-Schütz
- Für das Stern-Schütz
- Für das Dreieck-Schütz
- Den Ausschaltbefehl bei Störung
- Die Signalgebung für Motorbetrieb

Benötigt werden noch **STAT-Variablen**:
- Das Signal zum Starten des Timers
- Das Umschaltsignal vom Timer
- Den Timer TON als Multiinstanz
  (Der Eintrag wird automatisch generiert!)

Benötigt wird auch eine **TEMP-Variable**:
- Das "Halt"-Signal

Die Programm-Logik des FB 10, „Y-D-Anlauf" erstellen

Netzwerk 1: Ein Fehler liegt vor, wenn eine Motorschutzauslösung oder eine Not-Aus-Betätigung erfolgt ist! Dieser Fehlerfall muss vorrangig gespeichert werden. Durch die Quittierung kann eine behobene Störung zurückgesetzt werden. Das Fehlersignal ist später auch für die Ansteuerung der Meldeleuchten von Bedeutung.

Bitverknüpfung: **RS-Baustein, Setzen hat Vorrang**

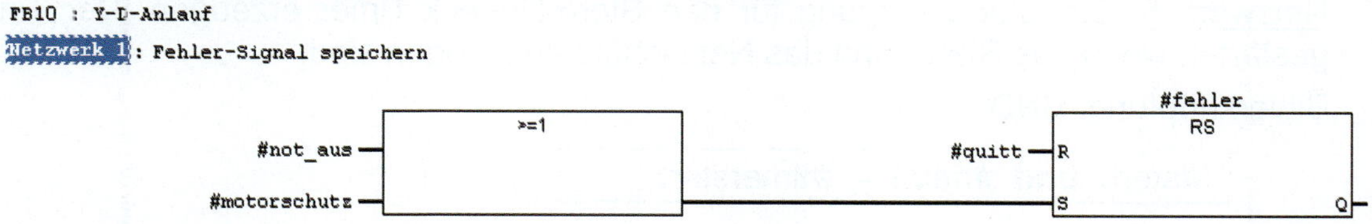

S: (#not_aus **oder** #motorschutz) R: #quitt RS:#fehler

Wichtig: Eine Abschaltung durch eine Not-Aus-Betätigung oder durch das Auslösen des Motorschutzes muss quittiert werden, bevor die Steuerung wieder in Betrieb gehen kann!

Allgemeiner Hinweis beim Programmieren von Speicher-Bausteinen:
Die Funktionen Setzen (S) und Zurücksetzen (R) können wie folgt programmiert werden:
- zusammenhängend als RS-Glied (Setzen hat Vorrang)
- zusammenhängend als SR-Glied (Rücksetzen hat Vorrang)
- in zwei einzelnen Netzwerken. Vorrang hat hierbei stets das nachfolgende, also das zweite Netzwerk.

Netzwerk 2: Das „Halt"-Signal erzeugen. Der Motor soll ausgeschaltet werden, wenn ein Fehler (#fehler) vorliegt oder wenn von der 2-aus-3-Logik ein Ausschaltsignal (#stopp) kommt.

Bitverknüpfung: **ODER**

(#fehler **oder** #stopp) = #halt

Netzwerk 3: Das Sternschütz ansteuern. Das Sternschütz soll anziehen, wenn von der 2-aus-3-Logik ein **Startsignal** vorliegt und das **Dreieckschütz nicht** eingeschaltet ist. Das Sternschütz fällt wieder ab, wenn die Umschaltzeit abgelaufen ist oder ein Halt-Signal kommt.

Bitverknüpfung: **SR-Baustein, Zurücksetzen hat Vorrang**

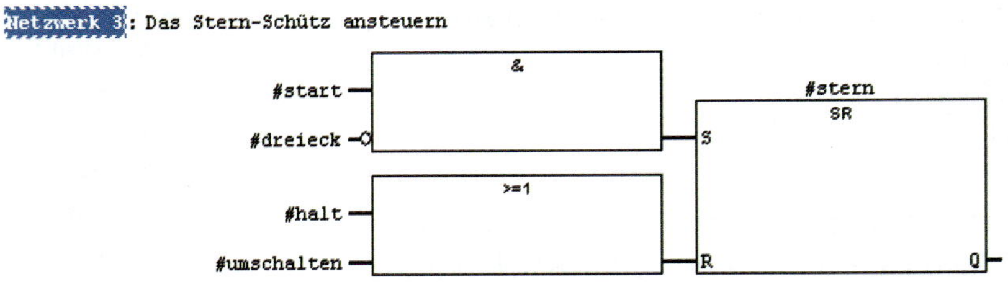

S: (#start **und** $\overline{\text{\#dreieck}}$) R: (#halt **oder** #umschalten) SR:#stern

Netzwerk 4: Das Netzschütz ansteuern. Das Netzschütz darf erst anziehen, wenn das Sternschütz angezogen hat und auch der Hilfskontakt des Sternschützes geschlossen ist. Das Netzschütz fällt wieder ab, wenn ein Halt-Signal kommt. Das Netzschütz liefert das Signal für den Betriebszustand „Motor ist eingeschaltet". Dieses Signal ist später für die Meldeleuchten von Bedeutung.

Bitverknüpfung: **SR-Baustein, Zurücksetzen hat Vorrang**

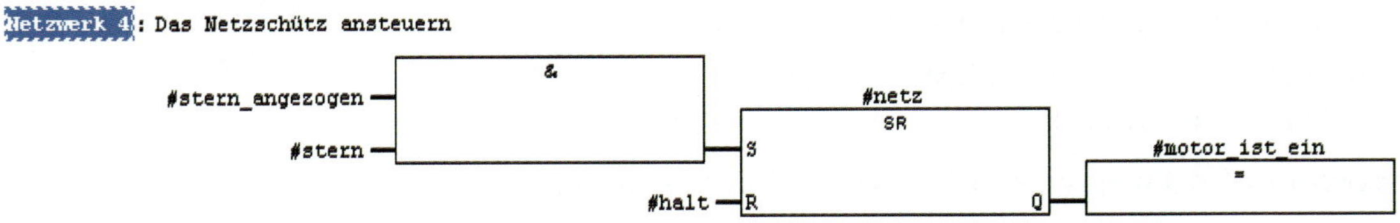

S: (#stern_angezogen **und** #stern) R: (#halt) SR:#netz
Q: #motor_ist_ein

Netzwerk 5: Die Startbedingung für den Stern-Dreieck-Timer erzeugen. Der Timer wird gestartet, wenn das Stern- und das Netzschütz angezogen sind.

Bitverknüpfung: **UND**

(#stern **und** #netz) = #timerstart

Netzwerk 6: Der Y-D-Timer wird durch die Variable #timerstart gestartet. Nach der Umschaltzeit von 5 Sekunden setzt der Zeitgeber die Variable #umschalten auf „1". Als **Timer** wird der IEC-genormte Timer **TON** verwendet. Dieser Timer mit Einschaltverzögerung hat folgendes Verhalten:

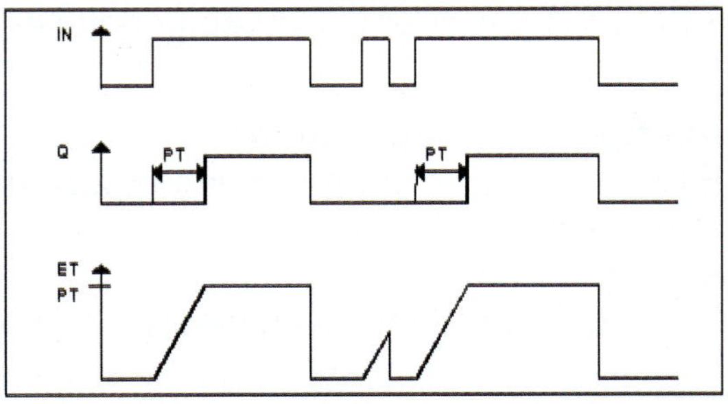

IN: Das Start-Signal muss während der gesamten Zeit eingeschaltet bleiben.

Q: Das Ausgangssignal des Timers

PT: Der vorzugegebene Zeitwert

Die Vorteile der genormten IEC-Timer gegenüber den Simatic-S5-Timern sind:

- **Ihre Multiinstanzfähigkeit:** Die Daten des IEC-Timers werden in den Datenbaustein des FBs integriert
- **Ihre Bibliothekfähigkeit nach IEC 61131:** Die Funktionsbausteine mit lokalen Daten und IEC-Timern sind hardwareunabhängig. Sie können in die S7-Bibliothek eingebunden werden und stehen damit auch anderen SPS-Programmen zur Verfügung. Zum Beispiel als ein Funktionsbaustein für ein Anlassverfahren gemäß Stern-Dreieck-Hochlauf oder als ein Funktionsbaustein als Regler mit PID-Parametern.
- **Ihre Zeitvorgabe:** Die Zeitvorgabe umfasst im Format „Time" den Bereich von 1ms bis fast 25 Tage. Die Zeitvorgabe aus der S5-Welt im Format S5Time liegt im Bereich von 10ms bis ca. 2 Stunden und 46 Minuten.

Der IEC-Timer TON ist in der Bibliothek gespeichert als **„System-Baustein SFB4"** unter dem Namen **„TON"**. Er ist im Katalog der Programmelemente zu finden unter:

- Bibliotheken
  - Standard Library
    - System Function Blocks

Weitergehende Informationen zum Timer "TON" liefert die Hilfe. Dazu den Timer-Baustein markieren und die Hilfe-Funktionstaste "F1" drücken!

SFB-Baustein: **TON-SFB4**

IN: #timerstart PT: T#5s Q: #umschalten

Für die drei "???" erwartet der SFB4 einen Instanzdatenbaustein.

Weil der Aufruf des SFB4 „TON" in einem Funktionsbaustein stattfindet, kann der erforderliche Instanzdatenbaustein in die Deklarationsliste/Schnittstelle des FB10 mit einbezogen werden. Dieser Vorgang hat den Namen:

"Multiinstanz-Aufruf"

Den SFB4 "TON" mit der rechten Maustaste anklicken und den Menüpunkt **"Ändern in Multiinstanz-Aufruf..."** auswählen. Name der Multiinstanz: z.B.: **TON_Y_D_Timer**

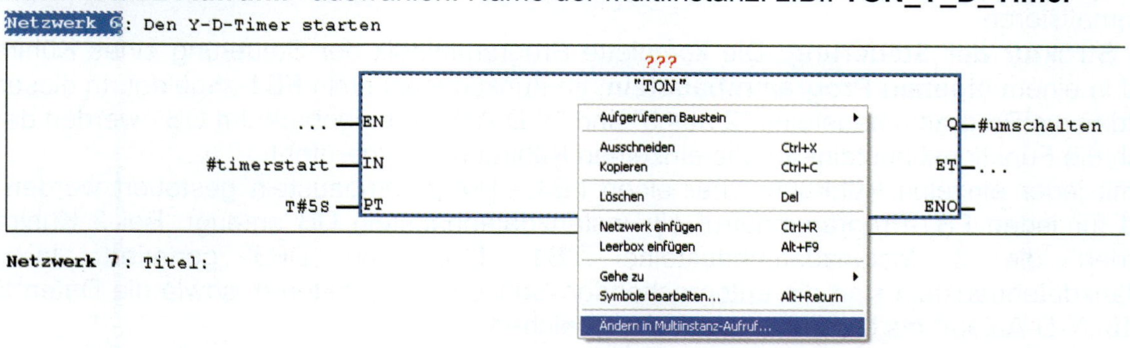

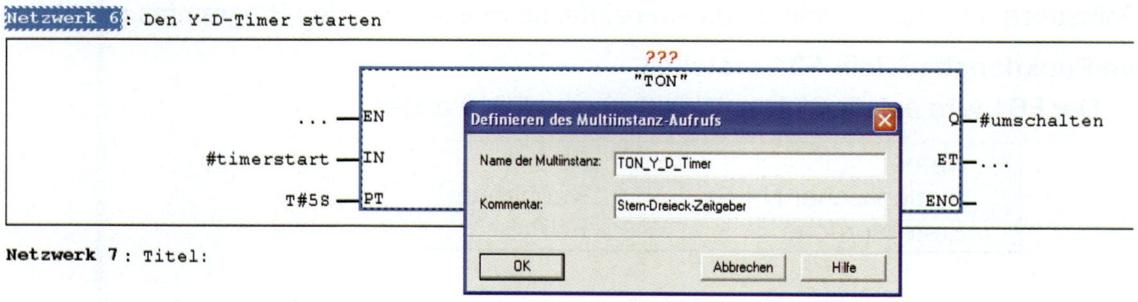

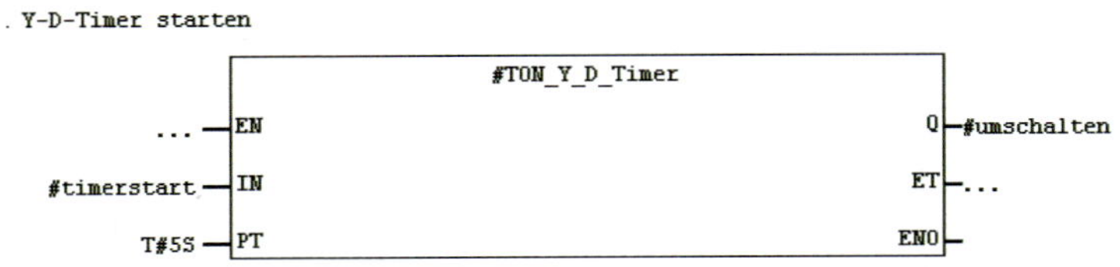

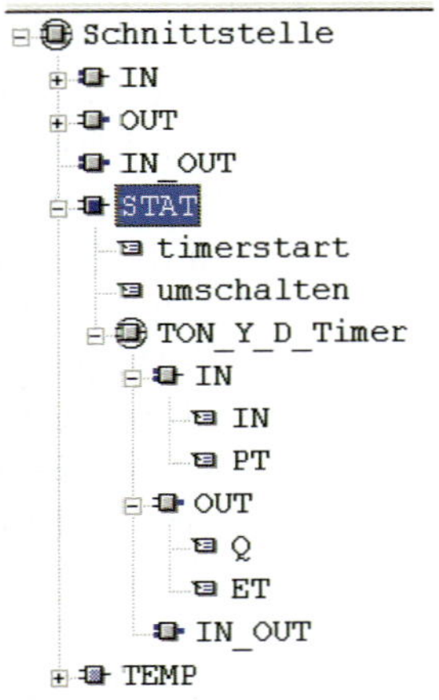

Bitte Beachten: Der neue Multiinstanz-Name **#TON_Y_D_Timer** ersetzt den alten Namen „TON“ und in der Deklarationliste / Schnittstelle des FB10 ist der IEC-Timer vom Typ TON jetzt aufgenommen worden.

Achtung:

Beim mehrmaligen Multiinstanzaufruf traten bis zur Version V5.3 mit dem Service Pack 1 vereinzelt Probleme auf. Durch ein Schließen und ein erneutes Öffnen des Editors konnte ein neuer Multiinstanzaufruf gestartet werden.

Netzwerk 7: Das Dreieckschütz ansteuern. Das Dreieckschütz soll anziehen, wenn die Umschaltzeit abgelaufen ist. Es soll abfallen, wenn ein Halt-Signal kommt.

Bitverknüpfung: **SR-Baustein, Zurücksetzen hat Vorrang**

S: #umschalten	R: #halt	SR:#dreieck

Wichtig: Bei der Stern-Dreieck-Schaltung entsteht ein Kurzschluss zwischen den Außenleitern, wenn das Stern- und das Dreieckschütz gleichzeitig angezogen sind. Deshalb ist eine Kontaktverriegelung im Steuerstromkreis vor den realen Schützen zwingend erforderlich. Ein Öffner (NC, Normal closed) des Sternschützes liegt vor der Spule des Dreieckschützes und ein Öffner (NC, Normal closed) des Dreieckschützes liegt vor der Spule des Sternschützes. Nur diese Hardwarekontakte außerhalb des Automatisierungsgerätes bieten einen sicheren Kurzschlussschutz!

Das Abspeichern des FB10 nicht vergessen!

A6.2 Den Funktionsbaustein FB1 programmieren, Symbolname: „Kuehlraum“

Nachdem der **FC10** „2 aus 3“ Logik und der **FB10** „Y-D-Anlauf“ als Programmbausteine zur Verfügung stehen, können diese beiden Funktionalitäten genutzt werden, um den Kühlraum 1 zu automatisieren.

Die Struktur der Steuerung: Die komplette Programmlogik der Steuerung eines Kühlraumes wird in einem **eigenen Programmbaustein**, im Funktionsbaustein **FB1** abgelegt. In diesem FB1 werden die Programmbausteine "2 aus 3" und "Y-D-Anlauf" eingebaut. Im OB1 werden dann nur noch die Funktionsbausteine für die einzelnen Kühlräume aufgerufen!

Damit jeder einzelne Kühlraum über einen FB1 - Programmbaustein gesteuert werden kann, wird für jeden FB1-Programmaufruf ein Instanzdatenbaustein DB erzeugt. Bei 3 Kühlräumen werden die 3 Instanzdatenbausteine DB1, DB2 und DB3 generiert. In jedem Instanzdatenbaustein sind die entsprechenden Sensoren und Aktoren, sowie die Daten für den FB10 „Y-D-Anlauf" als Multiinstanzaufruf gespeichert.

Durch diese strukturelle **Automatisierung** eines Kühlraumes, ist bei der Ergänzung des Kühlhauses mit neuen Kühlräumen eine einfache Erweiterung des Programms gegeben.

Den Funktionsbaustein FB1 erstellen

Der FB1 wird auf die gleiche Weise wie der FB10 erstellt.

Name:	FB1
Symbolischer Name:	Kuehlraum
Erstellsprache:	FUP

Die Variablen des FB1 „Kuehlraum“ deklarieren

Der Baustein benötigt Informationen (**IN-Variablen**):

- Das Signal vom Temperatursensor 1
- Das Signal vom Temperatursensor 2
- Das Signal vom Temperatursensor 3
- Den Zustand des Motorschutzrelais
- Das Signal vom Hilfskontakt des Stern-Schützes
- Das Not-Aus-Signal
- Das Quittierungs-Signal

Der Baustein liefert Informationen (**OUT-Variablen**):

- Für das Netz-Schütz
- Für das Stern-Schütz
- Für das Dreieck-Schütz

Benötigt werden **STAT-Variablen**:

- Daten des FB10 als Multiinstanz
  (Dieser Eintrag wird automatisch generiert!)

Benötigt werden folgende **TEMP-Variablen**:

- Das "start"-Signal
- Das "stopp"-Signal
- Das "fehler"-Signal
- Das Signal für den eingeschalteten Motor

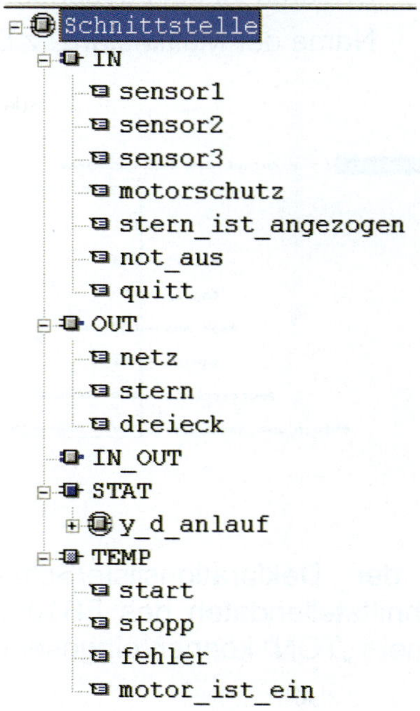

Die Programm-Logik des FB 1 „Kuehlraum“ erstellen

Netzwerk 1: Es wird die Funktion FC10 „2_aus_3“ aufgerufen. Dazu wird im **Programm-Elemente-Katalog** der Ordner **FC Bausteine** geöffnet. Dort hat Simatic-S7 den **FC10 „2_aus_3“ beim Abspeichern eingetragen**. Mit drag and drop kann der FC10 in das Netzwerk 1 gezogen werden. Die deklarierten IN-Variablen **#sensor1**, **#sensor2** und **#sensor3** werden an die 2-aus-3-Auswertelogik übergeben. Das Start-Signal und das Stopp-Signal der "2aus3"-Funktion werden mit den deklarierten temporären Variablen **#start** und **#stopp** an den Programmbaustein für den "Y-D-Anlauf" weitergegeben.

FB1 : Einen Kühlraum automatisieren

Netzwerk 1: 2 aus 3 Funktion

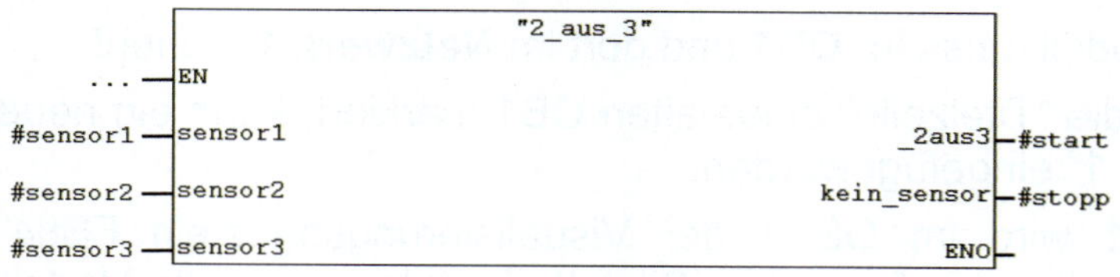

Netzwerk 2: Es wird der Funktionsbaustein FB10 „Y-D-Anlauf“ aufgerufen. Die temporären Variablen **#start** und **#stopp** aus dem Netzwerk 1 und die deklarierten IN-Variablen **#not_aus**, **#quitt**, **#motorschutz** und **#stern_ist_angezogen** werden an den Programmbaustein für den Y-D-Anlauf übergeben. Der Baustein „Y-D-Anlauf“ übergibt seine Informationen an die (hier gleichlautenden) deklarierten OUT-Variablen **#netz**, **#stern**, **#dreieck**, **#fehler** und **#motor_ist_ein**.

Netzwerk 2: Y-D-Anlauf des Kühlaggregats

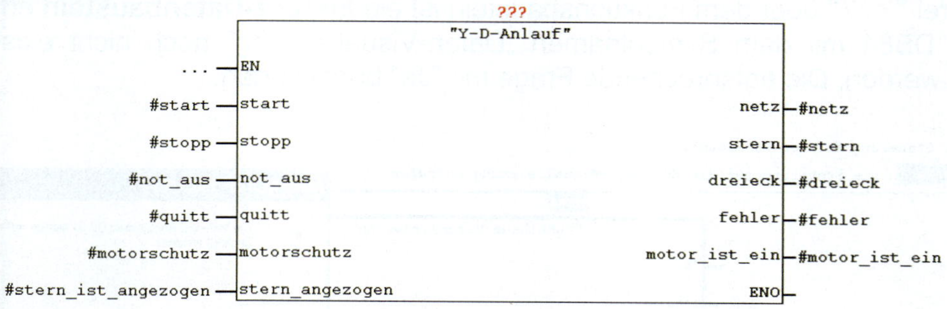

Für die drei "???" wird ein Multiinstanz-Aufruf realisiert. Dadurch ist kein gesonderter Instanzdatenbaustein erforderlich.

Name der Multiinstanz: z.B.: **y_d_anlauf**

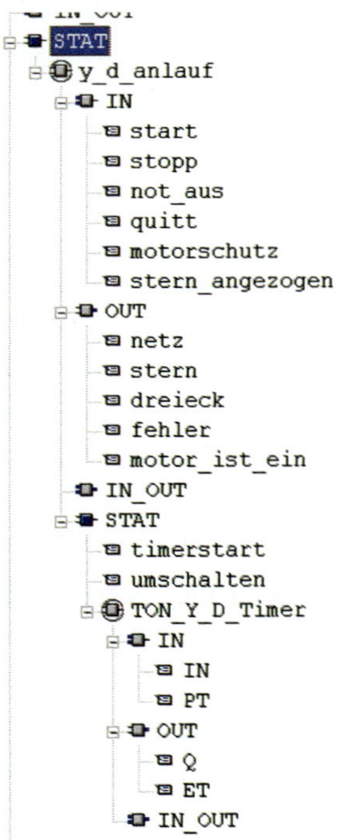

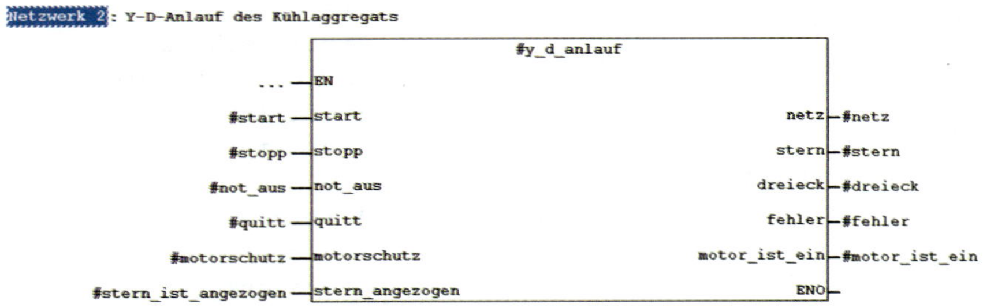

In der Deklarationsliste/Schnittstelle des FB1 sind jetzt alle Schnittstellendaten des FB10 zu finden. Auch die Daten des IEC-Timers „TON" können eingesehen werden.

A6.3 Den Organisationsbaustein OB1 für die Kühlraumsteuerung erstellen

Der zuvor programmierte Baustein FB1 muss vom zyklisch arbeitenden Organisationsbaustein OB1 aufgerufen werden.

Die Visualisierung der Kühlraumsteuerung und alle weiteren Programmtests zur Kühlhaussteuerung sollen mit dem **virtuellen Modell** zur Kühlhaussteuerung durchgeführt werden. In der Bibliothek **„virtuelle Modelle"** steht der entsprechende Funktionsbaustein FB84 „Kuehlhaus-Visualisierung" zum Einbinden in den Organisationsbaustein zur Verfügung.

> Die Erstellung der Bibliothek „virtuelle Modelle" und weitere Informationen zur Visualisierung mit WinCC flexible bzw. ProTool/Pro stehen im Kapitel E.
> Die Internetseite zum Herunterladen der Visualisierungs-Funktionsbausteine und der Runtime-Versionen lautet **http://www.epv-verlag.de/automatisierung/simatic.zip**

Das virtuelle Modell muss im **OB1** und dort im **Netzwerk 1** stehen!

Hinweis: Wird die "Titelzeile" eines alten OB1 markiert, kann ein neues "Netzwerk 1" vor einem alten "Netzwerk 1" eingefügt werden.

Im **Netzwerk 1** wird im OB 1 der Visualisierungsbaustein FB84 mit dem Symbolnamen „Kuehlhaus-Visualisierung" aus dem Bibliotheksordner „virtuelle Modelle" aufgerufen.

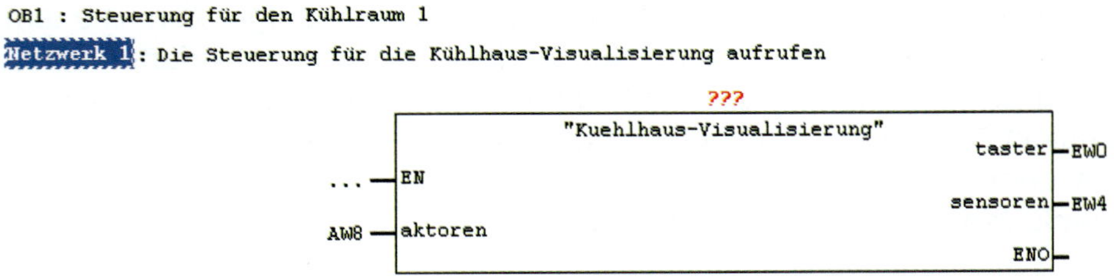

Für die drei **"???"** über dem Funktionsbaustein ist ein **Instanz-Datenbaustein** erforderlich. Weil der DB84 mit dem Symbolnamen „Daten-Visualisierung" noch nicht existiert, muss er generiert werden. Die entsprechende Frage mit "Ja" beantworten.

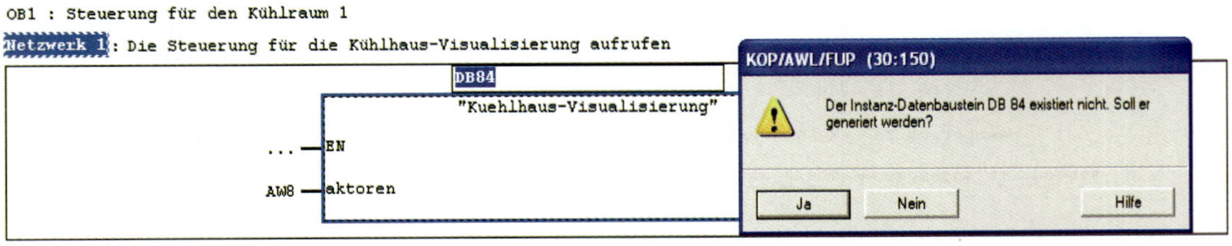

Dem FB84 wird der Instanzdatenbaustein DB84 mit dem Symbolnamen „Daten-Visualisierung“ zugeordnet! Der Instanzdatenbaustein der Visualisierung muss dieselbe Nummer wie der FB des virtuellen Modells haben! Auf diesen Instanzdatenbaustein greift die Visualisierung zu.

Ist für den DB84 in der Symboltabelle bereits ein Symbolname eingetragen, so wird dieser über dem Funktionsbaustein auch angezeigt.

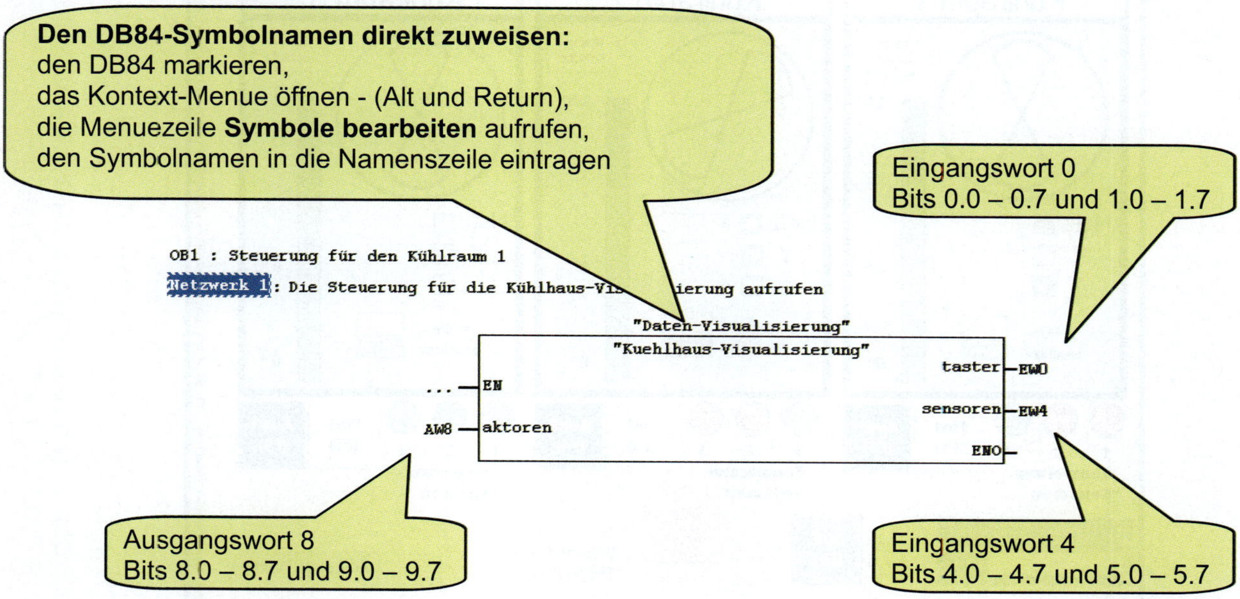

Dieses virtuelle Modell liest und schreibt die Aus- und Eingänge im Format "WORD (16 Bit)". Die Ein- und Ausgänge müssen -wie im Programm verwendet- zugeordnet werden. Die Standard-Einstellungen stehen als Kommentare an den entsprechenden Ein- und Ausgängen zur Verfügung.

Im **Netzwerk 2** des OB1 wird der Funktionsbaustein FB1 mit dem Symbolnamen „Kuehlraum“ aufgerufen. Auch dieser Funktionsbaustein benötigt einen Instanzdatenbaustein. Für den Kühlraum 1 soll der Instanzdatenbaustein DB1 mit dem Symbolnamen „Daten-Kuehlraum1“ generiert werden.

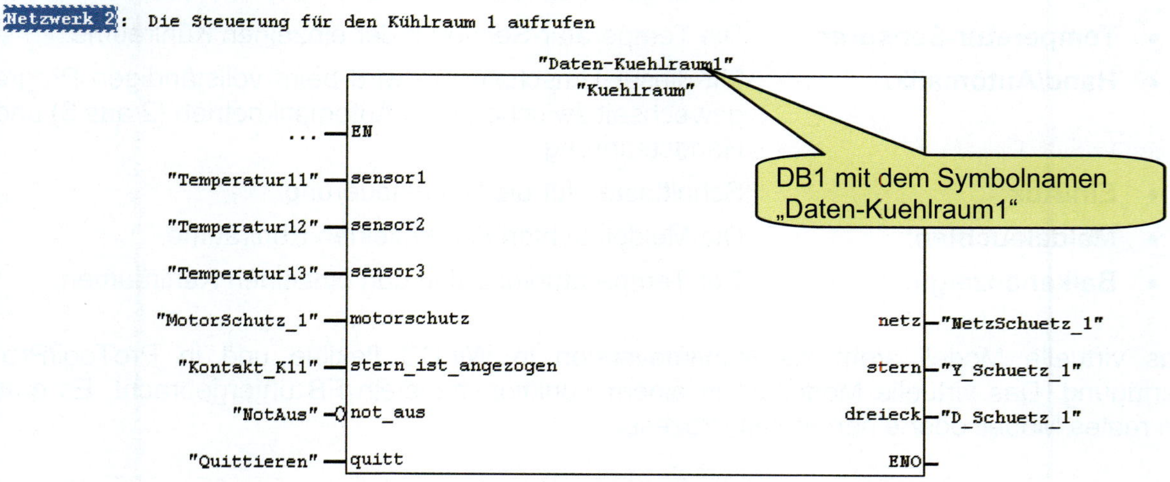

An der Schnittstelle vom OB1 zum FB1 werden für den Kühlraum 1 die Ein- und Ausgangssignale übergeben. Die Kontakte mit dem Signalpegel NC (Normal closed, Öffner) erhalten hier durch Negierung ihre Pegelanpassung. Der Funktionsbaustein FB1 ist nur mit positiver Sprach-Logik programmiert.

Das Abspeichern bitte nicht vergessen!

A6.4 Allgemeine Hinweise zum virtuellen Modell der Kühlhaussteuerung

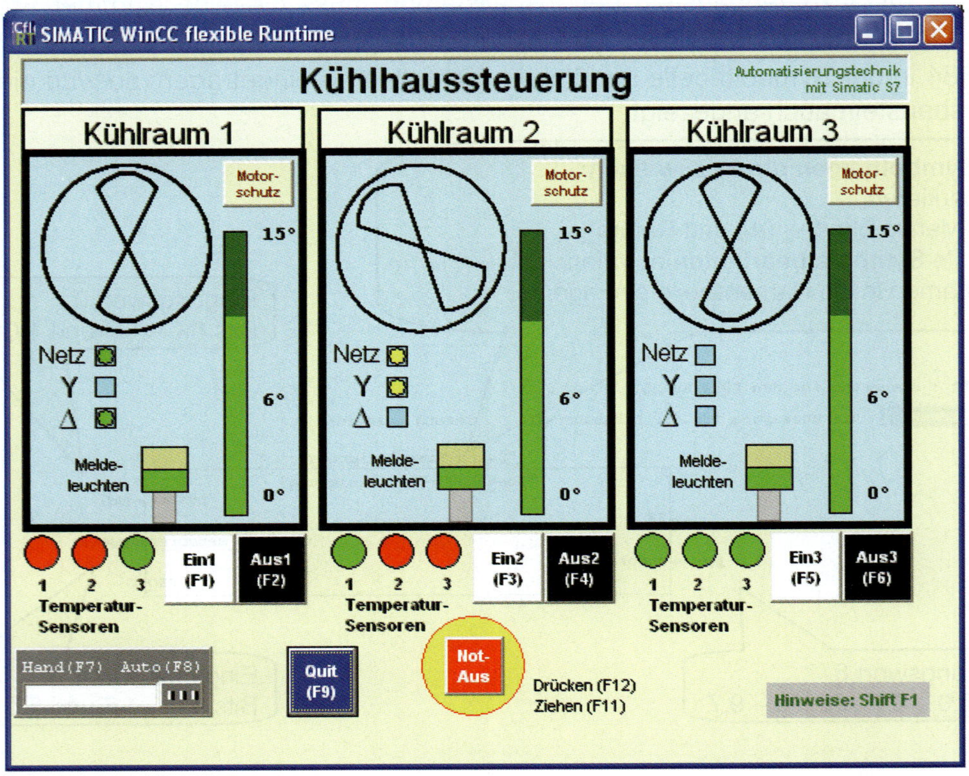

Erklärungen:

- **Kühlraum:** Der entsprechende Kühlraum des gesamten Kühlhauses.
- **Netz, Y, Δ :** Die Motorschütze des entsprechenden Kühlraumes.
- **Motorschutz:** Mit dieser Schaltfläche kann der Motorschutz ausgelöst und wieder zurückgestellt werden.
- **Not-Aus:** Mit dieser Schaltfläche kann „Not-Aus“ gesetzt und wieder zurückgestellt werden.
- **Quit:** Mit dieser Schaltfläche müssen die zurückgesetzten Störungen wie Motorschutz oder Not-Aus quittiert werden.
- **Temperatur-Sensoren:** Die Temperatur-Sensoren der einzelnen Kühlräume.
- **Hand/Automatik:** Mit dieser Umschalttaste wird beim vollständigen Programm gewechselt zwischen dem Automatikbetrieb (2 aus 3) und der Handsteuerung.
- **Ein/Aus:** Schalttasten für die Handsteuerung.
- **Meldeleuchten:** Die Meldeleuchten der einzelnen Kühlräume.
- **Balkenanzeige:** Der Temperaturverlauf in den einzelnen Kühlräumen.

Das virtuelle Modell steht als Runtimeversion in WinCC flexible und in ProTool/Pro zur Verfügung. Das virtuelle Modell ist in einem Funktionsbaustein FB untergebracht. Es emuliert ein reales Modell oder einen realen Prozess.

<u>Wichtig zum Verständnis:</u>

Die Eingänge des virtuellen Modells sind die	=	Ausgänge der SPS
Die Ausgänge des virtuellen Modells sind die	=	Eingänge der SPS

Der Visualisierungs-Funktionsbaustein FB des virtuellen Modells:

- ist die virtuelle Anlage
- liest das Prozessabbild der Ausgänge
- überschreibt das Prozessabbild der Eingänge und muss daher im 1. Netzwerk stehen.

Das virtuelle Modell besteht aus jeweils zwei Komponenten:

- dem Visualisierungs-Funktionsbaustein FB des virtuellen Modells zur Emulation des Prozesses (steht im Netzwerk 1 des OB1)
- der WinCC flexible oder der ProTool/Pro Runtime-Version zur Darstellung des emulierten Prozesses

Zum Starten der Runtime der Visualisierung ist die folgende Reihenfolge erforderlich:

- das Starten der Simulationssoftware PLCSIM
- das Übertragen des Simatic-Programms in die Simulation PLCSIM
- das Starten der Simulations-SPS in den Zustand RUN bzw. RUN-P
- Die Runtime von WinCC flexible oder von ProTool/Pro starten

Die Runtime kommuniziert mit der Simulation PLCSIM über den PC-Adapter. Es kann einen kleinen Augenblick dauern, bis die Verbindung aufgebaut ist. Die Eingänge (Taster und Schalter) werden danach über die Simulations-Oberfläche des virtuellen Modells oder über den Simulations-FB und nicht mehr über PLCSIM selbst beeinflusst. Alle Eingabefelder in der Simulations-Oberfläche des virtuellen Modells werden bei einer Mausberührung mit einem Blitz gekennzeichnet. Die lassen sich neben der Mausbedienung auch über Funktionstasten bedienen. Die vom Anwenderprogramm beeinflussten Ausgänge für die Leuchten oder für die Motoren werden entsprechend auf der Simulations-Oberfläche dargestellt.

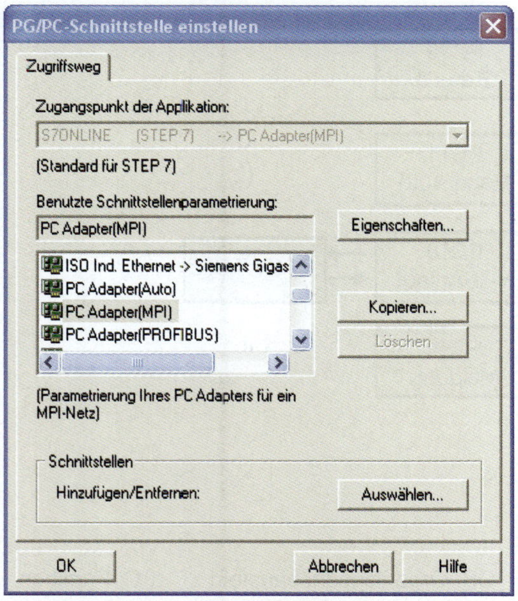

Sollte die Kommunikation zwischen der Visualisierung und PLCSIM gestört sein, besteht vermutlich ein Problem mit der **PG-Schnittstelle** (Verbindung zwischen Programmiergerät und Steuerung). Zu erkennen ist dies daran, dass PLCSIM ordnungsgemäß arbeitet (einige Eingangsbits sind „1“) die Visualisierung aber beim Betätigen eines Tasters die Fehlermeldung:

„Wertübernahme nicht möglich“

anzeigt. In diesem Fall muss eine PG/PC-Schnittstelle (z.B. PC-Adapter) installiert werden.

Simatic-Manager ➔ Extras
➔ PG/PC-Schnittstelle ➔ PC-Adapter(MPI)

Achtung: Wird für die Runtime von WinCC flexible oder von ProTool/Pro eine Demoversion eingesetzt, muss in regelmäßigen Abständen ein entsprechender Hinweis quittiert werden!

Viel Spaß bei der Inbetriebnahme und beim Testen der Kühlhaussteuerung mit dem Kühlraum 1!

A7 Den Kühlraum 1 komplett automatisieren

In diesem Abschnitt soll die Steuerung für den Kühlraum 1 um die folgenden Funktionalitäten erweitert werden:

- Handsteuerung: Das Kühlaggregat wird unabhängig von den Temperatursensoren mit den Ein- und Aus-Tastern gesteuert.
- Meldeleuchten: Die gelbe und die grüne Meldeleuchte zeigen Betriebszustände an:

  Gelbe Meldeleuchte: Blinken mit 1 Hz bei Ausfall eines Motors oder bei Not-Aus
  Dauerlicht bei zu hoher Temperatur (alle 3 Sensoren angesprochen)

  Grüne Meldeleuchte: Blinken mit 1 Hz im Automatik-Betrieb, wenn das Kühlaggregat läuft.
  Dauerlicht im Automatik-Betrieb, wenn das Kühlaggregat aus ist.

Zu programmieren ist in diesem Abschnitt die Hand-Automatik-Umschaltung und die Anzeige der Meldeleuchten!

Die Struktur für den komplett automatisierten Kühlraum 1:

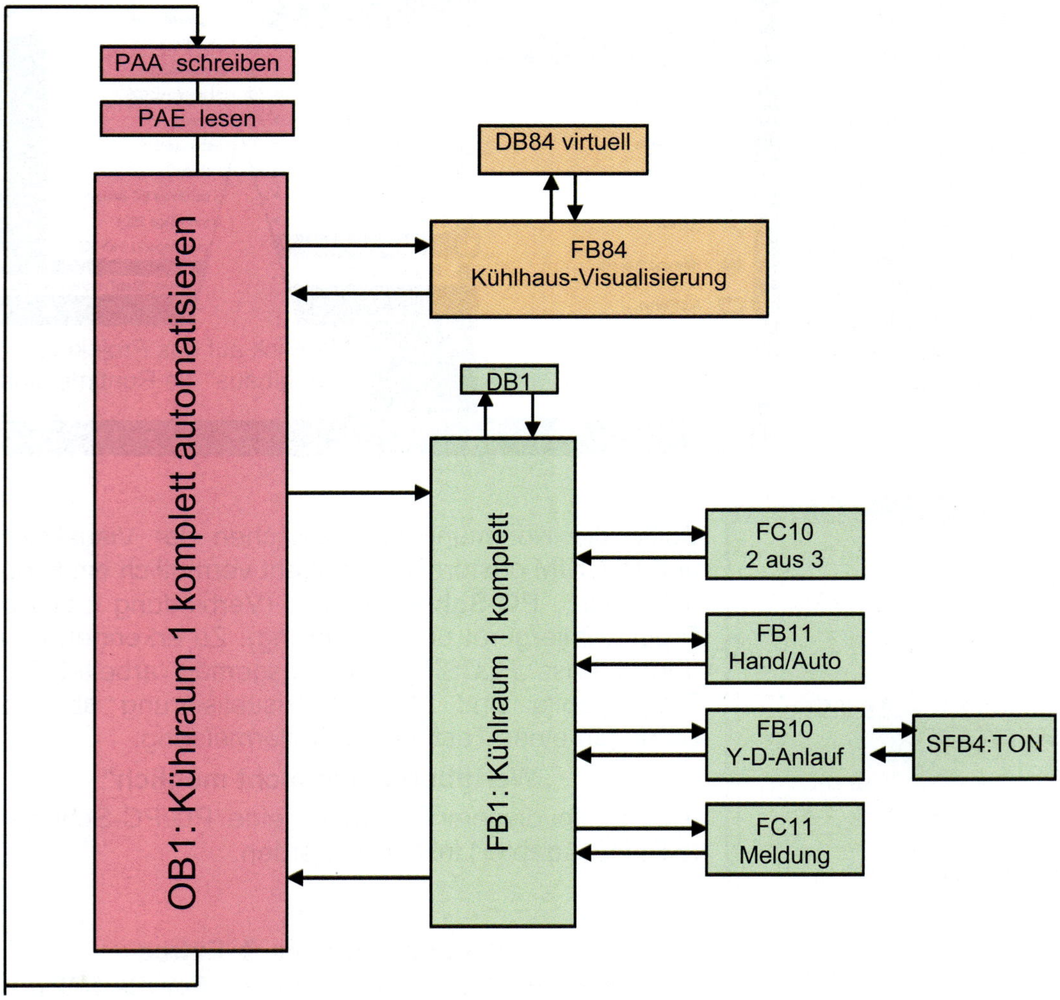

PAA: Prozessabbild der Ausgänge SFB: Systemfunktionsbaustein OB: Organisationsbaustein FC: Funktion
PAE: Prozessabbild der Eingänge FB: Funktionsbaustein DB: Datenbaustein

Die Steuerung für den kompletten Kühlraum 1 besteht aus einzelnen funktionalen Programmeinheiten, die strukturiert aufgerufen werden.

A7.1 Die Umschaltung „Automatikbetrieb“ auf „Handsteuerung“ programmieren

Mit einem Betriebsarten-Schalter geschieht die Umschaltung aus dem Automatikbetrieb auf die Handsteuerung zentral für alle Räume. Aus Sicherheitsgründen werden alle Motoren ausgeschaltet, wenn aus dem Automatik-Betrieb in die Handsteuerung umgeschaltet wird.

Bei der Handsteuerung soll der Motor über die Ein- und Aus-Taster gesteuert werden.

A7.2 Den Funktionsbaustein FB11 programmieren, Symbolname: „Hand/Auto“

Dem Funktionsbaustein FB11 werden für das Umschalten aus dem Automatikbetrieb in die Handsteuerung alle Informationen zum Ein- und Ausschalten der Motoren gegeben. Das sind sowohl die Ein- und Austaster für die Handsteuerung, als auch die Start- und Stopp-Informationen von der 2aus3-Logik für den Automatikbetrieb. Je nach Betriebsart werden die erforderlichen Signale an den Motor weitergegeben:

Im Automatikbetrieb wird der Motor über die 2-aus-3-Funktion ein- und ausgeschaltet.
Bei Handsteuerung wird der Motor durch die Taster EIN bzw. AUS geschaltet.

Den Funktionsbaustein FB11 erzeugen

Name:	FB11
Symbolischer Name:	Hand/Auto
Erstellsprache:	FUP

Die Variablen des FB11 „Hand/Auto“ deklarieren

Der Baustein benötigt IN-Variablen:

- das Start-Signal von der 2-aus-3-Schaltung
- das Stopp-Signal von der 2-aus-3-Schaltung
- das Signal vom EIN-Taster
- das Signal vom AUS-Taster
- die Automatik-Hand-Position (Auto=1)

Der Baustein liefert OUT-Informationen:

- das Start-Signal für den Motor
- das Stopp-Signal für den Motor

Erforderlich ist noch eine **Stat-Variable**:

- der Flankenmerker

Erforderlich ist noch eine **Temp-Variable**:

- der Umschalt-Impuls

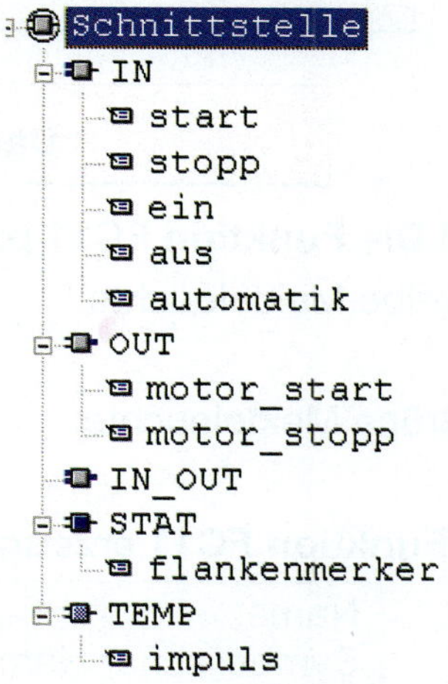

Die Programm-Logik des FB11 „Hand/Auto“ erstellen

<u>Netzwerk 1:</u> Den Motor einschalten. Im Automatikbetrieb wird der Motor durch die 2aus3-Schaltung und bei Handsteuerung durch den EIN-Taster eingeschaltet!

((#automatik UND #start) ODER ($\overline{\text{\#automatik}}$ UND #ein)) = #motor_start

<u>Netzwerk 2:</u> Den Motor ausschalten. Im Automatikbetrieb wird der Motor durch die 2aus3-Schaltung und bei Handsteuerung durch den AUS-Taster ausgeschaltet!

((#automatik UND #stopp) ODER ($\overline{\text{\#automatik}}$ UND aus)) = #motor_stopp

<u>Netzwerk 3:</u> Beim Umschalten aus dem Automatikbetrieb in die Handsteuerung einen Umschalt-Impuls erzeugen.

Hierfür soll die **Flankenerkennung** benutzt werden!

Die Flankenerkennung ist eine Standard-Bitverknüpfung --[N]--. Sie erkennt einen Flankenwechsel von 1 ➔ 0 und gibt dann für einen CPU-Zyklus eine "1" ab. Mit diesem Impuls soll der Motor abgeschaltet werden.

Die hier verwendete Variable **#flankenmerker** benötigt einen sicheren Zwischenspeicher. Eine sichere Zwischenspeicherung ist nur mit einer **statischen Variable** in einem Funktionsbaustein FB möglich.

Umschaltimpuls:

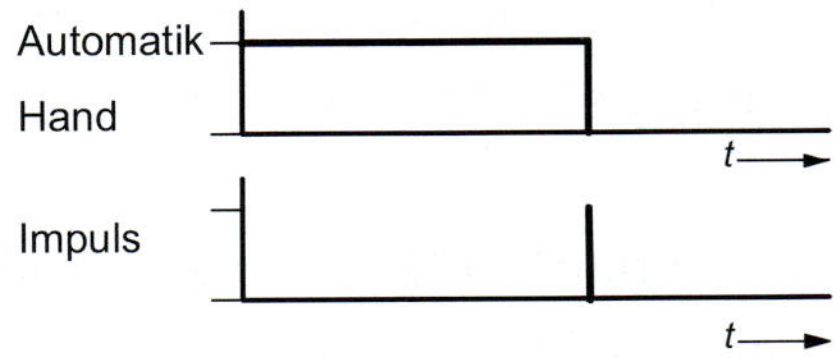

Netzwerk 3: Einen Umschalt-Impuls erzeugen

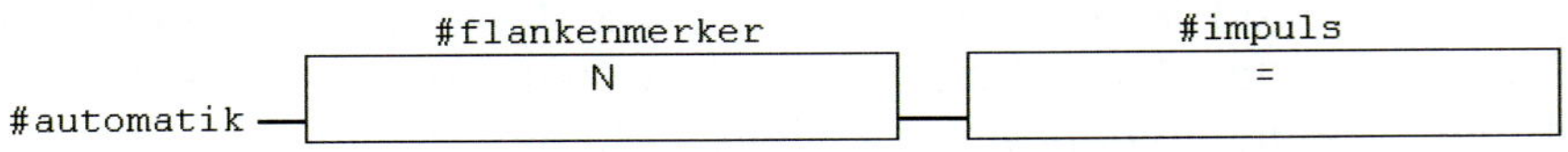

Netzwerk 4: Der erzeugte Impuls muss noch in das **Stopp-Signal** für den Motor **integriert** werden.

Achtung: Die temporäre Variable **#impuls** kann seine Information nur „nach unten" weitergeben. Hier wird die aktuelle Information der Variablen #impuls aus Netzwerk 3 im Netzwerk 4 weiter verarbeitet.

(#motor_stopp ODER #impuls) = #motor_stopp

Das Abspeichern des FB11 nicht vergessen!

A7.3 Die Funktion FC11 programmieren, Symbolname: „Meldeleuchten“

Gelbe Meldeleuchte: Blinken mit 1 Hz bei Ausfall eines Motors oder bei Not-Aus
Dauerlicht bei zu hoher Temperatur (alle 3 Sensoren angesprochen)

Grüne Meldeleuchte: Blinken mit 1 Hz im Automatik-Betrieb, wenn das Kühlaggregat läuft.
Dauerlicht im Automatik-Betrieb, wenn das Kühlaggregat aus ist.

Die Funktion FC11 erzeugen

Name:	FC11
Symbolischer Name:	Meldeleuchten
Erstellsprache:	FUP

Die Variablen des FC11 „Meldeleuchten“ deklarieren

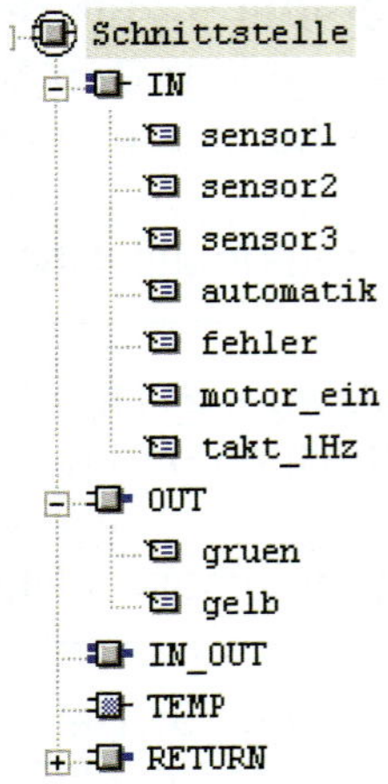

Der Baustein benötigt IN-Variablen:
- das Signal vom Temperatursensor 1
- das Signal vom Temperatursensor 2
- das Signal vom Temperatursensor 3
- die Automatik-Hand-Position (Auto=1)
- das Fehlersignal bei Not-Aus oder Motorschutz (vom FB10 „Y-D-Anlauf“)
- das Signal für den laufenden Motor (vom FB10 „Y-D-Anlauf“)
- das 1-Hz-Signal vom Taktmerker

Der Baustein liefert OUT-Informationen:
- die Ansteuerung für die grüne Meldeleuchte
- die Ansteuerung für die gelbe Meldeleuchte

Die Programm-Logik des FC11, „Meldeleuchten“ erstellen

Benötigt wird für das Meldeleuchten-Programm ein Blinkgeber mit einer Frequenz von 1Hz. Simatic-S7 stellt ein Merkerbyte mit insgesamt 8 unterschiedlichen Blinkfrequenzen zur Verfügung. Dieser **Taktmerker** muss in der Hardware aktiviert werden.

Den Taktmerker in der Hardware aktivieren:

- Die **Hardware-Konfig** öffnen.
- Doppelklick auf die CPU, es öffnet sich das Fenster "**Eigenschaften der CPU**"
- Das Registerblatt "**Zyklus / Taktmerker**" auswählen.
- Den **Taktmerker** (unten links) mit einem Häkchen aktivieren.
- Hier als Merkerbyte die "**100**" angeben. (Alle Merkerbytes aus dem CPU-Bereich sind möglich).
- Mit "OK" die Änderungen übernehmen.
- Auf "**Speichern und Übersetzen**" klicken.
- Die neue **Hardware-Konfiguration** muss beim Laden mit übertragen werden.

Das Taktmerkerbyte erzeugt 8 verschiedene Blink-Takte:

Bit	7	6	5	4	3	2	1	0
Periodendauer (s):	2	1,6	1	0,8	0,5	0,4	0,2	0,1
Frequenz (Hz):	0,5	0,625	1	1,25	2	2,5	5	10

Der 1 Hz-Blinktakt wird jetzt vom Taktmerker-Bit **M 100.5** erzeugt!

Achtung: In der Symboltabelle dem Taktmerker-Bit **M100.5** den Namen **„1-Hz-Takt“** geben!

Netzwerk 1: Die gelbe Meldeleuchte ansteuern.

((#sensor1 UND #sensor2 UND #sensor3) ODER (#fehler UND #takt_1Hz)) = #gelb

Netzwerk 2: Die grüne Meldeleuchte ansteuern.

((#motor_ein UND #automatik UND #takt_1Hz) ODER (#$\overline{\text{motor\_ein}}$ UND #automatik)) = #gruen

Das Abspeichern des FC11 nicht vergessen!

A7.4 Den FB11 und den FC11 in den FB1 einbinden

Im FB1 müssen Erweiterungen vorgenommen werden. Der FB1 benötigt als Ergänzung die Informationen für die Hand-Automatik-Umschaltung und für die Ansteuerung der Meldeleuchten.

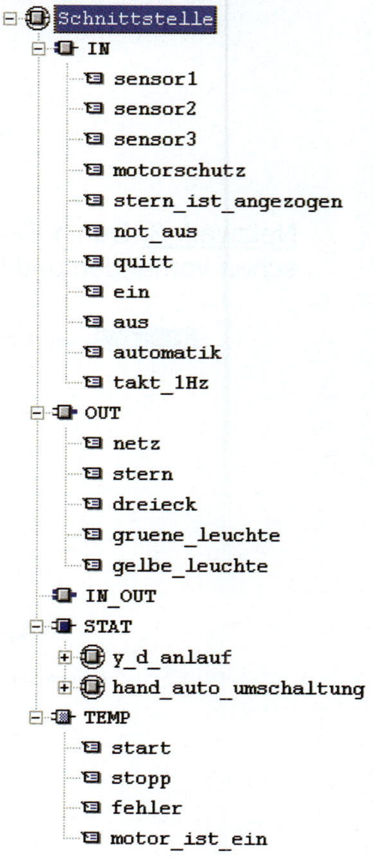

Die deklarierten Variablen des FB1 ergänzen

Der Baustein benötigt weitere IN-Variablen:

- Das Signal vom EIN-Taster
- Das Signal vom AUS-Taster
- Die Hand-Automatik-Position (Auto =1)
- Das 1-Hz-Signal vom Taktmerker

Der Baustein liefert weitere OUT-Informationen:

- die Ansteuerung für die grüne Meldeleuchte
- die Ansteuerung für die gelbe Meldeleuchte

Der Baustein nutzt eine weitere Multiinstanz:

- die Daten des FB11 „Hand/Auto“ als Multiinstanz

(Dieser Eintrag wird wieder automatisch generiert!)

Die Programm-Logik des FB1 ergänzen

Netzwerk 1: Die 2_aus_3-Funktion FC10 aufrufen. Dieses Netzwerk ist im FB1 schon vorhanden.

FB1 : Den Kühlraum komplett automatisieren

Netzwerk 1: Die 2 aus 3 Funktion aufrufen

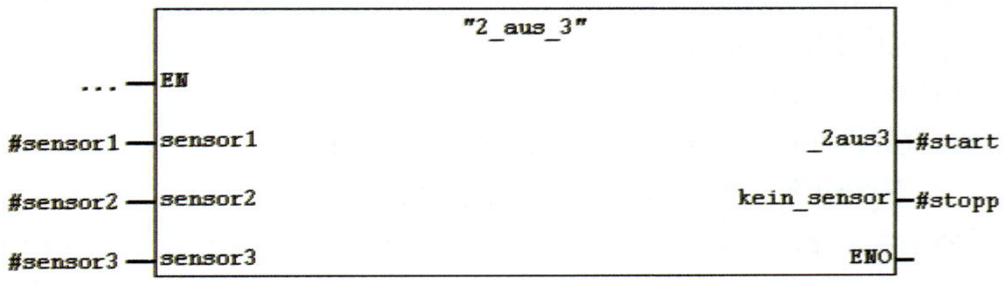

Netzwerk 2: Ein neues Netzwerk einfügen und den Funktionsbaustein FB11 „Hand/Auto" aufrufen. Den Aufruf des FB11 in einen **Multiinstanz-Aufruf ändern**!

Die Umschaltung von Automatikbetrieb auf Handsteuerung **muss nach** dem Aufruf des **FC10** (2-aus-3-Schaltung) und **vor** dem Aufruf des **FB10** (Y-D-Anlauf) erfolgen:

- Der FC10 liefert die Motor-Informationen im **Automatik-Betrieb**.
- Der FB11 liefert die Motor-Informationen für die **Handsteuerung.**

➔ Ein SPS-Programm wird immer von "oben nach unten" abgearbeitet!

Die deklarierten temporären Variablen **#start** und **#stopp** werden mehrfach benutzt. Sie geben die Informationen vom FC10 (im Netzwerk 1) an den FB11 weiter und jetzt werden sie erneut zum Informationstransport zum nächsten Netzwerk benutzt.

➔ Hier wird eine sinnvolle Mehrfachbenutzung bei Variablen angewendet!

Netzwerk 2: Die Betriebsarten-Umschaltung

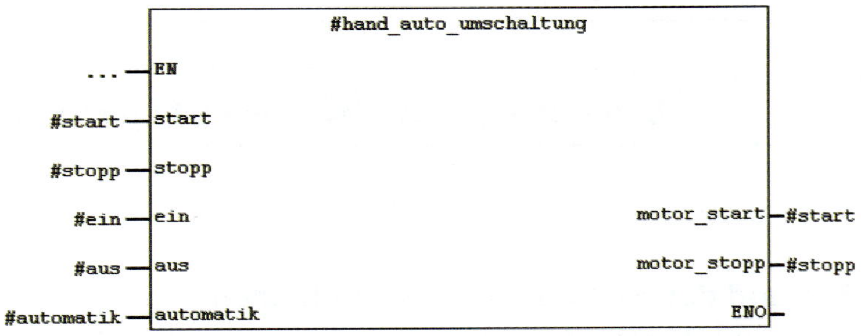

Netzwerk 3: Den Y-D-Anlauf FB10 aufrufen. Dieses Netzwerk war im FB1 als Netzwerk 2 schon vorhanden und ist jetzt das Netzwerk 3.

Netzwerk 3: Der Y-D-Anlauf des Kühlaggregats

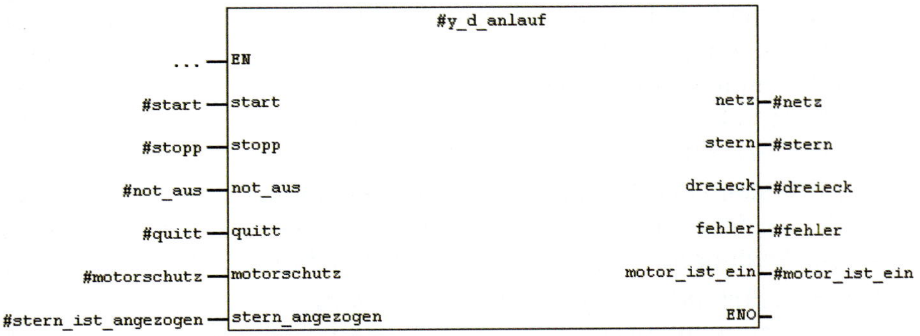

Netzwerk 4: Ein neues Netzwerk einfügen und den FC11 „Meldeleuchten“ aufrufen.

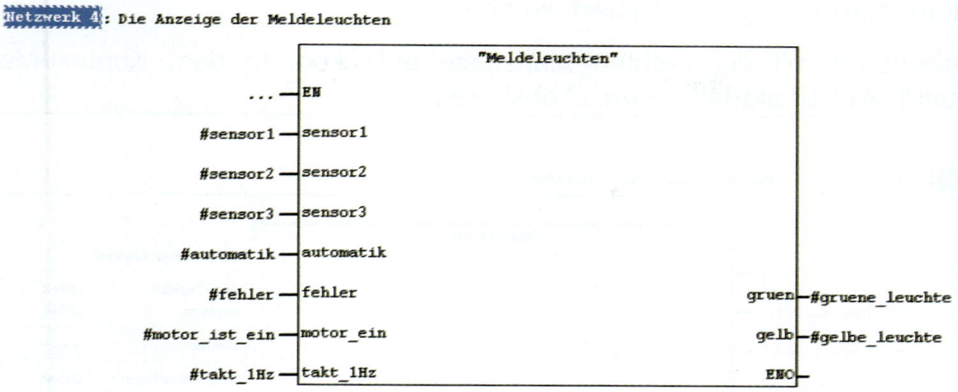

Das Abspeichern des FB1 nicht vergessen!

Beim Speichern des FB1 erscheint (wie schon häufiger) die folgende Meldung:

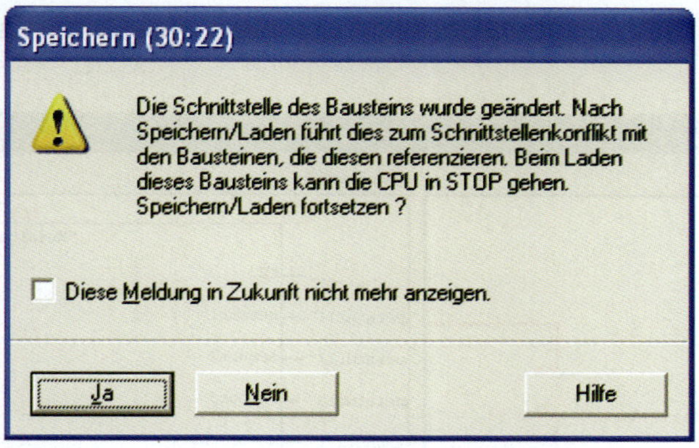

Nach der Erweiterung der Variablen-Tabelle des FB1 ist es erforderlich, auch die Bausteine zu aktualisieren, die mit dem FB1 referenzieren, d.h. den FB1 aufrufen oder mit dem FB1 kommunizieren. In diesem Fall ruft der OB1 den FB1 auf. Also müssen auch die Übergabedaten vom OB1 zum FB1 an der Schnittstelle aktualisiert werden.

→ Die Meldung mit "Ja" beantworten, und dann den OB1 öffnen!

A7.5 Den OB1 aktualisieren

Beim Öffnen des OB1 gibt es gleich eine Warnmeldung:

Was ist ein **Zeitstempelkonflikt**?

Wird an der Variablen-Tabelle eines Bausteins etwas verändert, dann bekommt dieser Baustein beim Speichern einen neuen **Zeitstempel**. Beim Überprüfen des Zeitstempels erkennt der aufrufende Baustein (hier der OB1), dass an der Schnittstelle zum aufgerufenen Bausteins (hier der FB1) eine Veränderung durchgeführt wurde.

Die Übergabedaten am FB1 sind nun alle ROT. **Falls nicht, dann werden sie beim Speichern des OB1 rot!** Die rote Farbe signalisiert, dass beim Bausteinaufruf des FB1 ein Fehler vorliegt. Dieser **Baustein-Aufruf** muss **aktualisiert** werden:

Den Baustein-Aufruf mit der rechten Maustaste anklicken. In dem Kontext-Menü den untersten Punkt **"Aufruf aktualisieren..."** anklicken.

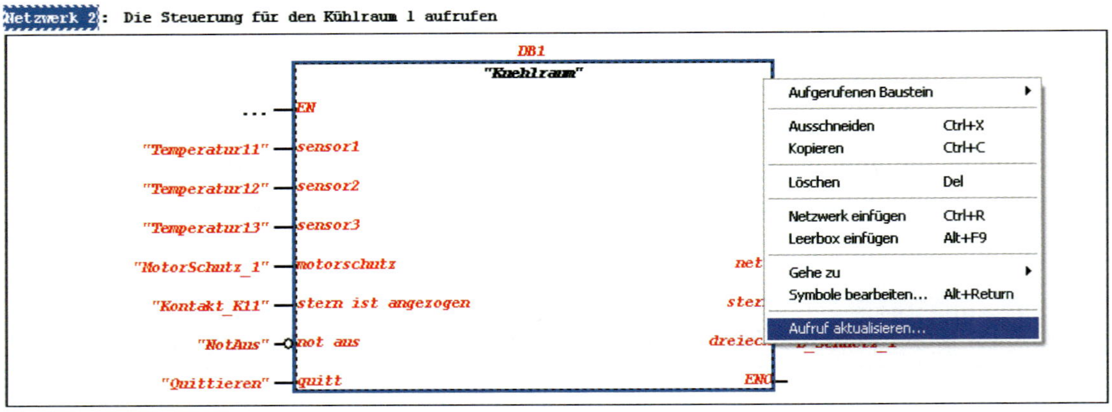

Im neuen Baustein sind Ein- und Ausgänge hinzugekommen. Ein **Schnittstellenabgleich** wird angeboten:

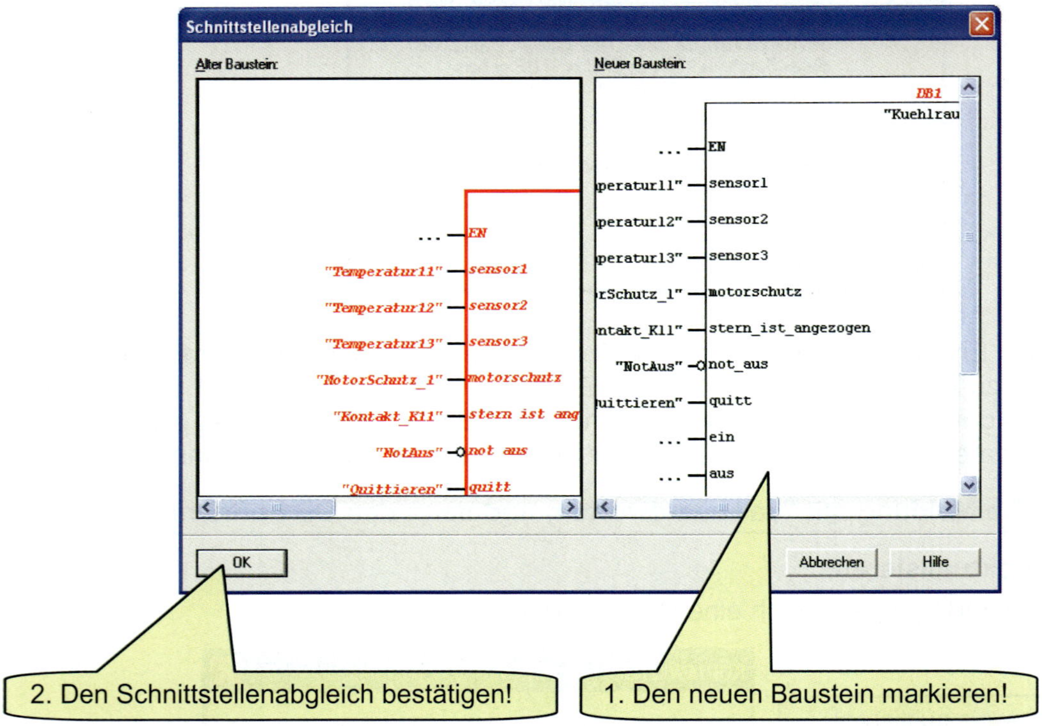

Für den Instanz-Datenbaustein DB1 wird auch eine Aktualisierung angeboten. Den DB1 neu generieren lassen!

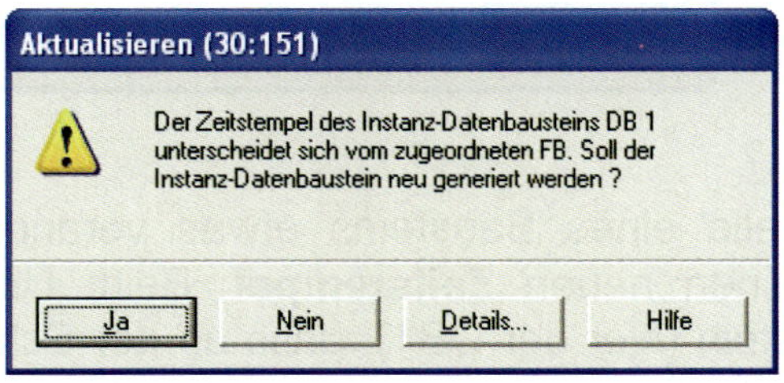

Danach über die Symboltabelle dem DB1 den Symbolnamen „Daten-Kuehlraum1" zuweisen.

Netzwerk 1: Den Visualisierungsbaustein FB84 „Kuehlhaus-Visualisierung“ aufrufen.

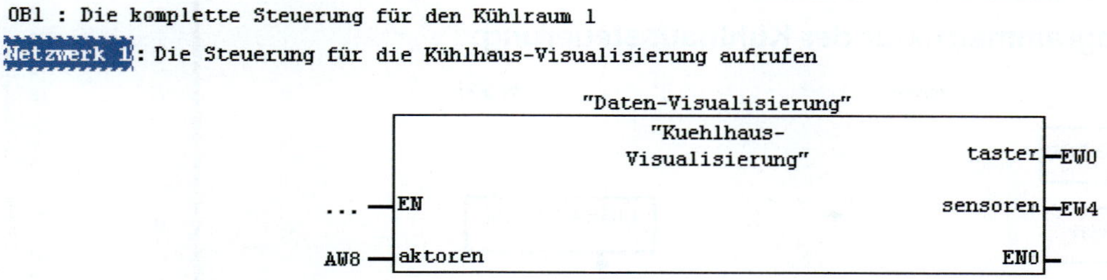

Netzwerk 2: Den Funktionsbaustein FB1 „Kuehlraum“ aufrufen. Zugeordnet wird dem FB1 der Instanzdatenbaustein DB1 mit dem Symbolnamen „Daten-Kuehlraum1“.

Achtung: Die Beschaltung der Schnittstelle im Netzwerk 2 noch vervollständigen!

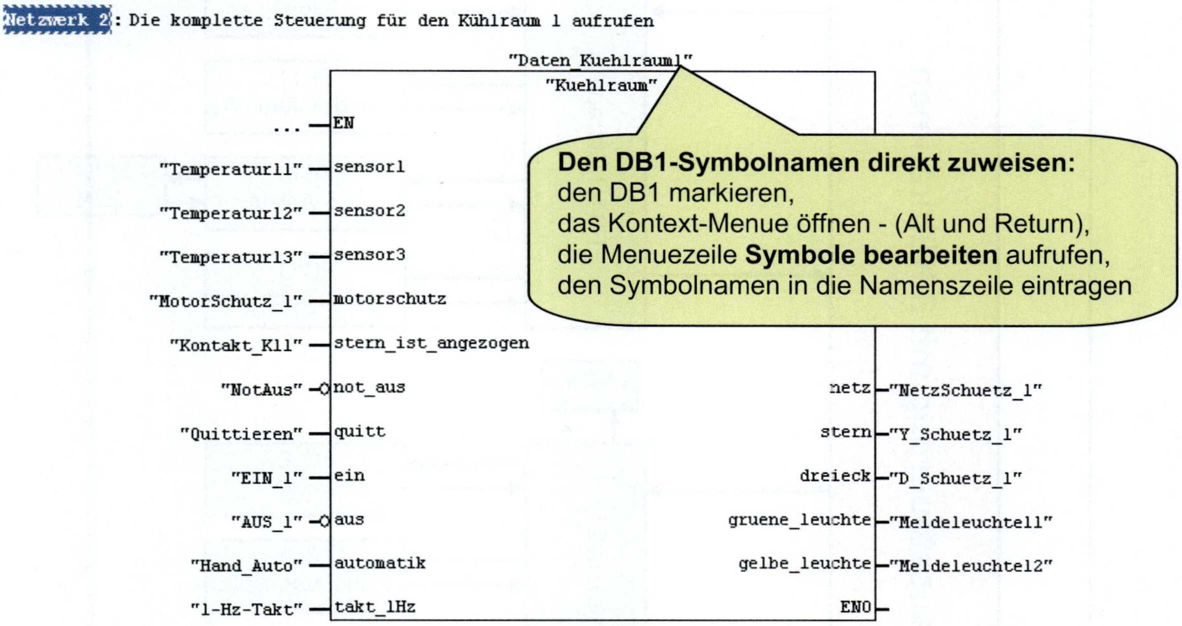

Und nun? ➔ Alles **speichern**, **übertragen** und **testen**!

Sind Funktionsfehler vorhanden?

Achtung:
Vielleicht wurden nur die Negationen am „NotAus“ und am „AUS_1“ vergessen!

Viel Spaß bei der Inbetriebnahme der Kühlhaussteuerung!

A8 Das gesamte Kühlhaus automatisieren

Die gesamte Programmstruktur der Kühlhaussteuerung:

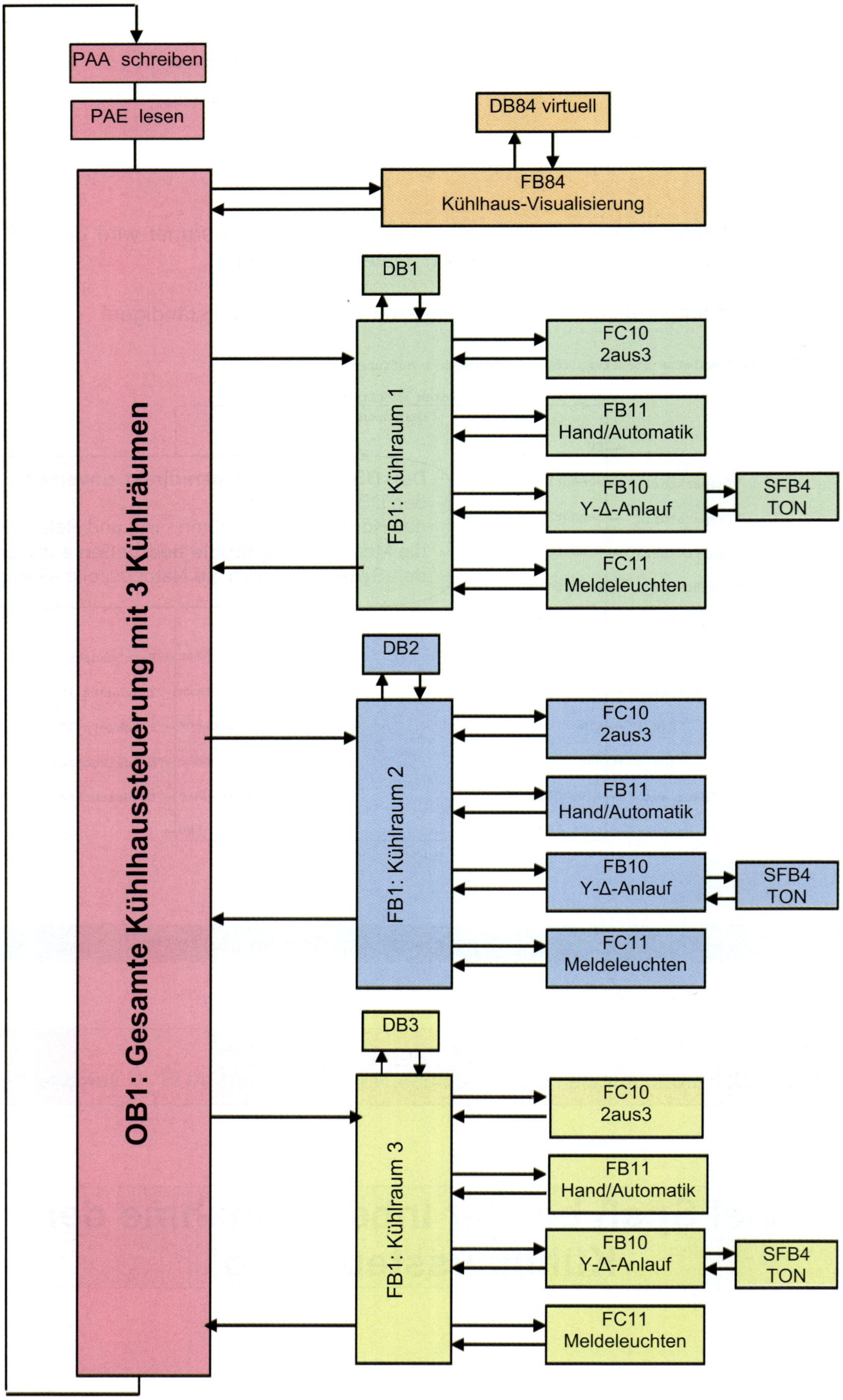

Netzwerk 1: Die Visualisierung aufrufen: Funktionsbaustein FB84 „Kuehlhaus-Visualisierung“ und Instanzdatenbaustein DB84 „Daten-Visualisierung“

OB1 : Steuerung für das gesamte Kühlhaus mit 3 Kühlräumen

Netzwerk 1: Aufruf der Visualisierung

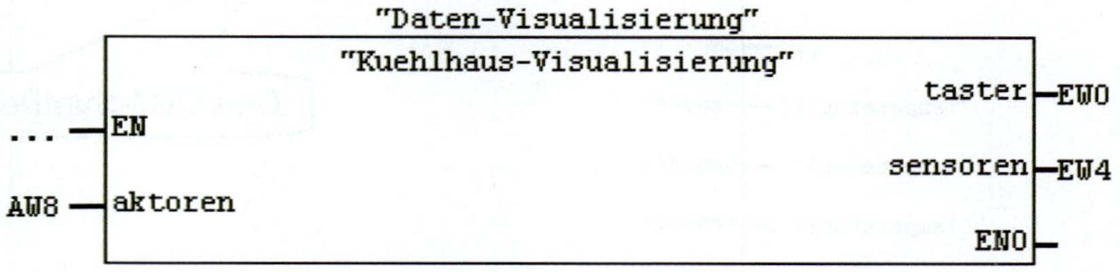

Netzwerk 2: Die Kühlraumsteuerung für den Kühlraum 1 aufrufen: Funktionsbaustein FB1 „Kuehlraum“ und Instanzdatenbaustein DB1 „Daten_Kuehlraum1“

Netzwerk 2: Aufruf der Kühlraumsteuerung mit den Daten für Raum 1

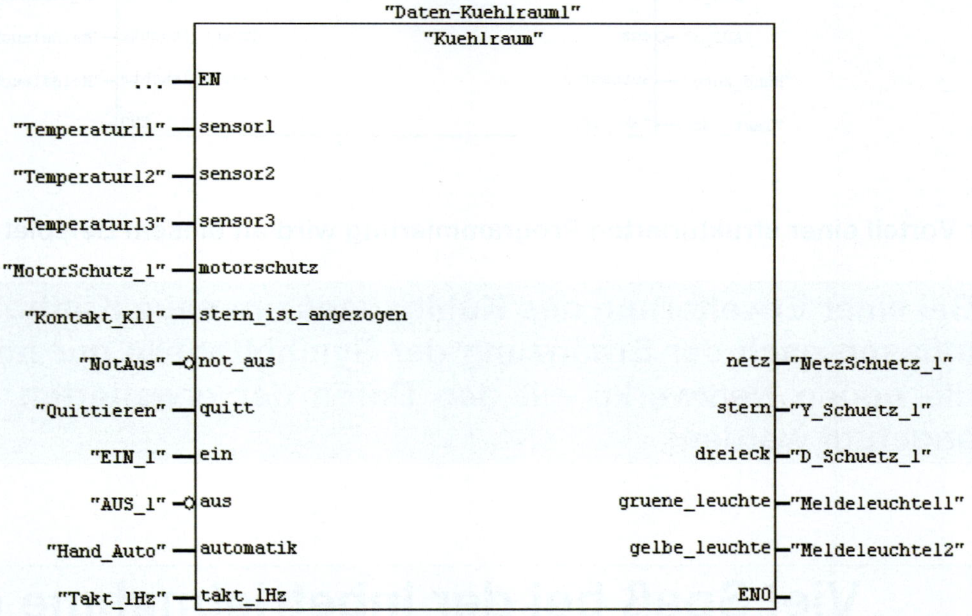

Netzwerk 3: Die Kühlraumsteuerung für den Kühlraum 2 aufrufen: Funktionsbaustein FB1 „Kuehlraum“ und Instanzdatenbaustein DB2 „Daten_Kuehlraum2“

Netzwerk 3: Aufruf der Kühlraumsteuerung mit den Daten für Raum 2

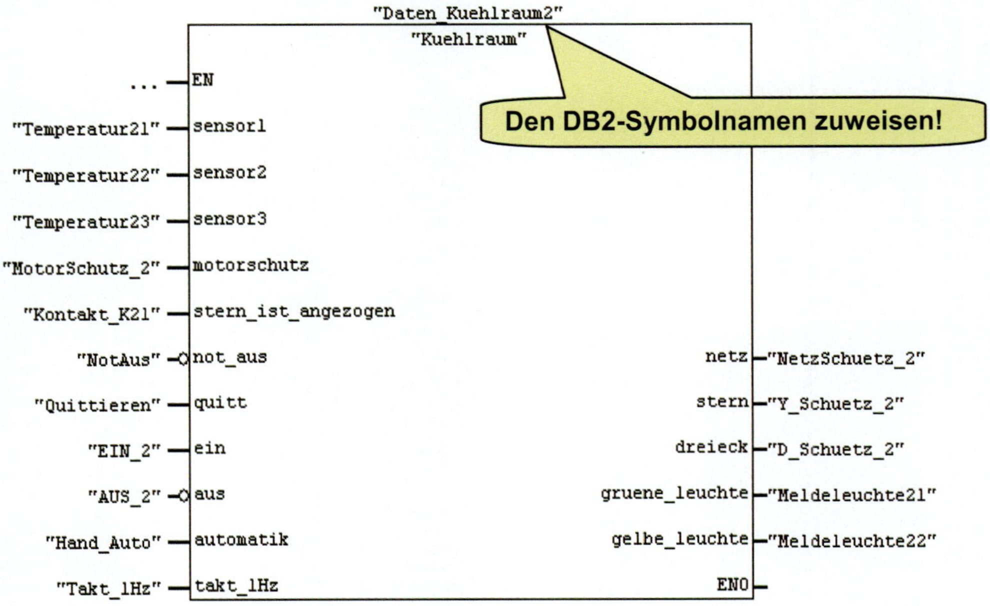

Netzwerk 4: Die Kühlraumsteuerung für den Kühlraum 3 aufrufen: Funktionsbaustein FB1 „Kuehlraum" und Instanzdatenbaustein DB3 „Daten_Kuehlraum3"

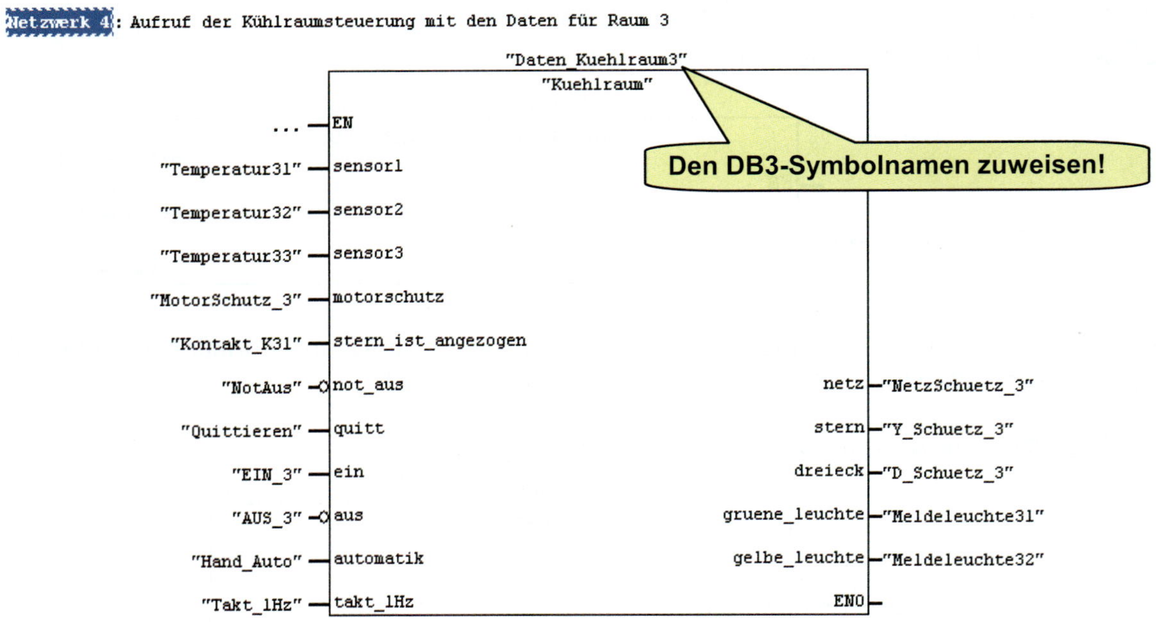

Der Vorteil einer strukturierten Programmierung wird an diesem Beispiel erkennbar:

Bei einer Erweiterung des Kühlhauses um neue Kühlräume müssen nach der Ergänzung der Symboltabelle nur noch im OB1 die neuen Netzwerke mit den Daten der erweiterten Kühlräume angefügt werden!

Viel Spaß bei der Inbetriebnahme der gesamten Kühlhaussteuerung!

B1 Projekt Palettenhubtischsteuerung

Dieses Automatisierungsprojekt arbeitet mit Start-, Stopp- und Not-Halt-Bedingungen, mit Lichtgittern und Lichtschranken, mit einer sequentiellen S7-Graph-Ablaufkette und mit ergänzenden kombinatorischen Verknüpfungen. Folgende S7-Kenntnisse sollen in diesem zweiten Automatisierungsprojekt erarbeitet werden:

- Das Programmieren von Start-, Stopp- und Not-Halt-Bedingungen
- Das Verwenden von Lichtgittern und Lichtschranken
- Das Programmieren einer sequentiellen Ablaufkette mit S7-Graph
- Das Verwenden des IEC-Zählers CTU
- Das Arbeiten mit dem Move-Befehl
- Das Bilden von Multiinstanzen bei Funktions- und bei Systemfunktionsbausteinen
- Das Erstellen einer eigenen S7-Bibliothek

Für die Programmvisualisierung steht eine Runtimeversion zur Verfügung:

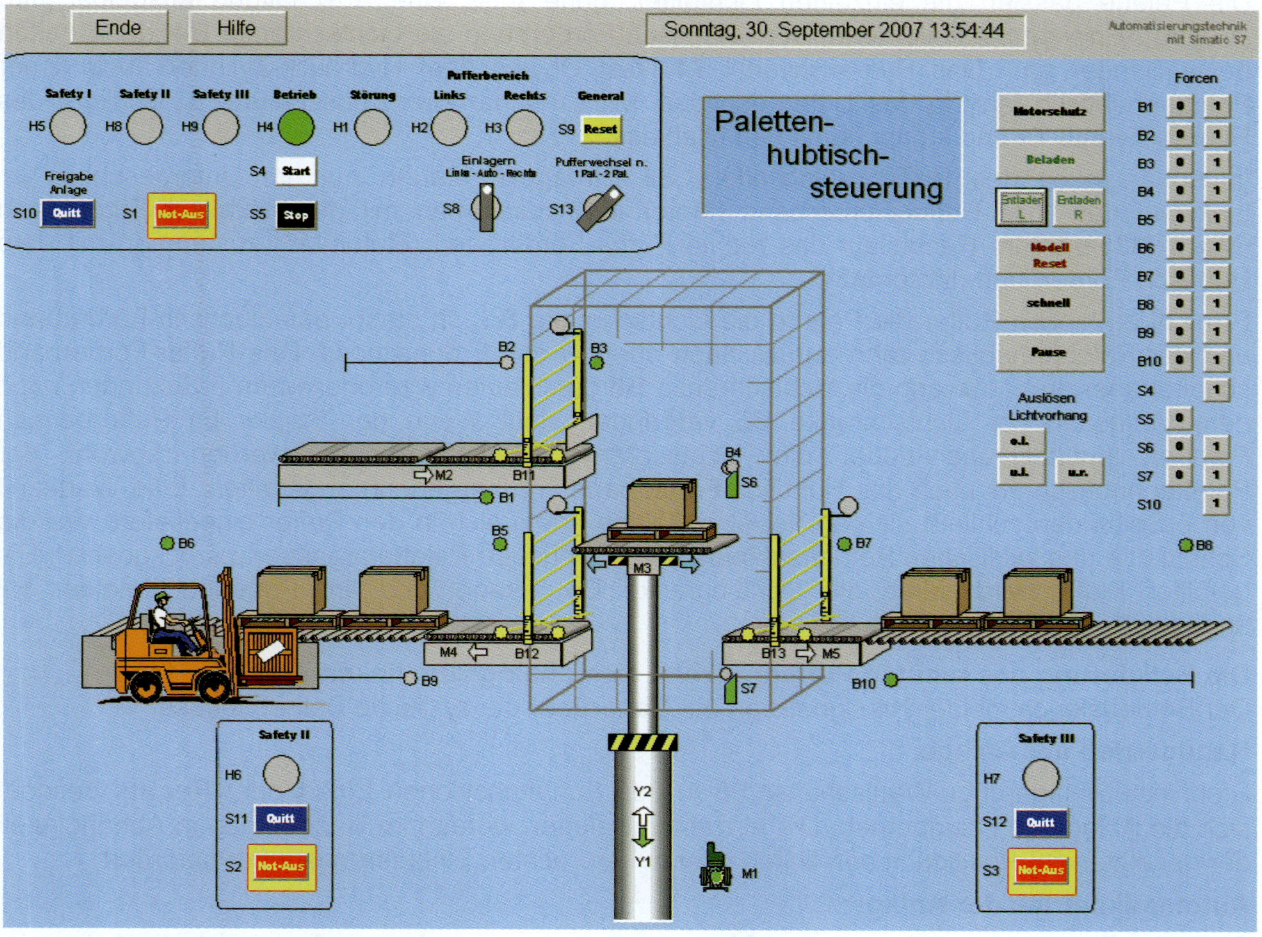

Allgemeine Programmbeschreibung des Projektes Palettenhubtischsteuerung:

Paletten werden im Erdgeschoss angeliefert, über Förderbänder und mit einem Palettenhubtisch in ein Untergeschoss transportiert und dort in links- und rechtsseitige Einlagerungspuffer verbracht. Stapler sorgen im Erdgeschoss für das Beladen und in den beiden Pufferbereichen für das Entladen der Bänder. Eine mechanische Sperrklinke zwischen dem Anlieferungs-Förderband und dem Hubtisch-Förderband verhindert ein Abstürzen der Palette im Fehlerfall. Lichtvorhänge sichern den Hubtischschacht. Nur Paletten dürfen die Lichtgitter passieren (Muting). Alle anderen Gegenstände oder Personen verursachen einen Lichtgitteralarm und erzwingen ein Not-Halt. Nach Betriebsende befindet sich der Palettenhubtisch aus Sicherheitsgründen im Untergeschoss.

Die einzelnen Steuerungsbedingungen:

Neustartphase der Anlage:

Bei einem Neustart der ausgeschalteten Anlage muss zuerst der Öldruck des Palettenaufzugs durch die Hydraulikpumpe **M1** aufgebaut werden. Der Palettenhubtisch wird in das Erdgeschoss nach oben befördert. Die über das Hydraulikventil **Y2** einströmende Ölmenge presst den Palettenstempel so lange aufwärts, bis der Palettenhubtisch den Endschalter **S6** erreicht hat. Der Betriebsleuchtmelder **H4** signalisiert mit einem **1-Hz-Blinktakt** die Startphase.

Zyklische Betriebsphase der Anlage:

Im zyklischen Betriebsablauf befindet sich der Palettenhubtisch im Erdgeschoss. Signalisiert die Anlieferungs-Lichtschranke **B2** eine Palette auf dem Anlieferungs-Förderband (Motor **M2**) und ist die Lichtschranke **B1** nicht durch den Stapler unterbrochen, so läuft das Anlieferungs-Förderband nach einer Wartezeit von 2 Sekunden an. Erreicht die Palette die Lichtschranke **B3**, wird zusätzlich das Aufzugs-Förderband (Motor **M3**) im Rechtslauf gestartet. Sollte die Lichtschranke **B1** in dieser Transportphase durch den Stapler unterbrochen werden, müssen aus Sicherheitsgründen beide Förderbänder angehalten werden. Eine erneute Wartezeit von 2 Sekunden schließt sich an.

Die Palette passiert die einzelnen Lichtgitter, ohne dass eine Abschaltung ausgelöst wird (Muting). Erreicht die Palette auf dem Hubtisch-Förderband die Lichtschranke **B4**, dann halten beide Bänder an. Das Hydraulikventil **Y1** lässt Öl aus dem Hydraulik-Zylinder ab und der Palettenhubtisch fährt in das Untergeschoss. Mit Erreichen des Endschalters **S7** schließt das Hydraulikventil **Y1** und stoppt damit den Ölablass.

In Abhängigkeit des Pufferwahlschalters **S8 Einlagern** starten nun im Untergeschoss im Linkslauf das linke Puffer-Förderband (Motor **M4**) zusammen mit dem Hubtisch-Förderband (Motor **M3**) oder im Rechtslauf das rechte Puffer-Förderband (Motor **M5**) zusammen mit dem Hubtisch-Förderband (Motor **M3**).

Erreicht am linken Puffer die Palette die Lichtschranke **B5**, so stoppt das Hubtisch-Förderband und der Palettenhubtisch fährt zurück nach oben in das Erdgeschoss. Das Puffer-Förderband schaltet aber erst ab, wenn die Lichtschranke **B6** durchlaufen wird oder wenn 5 Sekunden nach dem Verlassen der Lichtschranke **B5** vergangen sind. Wenn der Stapler im Pufferbereich Paletten entlädt und dabei die Lichtschranke **B9** unterbricht, werden sowohl der Palettenhubtisch als auch das Hubtisch-Förderband vorübergehend angehalten. Eine Wartezeit von 5 Sekunden schließt sich an. Ist eine Palette erfolgreich in den Puffer eingeliefert wird die Schrittkette des zyklischen Betriebsablaufs für einen neuen Palettentransport zurückgesetzt. Ein gefüllter Puffer wird durch die Lichtschranke **B6** erkannt und am Pufferleuchtmelder **H2** angezeigt.

Die Belieferung des rechten Puffers verhält sich analog zum linken Zweig.
Der Betriebsleuchtmelder **H4** signalisiert mit **Dauerlicht** die zyklische Betriebsphase.

Handbetrieb der Anlage:

Steht der Einlagerungs-Wahlschalter **S8** in den Schaltpositionen **Links** oder **Rechts** befindet sich die Anlage im Handbetrieb. Die einzelnen Paletten werden im Handbetrieb in Abhängigkeit der gesetzten S8-Position in den linken oder in den rechten Einlagerungspuffer befördert.

Automatikbetrieb der Anlage:

Steht der Einlagerungs-Wahlschalter **S8** in der Schaltposition **Auto** befindet sich die Anlage im Automatikbetrieb. Die Einlieferung der Paletten erfolgt im Automatikbetrieb wechselseitig in die beiden Einlagerungspuffer. Die erste Palette wird in den linken Puffer gefahren, die zweite in den rechten und danach ist wieder der linke Puffer vorgesehen, usw. Diese Einlagerung verläuft ununterbrochen weiter, wenn die angelieferten Paletten durch die Stapler von den Bändern entladen werden.
Mit dem Wahlschalter **S13** kann im Automatikbetrieb festgelegt werden, nach welcher Palettenanzahl der Pufferwechsel erfolgen soll. In der linken Schaltposition erfolgt der Pufferwechsel nach 1 Palette, in der rechten Schaltposition nach 2 Paletten.

Abschaltung der Anlage:

Erfolgt über **S5** eine Stopp-Anforderung, wird die im Transportweg befindliche Palette noch in den angewählten Puffer eingeliefert. Der Palettenhubtisch muss bei Abschaltung oder bei Betriebsende aus Sicherheitsgründen in das Untergeschoss gefahren werden. Erst danach wird die Energie zu den Antrieben abgeschaltet.
Der Betriebsleuchtmelder **H4** signalisiert mit einem **0,5-Hz-Blinktakt** die Stopp-Anforderung.

General-Reset der Anlage:

Wird der General-Reset-Taster **S9** länger als 3 Sekunden betätigt, wird der Prozess sofort gestoppt und der gesamte Steuerungsablauf zurückgesetzt.

Not-Halt der Anlage im Störungsfall:

Unter nachfolgenden Bedingungen wird die Anlage sofort durch Abschalten der Energie zu den Antrieben und zu den Hydraulikventilen **angehalten**:

- Bei Betätigung von Not-Aus (**S1**, **S2**, **S3**). Einrastung!
- Bei Überstromauslösung der Antriebe (**Motorschutz: F1**, **F2**, **F3**, **F4**, **F5**). Einrastung!
- Wenn die Auswertelogik der Lichtgitter (**B11**, **B12**, **B13**) angesprochen hat. Speicherung!

Eine Störung wird durch den Leuchtmelder **H1** mit einem **1-Hz-Blinktakt** angezeigt.

Wiederingangsetzen der Anlage nach Behebung und Quittierung einer Störung:

Für alle auftretenden Störungsfälle ist die Behebung der Störungsursache als erste Maßnahme erforderlich. Danach schließt sich bei Not-Aus-Betätigung oder bei Überstromauslösung die **Entrastung** der ausgelösten Schalt- oder Sicherungseinheiten (**S1**, **S2**, **S3**, **Motorschutz**) an. Ein Wiederingangsetzen der Paletten-Hubtischanlage über **S4** Start ist möglich nach **Quittierung** der Lichtgitterfehler (**S11, S12**) und nach **Quittierung** der zentralen Anlagen-Freigabe **S10**. Der Transport einer vorhandenen Palette wird fortgeführt.

Anzeigelogik der Meldeleuchten in der Zusammenfassung:

➢ H1 Störung	- 1 Hz-Blinken bei o Not-Aus, Motorstörung, Lichtgitterauslösung o Lichtschrankenauslösung im Anlieferungsbereich
➢ H2 linker Puffer	- Dauerlicht bei vollem Puffer
➢ H3 rechter Puffer	- Dauerlicht bei vollem Puffer
➢ H4 Betrieb	- Dauerlicht in der zyklischen Betriebsphase - 1 Hz-Blinken in der Neustartphase - 0,5 Hz-Blinken nach Stopp-Anforderung
➢ H5 Lichtgitter oben	- 1 Hz-Blinken bei Lichtgitterauslösung
➢ H6 / H8 Lichtgitter links	- 1 Hz-Blinken bei Lichtgitterauslösung
➢ H7 / H9 Lichtgitter rechts	- 1 Hz-Blinken bei Lichtgitterauslösung

Test mit dem virtuellen Modell:

Aus dem vorhergehenden Kapitel ist bereits die Reihenfolge für das Starten des virtuellen Modells bekannt:

1. PLC-SIM starten, damit eine SPS zum Übertragen des Programms und zur Kommunikation mit der WinCC flexible oder ProTool/Pro-Runtime zur Verfügung steht.
2. Übertragen des Programms, damit die Runtime eine SPS sehen kann.
3. Schalten in RUN oder RUN-P.
4. Starten der Runtime **Palettenhubtisch**.

Die Bedienung des Modells:

Die Runtime wird als Vollbild in einer Auflösung von 1024x768 dargestellt. Eine niedrigere Auflösung sollte nicht gefahren werden, da die Anlage ansonsten nicht vollständig dargestellt wird und nur über Bildlaufleisten verschoben werden kann. Eine höhere Auflösung ist kein Problem, allerdings füllt Siemens dann die nicht genutzten Bildbereiche mit einem Grauton auf.

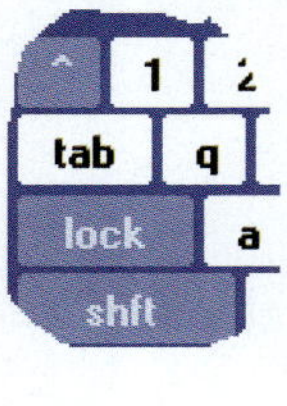

Um in ein anderes Programm zu gelangen, um z.B. das Programm Online im Editor zu betrachten, schaltet man über <Alt> + <Tab> zu dem jeweiligen Programm. Die Tab-Taste befindet sich links neben dem q. Im oberen Bild-Bereich sind diejenigen Taster, um die Runtime zu beenden oder um eine Hilfe-Seite anzuzeigen.

Das Modell zeigt den Palettenhubtisch im mittleren Bereich des Bildes. Es gibt drei Bedienfelder zum Steuern der Anlage. Oben links das Hauptbedienfeld 1, sowie unten links und unten rechts die Bedienfelder 2 und 3.

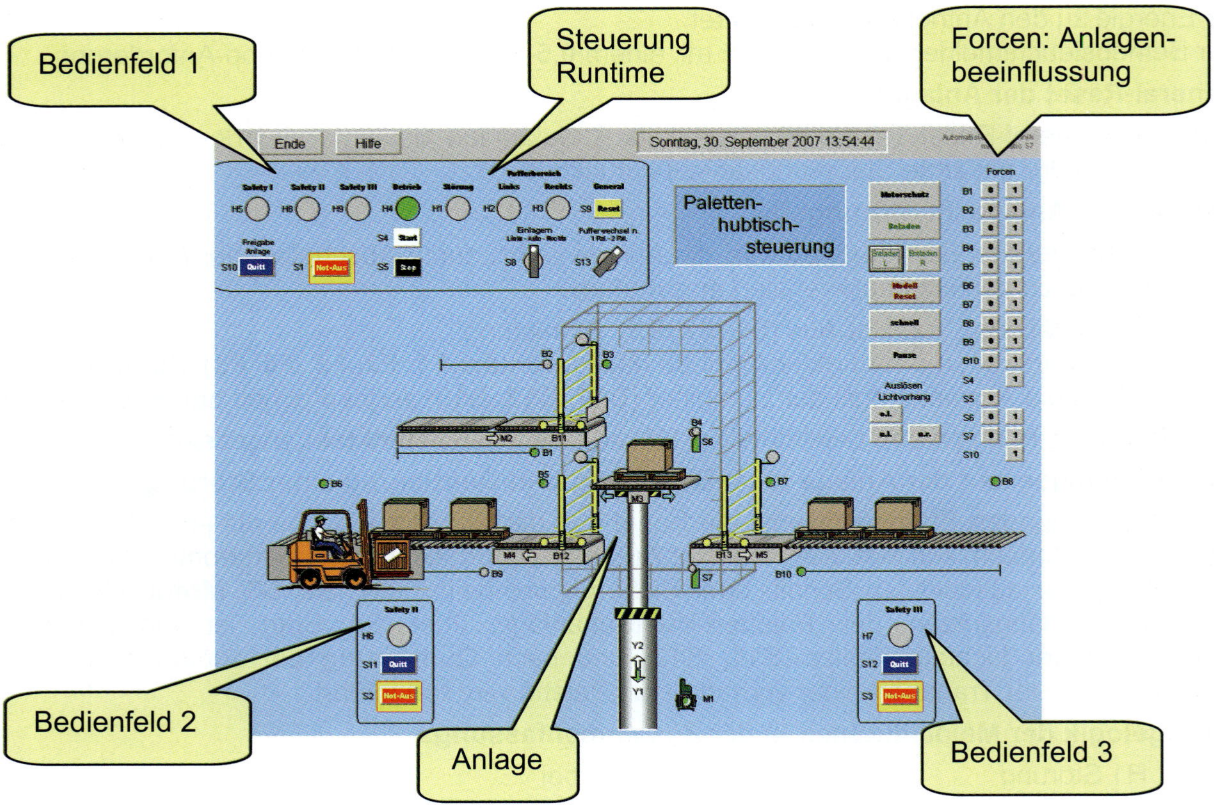

Oben rechts befinden sich mehrere Schalter zur Beeinflussung der Anlage. Sie haben folgende Funktionen:

- **Motorschutz**: Das Auslösen eines Motorschutzschalters.
- **Beladen**: Es wird eine neue Palette auf das Band 1 gestellt. Diese Funktion ist nur möglich, wenn keine Palette in Bewegung ist.
- **Entladen links:** oder **rechts**: Es wird die jeweils äußerste Palette auf Band 3 oder Band 4 entladen.
- **Modell-Reset**: Mit dieser Taste wird das virtuelle Modell zurückgesetzt. Alle Paletten verschwinden und der Fahrstuhl befindet sich in der Ruhestellung. **Achtung:** Hierüber wird nicht das Anwenderprogramm zurückgesetzt! Das Programm wird mit seiner Schrittkette eventuell Paletten vermissen. Für diesen Fall wird der Taster S9 (General-Reset) programmiert.
- **schnell/langsam**: Veränderung der Bewegungsgeschwindigkeit.
- **Pause**: Die Bewegung wird angehalten. Diese Funktion ermöglicht eine leider in der Realität selten anzutreffende Möglichkeit, den momentanen Zustand der Anlage einzufrieren, um im Online-Editor nach Fehlern zu suchen. **Achtung:** Die Zeiten im Anwenderprogramm werden nicht angehalten!
- **Forcen: B1-B10, S4-S7, S10**: Mit diesen Schaltelementen lassen sich Eingangssignale vorrangig auf die Werte „0" oder „1" setzen. Fehler wie Kabelbruch oder Leitungsschluss lassen sich dadurch simulieren.
- **Lichtgitterfehler**: Die Lichtvorhänge vor dem Hubtisch-Schacht werden ausgelöst.

Das Programm Palettenhubtischsteuerung besteht aus einzelnen funktionalen Einheiten. Die folgenden Funktionsbausteine wirken zusammen:

- das Schalten der Betriebszustände
- der Wechsel der Einlagerungspuffer
- die Paletten-Schrittkette
- die Ansteuerung der Aktorik
- die Signalanzeige durch Meldeleuchten

Die gesamte Programmstruktur der Palettenhubtischsteuerung:

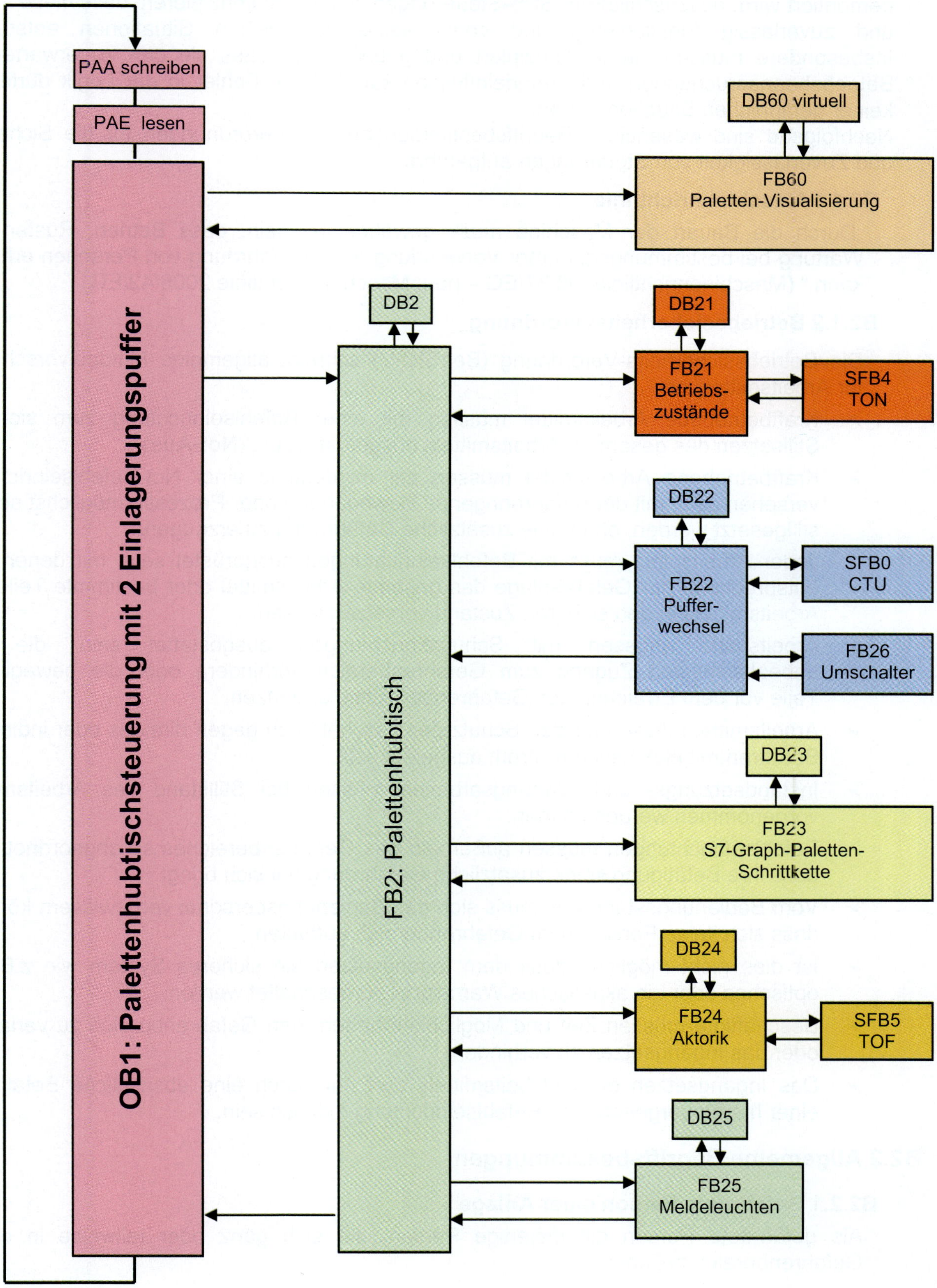

B2 Sicherheit und Zuverlässigkeit von Steuerungen

B2.1 Grundsätze für die Maschinensicherheit

Sicherheitsmaßnahmen müssen darauf abzielen, Unfallrisiken während der voraussichtlichen Lebensdauer der Maschine, einschließlich der Zeit, in der die Maschine montiert und demontiert wird, auszuschließen. SPS-Steuerungen sind so zu konzipieren, dass diese sicher und zuverlässig funktionieren und somit keine gefährlichen Situationen entstehen. Insbesondere müssen sie so konzipiert und gebaut sein, dass sie den zu erwartenden Betriebsbeanspruchungen und Fremdeinflüssen standhalten. Fehler in der Logik dürfen zu keiner gefährlichen Situation führen.
Nachfolgend sind wesentliche Begriffsbestimmungen und Verordnungen für die Sicherheit und Zuverlässigkeit von Steuerungen aufgeführt.

B2.1.1 Maschinenrichtlinie

„Durch die Bauart der Maschine muss gewährleistet sein, dass Betrieb, Rüsten und Wartung bei bestimmungsgemäßer Verwendung ohne Gefährdung von Personen erfolgen kann." (Maschinenrichtlinie, 98/37/EG – neu: Maschinenrichtlinie 2006/42/EG)

B2.1.2 Betriebssicherheitsverordnung

Die Betriebssicherheits-Verordnung (BetrSichV) schreibt allgemeine Mindestvorschriften für Arbeitsmittel vor:

- Kraftbetriebene Arbeitsmittel müssen mit einer Befehlseinrichtung zum sicheren Stillsetzen des gesamten Arbeitsmittels ausgerüstet sein (**Not-Aus**).
- Kraftbetriebene Arbeitsmittel müssen mit mindestens einer Not-Befehlseinrichtung versehen sein, mit der gefahrbringende Bewegungen oder Prozesse möglichst schnell stillgesetzt werden, ohne eine zusätzliche Gefährdung zu erzeugen.
- Jeder Arbeitsplatz muss mit Befehlseinrichtungen ausgerüstet sein, mit denen sich entsprechend der Gefahrenlage das gesamte Arbeitsmittel oder bestimmte Teile des Arbeitsmittels in den sicheren Zustand versetzen lassen.
- Arbeitsmittel müssen mit Schutzeinrichtungen ausgestattet sein, die den unbeabsichtigten Zugang zum Gefahrenbereich verhindern oder die beweglichen Teile vor dem Erreichen des Gefahrenbereiches stillsetzen.
- Arbeitsmittel müssen für den Schutz der Beschäftigten gegen direktes oder indirektes Berühren mit elektrischem Strom ausgelegt sein.
- Instandsetzungs- und Wartungsarbeiten müssen bei Stillstand des Arbeitsmittels vorgenommen werden können.
- Befehlseinrichtungen müssen außerhalb des Gefahrenbereiches so angeordnet sein, dass ihre Betätigung keine zusätzliche Gefährdung mit sich bringt.
- Vom Bedienungsstand aus muss sich das Bedienungspersonal vergewissern können, dass sich keine Personen im Gefahrenbereich aufhalten.
- Ist dies nicht möglich, muss dem Ingangsetzen ein sicheres System wie z.B. ein optisches oder ein akustisches Warnsignal vorgeschaltet werden.
- Beschäftigte müssen Zeit und Möglichkeit haben, den Gefahrenbereich zu verlassen oder das Ingangsetzen zu verhindern.
- Das Ingangsetzen eines Arbeitsmittels darf nur durch eine absichtliche Betätigung einer hierfür vorgesehenen Befehlseinrichtung möglich sein.

B2.2 Allgemeine Begriffsbestimmungen

B2.2.1 Gefährdete Person einer Anlage

Als gefährdete Person gilt diejenige Person, die sich ganz oder teilweise in einem Gefahrenbereich befindet.

B2.2.2 Gefahrenbereich

Der Gefahrenbereich gilt als der Bereich innerhalb und/oder im Umkreis einer Maschine, in dem die Sicherheit oder die Gesundheit einer Person durch den Aufenthalt in diesem Bereich gefährdet wird.

B2.2.3 Bedienungspersonal

Das Bedienungspersonal ist für Installation, Betrieb, Rüsten, Wartung, Reinigung, Störungsbeseitigung und Transport einer Maschine zuständig.

B2.3 Steuerungstechnische Begriffsbestimmungen

B2.3.1 Gesteuertes Stillsetzen

Für das gesteuerte Stillsetzen einer Maschine muss diese mit einer Befehlseinrichtung zum sicheren Stillsetzen der gesamten Maschine ausgerüstet sein. (Ausschalten). Das gesteuerte Stillsetzen erfolgt durch Zurücksetzen des Befehlssignals auf „0", sobald das Signal von der Steuerung erkannt worden ist. Die Speisespannung für die erforderlichen Maschinenstellglieder bleiben während des Stillsetzvorganges erhalten. Sind die Maschine oder sind ihre gefährlichen Teile stillgesetzt, so muss die Energieversorgung des Antriebs unterbrochen werden.

Der Befehl zum Stillsetzen der Maschine muss den Befehlen zum Ingangsetzen übergeordnet sein.

B2.3.2 Ungesteuertes Stillsetzen

Das ungesteuerte Stillsetzen ist das Stillsetzen einer Maschinenbewegung durch das Abschalten der Energie zu den Maschinen-Antriebselementen.

B2.3.3 Allgemeine Stopp-Kategorien

Zum Stillsetzen einer Maschine sind drei Stopp-Kategorien definiert, die den Steuerablauf für das Stillsetzen unabhängig von einer Notfallsituation beschreiben.

- **Stopp-Kategorie 0:** Stillsetzen durch sofortiges Ausschalten der Energie zu den Maschinen-Antriebselementen (d.h. ein ungesteuertes Stillsetzen)
- **Stopp-Kategorie 1:** Ein gesteuertes Stillsetzen, wobei die Energiezufuhr zu den Maschinen-Antriebselementen beibehalten wird, um das Stillsetzen zu erzielen. Die Energie wird erst dann unterbrochen, wenn der Stillstand erreicht ist. (zulässige Zeitverzögerung je nach Risikokategorie bis zu 300s)
- **Stopp-Kategorie 2:** Ein gesteuertes Stillsetzen, bei dem die Energie zu den Maschinen-Antriebselementen beibehalten wird.

B2.3.4 Stillsetzen im Notfall und Not-Aus-Funktionen

Für das Stillsetzen im Notfall muss jede Maschine mit einer oder mehreren Notbehelfseinrichtungen ausgerüstet sein, durch die jede unmittelbar drohende oder eintretende gefährliche Situation vermieden werden kann.

Bei einem zusammenwirkenden Maschinensystem müssen die sicherheitsbezogenen Teile die Möglichkeit haben, eine Not-Aus-Funktion an alle Teile des zusammenwirkenden Systems zu signalisieren.

B2.3.5 Blockieren der Notbefehlseinrichtung

Wenn die Notbefehlseinrichtung nach Auslösung eines Not-Aus-Befehls nicht mehr betätigt wird, muss dieser Befehl durch die Blockierung der Notbefehlseinrichtung bis zu ihrer Freigabe aufrechterhalten bleiben. (Einrasten)

B2.3.6 Freigeben der Notbefehlseinrichtung

Die Einrichtung darf nur durch eine geeignete Betätigung freigegeben werden. Durch die Freigabe darf die Maschine nicht wieder in Gang gesetzt, sondern nur das Wiederingangsetzen ermöglicht werden. (Quittieren)

B2.3.7 Stopp-Funktion durch Schutzeinrichtung (Überstromauslöser)

Eine durch Schutzeinrichtungen ausgelöste Stopp-Funktion muss die Maschine nach Betätigen dieser Funktion so schnell wie nötig in einen sicheren Zustand überführen. Diese Stopp-Funktion muss funktionellen Vorrang vor einem Betriebsstopp haben.

B2.3.8 Manuelle Rückstellung

Nach dem Einleiten eines Stopp-Befehls durch eine Schutzeinrichtung muss der Stopp-Befehl aufrechterhalten bleiben, bis sichere Bedingungen für einen erneuten Start gegeben sind.
Die Rückstellung der Sicherheitsfunktion von der Schutzeinrichtung hebt einen Stopp-Befehl auf. Falls dies in der Risikobeurteilung angezeigt ist, muss das Aufheben des Stopp-Befehls durch eine manuelle, getrennte und absichtliche Betätigung (Manuelle Rückstellung) bestätigt werden.

Die manuelle Rückstellung:

- muss über eine getrennte, handbetriebene Einrichtung der sicherheitsbezogenen Teile der Steuerung vorgenommen werden,
- muss sicherstellen, dass alle Sicherheitsfunktionen und Schutzeinrichtungen betriebsbereit sind; ist das nicht der Fall, darf eine Rückstellung nicht möglich sein,
- darf keine Bewegung oder keinen gefährlichen Zustand verursachen,
- muss durch absichtliche Betätigung erfolgen,
- muss die Steuerung auf die Annahme eines getrennten Anlaufbefehls vorbereiten,
- wird nur akzeptiert durch die Betätigung eines Freigabeschalters.

B2.3.9 Ingangsetzen und Start

Das Ingangsetzen einer Maschine darf nur durch absichtliche Betätigung einer hierfür vorgesehenen Befehlseinrichtung möglich sein, wenn alle Schutzeinrichtungen angebracht und funktionsbereit sind. (Einschalten)
Dies gilt auch für das Wiederingangsetzen nach Stillstand, ungeachtet der Ursache für diesen Stillstand.

B2.3.10 Start und erneuter Start

Wenn eine sicherheitsbezogene Einrichtung einen Befehl für einen Start oder einen erneuten Start erzeugt, hat der Start oder erneute Start nur dann automatisch zu erfolgen, wenn kein gefährlicher Zustand vorliegen kann. Diese Anforderungen für Start und erneuten Start sind auch für Maschinen einzuhalten, die ferngesteuert werden können.

B2.4 Besondere Steuerungskomponenten

B2.4.1 Zweihandschaltungen

Typ I: Diese Zweihandschaltung erfordert die Bereitstellung von zwei Steuergeräten und deren gleichzeitige Betätigung durch beide Hände und deren dauernde gleichzeitige Betätigung während des Gefahr bringenden Zustandes.

Typ II: Diese Zweihandschaltung erfordert das Loslassen beider Befehlsgeräte, bevor ein Maschinenbetrieb wieder gestartet werden kann.

Typ III: Diese Zweihandschaltung erfordert das gleichzeitige Betätigen beider Befehlsgeräte innerhalb einer Zeit von nicht mehr als 0,5s. Sollte diese Zeit überschritten werden, kann erst nach Loslassen beider Befehlsgeräte erneut gestartet werden.

B2.4.2 Muting-Steuerung (kontrollierte Signal-Aufhebung)

Unter Muting versteht man das sichere, automatische und vorübergehende Überbrücken einer berührungslos wirkenden Schutzeinrichtung (BWS), um z.B. Material in einen oder aus einem Gefahrenbereich zu transportieren (z.B. die erwünschte Passage von Paletten durch ein Lichtgitter). Über spezielle Sensoren wird der Muting-Zyklus von der Muting-Steuerung nur dann gestartet, wenn das Material durch das Schutzfeld transportiert wird. Die Anforderung der Sensoren muss so gestaltet sein, dass Personen nicht in der Lage sind, die Muting-Sensoren in dieser Form zu aktivieren. Personen lösen beim Zugang in den Schutzbereich das Abschalten der Gefahr bringenden Bewegung aus.

B2.4.3 Redundanz

Redundanz ist die Anwendung von mehr als einem Gerät oder System um sicherzustellen, dass bei Ausfall der Funktion eines Gerätes oder Systems ein anderes verfügbar ist, um diese Funktion zu erfüllen.

B2.5 Allgemeine Elemente zum Bedienen und Beobachten

Jede Maschine muss mit Hinweisen und mit sicherheitsrelevanten Anzeigevorrichtungen (Signalanzeigen, Skalen, Hupe, Sirene, usw.) versehen sein. Das Bedienungspersonal muss die Anzeigevorrichtungen vom Bedienungsstand aus einsehen können.
Vom Hauptbedienungsstand aus muss sich das Bedienungspersonal vergewissern können, das sich keine gefährdeten Personen in den Gefahrenbereichen aufhalten.
Jede Maschine muss mit Einrichtungen ausgestattet sein, mit denen sie von jeder einzelnen Energiequelle getrennt werden kann. Diese Hauptbefehlseinrichtungen sind klar zu kennzeichnen. Sie müssen abschaltbar sein, falls eine Wiedereinschaltung für die gefährdete Person eine Gefahr verursachen kann.

B2.5.1 Drucktaster, ihre Farben und ihre Bedeutung

Farben für Drucktaster und ihre Bedeutung nach *EN 60204-1*

Farbe	Bedeutung	Erklärung	Anwendungsbeispiele
ROT	Notfall	Bei gefährlichem Zustand oder im Notfall betätigen	NOT-AUS, Einleitung von NOT-AUS-Funktionen, bedingt für STOP/AUS
GELB	Anormal	Bei anormalem Zustand betätigen	Eingriff, um anormalen Zustand zu unterdrücken, oder um einen unterbrochenen automatischen Ablauf wieder zu starten
GRÜN	Sicher	Bei sicherer Bedingung betätigen oder im normalen Zustand vorzubereiten	START/EIN hierfür jedoch bevorzugt WEISS
BLAU	Zwingend	Bei Zustand betätigen, der zwingende Handlung erfordert	Rückstellfunktion
WEISS	Keiner speziellen Bedeutung zugeordnet	Für allgemeine Einleitung von Funktionen außer NOT-AUS	START/EIN (bevorzugt) STOP/AUS
GRAU			START/EIN, STOP/AUS
SCHWARZ			START/EIN, STOP/AUS (bevorzugt)

B2.5.2 Leuchtmelder, ihre Farben und ihre Bedeutung

Farben für Leuchtmelder und ihre Bedeutung nach *EN 60204-1*

Farbe	Bedeutung	Erklärung	Handlung durch den Bediener	Anwendungs-beispiele
ROT	Notfall	Gefährlicher Zustand	Sofortige Handlung, um auf gefährlichen Zustand zu reagieren (z.B durch Betätigen des NOT-AUS)	Druck/Temperatur außerhalb sicherer Grenzen, Überfahren einer STOP-Position, Spannungsfall
GELB	Anormal	Anormaler Zustand Bevorstehender kritischer Zustand	Überwachen und/oder Eingreifen (z.B. durch Wiederherstellen der beabsichtigten Funktion)	Druck/Temperatur übersteigt normale Bereiche, Auslösen einer Schutzeinrichtung
GRÜN	Normal	Normaler Zustand	Optional	Druck/Temperatur innerhalb normaler Bereiche, Ermächtigung fortzufahren
BLAU	Zwingend	Anzeige eines Zustandes, der Handlung durch den Bediener erfordert	Zwingende Handlung	Anweisung, vorgegebene Werte einzugeben
WEISS	Neutral	Andere Zustände: darf verwendet werden, wenn Zweifel über die Anwendung von ROT, GELB, GRÜN oder BLAU bestehen	Überwachen	Allgemeine Informationen

B2.6 Elektrische Realisierung der Sicherheit und Zuverlässigkeit

Die Versorgungsspannung elektrischer Drehstrom-Antriebe beträgt in den meisten Anwendungsfällen 3x400V AC. Dieses Spannungssystem lässt sich direkt zur Versorgung von Antrieben verwenden und stellt einphasig 230V AC zur Verfügung. Ausnahmen hiervon gibt es z.B. auf Schiffen oder in den USA. Eine elektrische Berührung bei Spannungshöhen von 230V oder 400V bedeutet aber für den menschlichen Körper allergrößte Gefahr. Schwerste Körperverletzungen bis hin zum Tod sind die häufigen Folgen von Stromunfällen. Versorgungsspannungen von 3x400V AC sollen deshalb nur im Energieteil einer Anlage verwendet werden. Zum Transport hoher Energiemengen sind diese Versorgungsspannungen unabdingbar.
Dagegen geht es im Steuerungsteil einer Anlage relativ energiearm zu. Hier sollen über die Sensorik Informationen gesammelt, verarbeitet und zur Anzeige gebracht werden. Im Steuerungsteil einer Anlage hat sich die Spannung von 24V DC etabliert. Sie ist als Kleinspannung ungefährlich bei einer elektrischen Berührung.

B2.6.1 Motorschutz

Um einen Antrieb gegen Überlast oder Kurzschluss zu schützen, sind zwei unterschiedliche Varianten vorzufinden:

B2.6.1.1 Sicherungsbehaftete Motorabzweige:

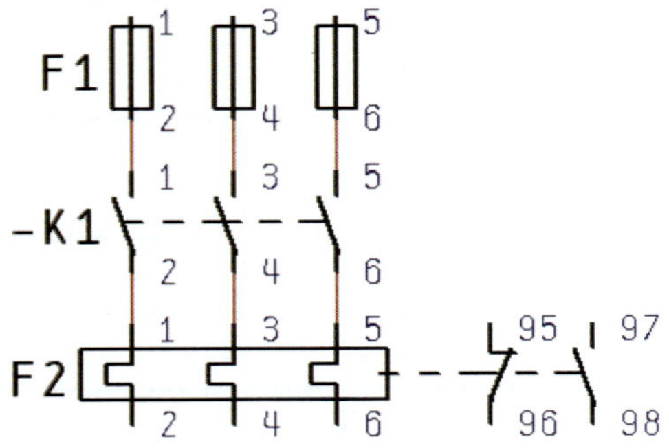

Der Kurzschlussschutz im Lastkreis wird über Schmelzsicherungen realisiert. Der Überstromschutz wird von einem Bimetallrelais übernommen. Löst dieser aus, so werden die Hilfskontakte betätigt. Die Hilfskontakte sind zwingend in den Steuerkreis des Antriebs zu integrieren, da das Motorschutzrelais den Lastkreis nicht unterbricht.

B2.6.1.2 Sicherungslose Motorabzweige:

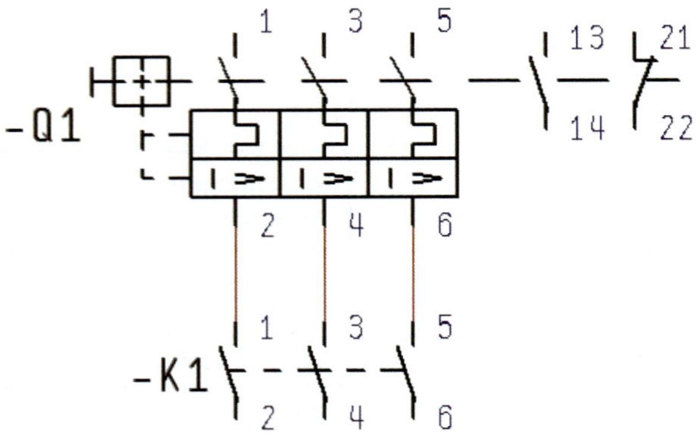

Sowohl der Kurzschluss- als auch der Überstromschutz werden von einem Motorschutzschalter realisiert. Er öffnet den Lastkreis bei Auslösung selbsttätig und betätigt Hilfskontakte.

> Das Motorschutzrelais wird im **nicht ausgelösten** Zustand gezeichnet!
>
> Der Motorschutzschalter wird im **ausgeschalteten** Zustand gezeichnet!

In dem Projekt „Palettenhubtisch“ werden Motorschutzschalter verwendet. Über den NO-Kontakt 13-14 (Schließer) wird der SPS ein Auslösen signalisiert. Der NC-Kontakt 21-22 (Öffner) signalisiert sein Auslösen über einen Leuchtmelder in der Schaltschranktür.

B2.6.2 Not-Aus

Die Not-Aus-Funktionalität muss unbedingt eine eintretende gefährliche Situation vermeiden. Ihrer technologischen Ausführung kommt daher eine besondere Bedeutung zu. Für alle ausschaltenden Funktionen einer Anlage sollten NC-Kontakte (Öffner) verwendet werden. Für einen Großteil von elektrischen Störungen, wie z.B. für einen Drahtbruch oder für ein Kontaktproblem, wird damit sichergestellt, dass die Anlage abschaltet. Zwingend ist diese Anwendung für alle Stopp-Taster und erst recht für alle Not-Aus-Taster.

Im Umkehrschluss resultiert daraus, dass ein Start-Taster **niemals** als NC-Kontakt (Öffner) ausgelegt werden darf. Im Falle eines Drahtbruchs erhält die Steuerung ein Startsignal und die Maschine würde ungewollt anfahren.
Nach EN 954-1 gibt es die Risiko-Kategorien B, 1, 2, 3 und 4. Nach einer Risikobewertung werden Entscheidungen über die Ausführung der Sicherheitseinrichtungen einer Maschinenanlage getroffen. In den Kategorien 1-4 ist die Anwendung bewährter Bauteile und Prinzipien zwingend. Dies bedeutet unter anderem, dass der Not-Aus-Kreis über zwangsgeführte Kontakte verfügt. Bis Kategorie 1 sind die NC-Kontakte (Öffner) der verriegelnden Taster in Reihe geschaltet und an ein so genanntes Sicherheitsrelais angeschlossen. Dieses Sicherheitsrelais gibt es in verschiedenen Ausführungen. Es kann Querschlüsse zu anderen Spannungen erkennen und sicher abschalten. Über einen **zwangsgeführten Kontakt** wird die Steuerspannung für die Ansteuerung des abzusichernden Lastkreises zu- oder abgeschaltet. Ende 2009 löst die Norm EN ISO 13849-1 die EN 954 ab. Neu wird die Ermittlung eines Performance Levels (PL) für sicherheitsrelevante Teile von Steuerungen sein. Die Norm EN62061 betrachtet die gesamte Sicherheitskette einer Maschine vom Sensor bis zum Aktor. Um einen Sicherheits-Integritätslevel (SIL) zu erreichen, werden nicht mehr einzelne Komponenten, sondern die gesamte Anlage zertifiziert.

Ein **weiterer** Kontakt meldet der SPS in dem Projekt „Palettenhubtisch“ den Zustand des Not-Aus-Kreises. Das Sicherheitsrelais wird über einen Kontakt des Quittiertasters (Freigabe Anlage) freigeschaltet. Der andere Kontakt des Tasters quittiert die Steuerung.

> Ein alleiniges Verarbeiten des Not-Aus-Kreises durch eine normale SPS-Steuerung ist **nicht** zulässig! Dazu wäre eine F-CPU (fehlersicher, fail-safe) erforderlich!

B2.6.3 Lichtgitter

Nach der Maschinenrichtlinie ist eine Anlage stets so zu konstruieren, dass von ihrem Betrieb keinerlei Sicherheitsgefährdung ausgeht. Die konstruktive Vermeidung von Gefährdungs-Expositionen steht bei der Planung einer Maschine an erster Stelle. Erst wenn diese Mittel erschöpft sind, kommen elektrisch realisierte Sicherheitsfunktionen zur Anwendung. Hierunter fallen unter anderem **Sicherheitstüren**, die zum Betreiben der Maschine häufig geöffnet werden müssen. Ergibt sich durch das Öffnen der Tür eine Gefährdung, so muss die Maschine in Stopp gehen. Wie beim Not-Aus-Kreis sind auch hier zwangsgeführte Kontakte und Sicherheitsrelais vorzusehen. Es erfolgt der Einsatz sicherheitsbewährter Prinzipien und Bauteile!
Eine besondere Ausführung ist angezeigt, wenn die Maschine nach dem Öffnen der Tür bis zum Stillstand einen so langen Zeitraum benötigt, dass in rotierende Teile gegriffen werden könnte. In diesem Fall ist eine **Schutztür mit Zuhaltung** vorzusehen, die über das Sicherheitsrelais und einen Stillstandswächter die Tür erst freigibt, wenn die Maschine steht. Wenn ständig Produkte in den gefährlichen Bereich fahren sollen, so sind Türen eher hinderlich. In diesem Fall haben sich **Lichtvorhänge** etabliert. Sie bestehen aus vielen nebeneinander angeordneten Lichtschranken. Wird eine davon unterbrochen, so löst das Auswertegerät sofort aus. Durch die Anordnung von zusätzlichen Sensoren lässt sich erkennen, wenn ein für die Gefährdungsexposition unschädliches Produkt durch das Lichtgitter fährt. Diese so genannte **Muting-Funktion** schaltet die Überwachung des Vorhanges für diese Zeit aus. Diese gefährliche Situation wird von dem Auswertegerät über einen Leuchtmelder signalisiert.
In dem Projekt „Palettenhubtisch“ werden die drei Lichtgitter über jeweils einen Quittiertaster „scharfgeschaltet“. Da vom Hauptbedienpult nicht die gesamte Anlage einsehbar ist, geschieht dies vor Ort. So wird sichergestellt, dass sich beim Einschalten der Vorhänge niemand im Gefährdungsbereich aufhält. Die Vorhänge signalisieren der SPS ihren Zustand. Sind die miteinander kaskadierenden drei Lichtgitter und der Not-Aus-Kreis aktiviert, so wird auch die Steuerspannung für die sicherheitskritische Aktorik freigeschaltet.

> Die Sicherheitsschaltgeräte übernehmen die Sicherheitsfunktionen! Der SPS wird lediglich der Sicherheitsstatus signalisiert, damit eine Betriebsfreigabe gesteuert werden kann!

B3 Inbetriebnahme des Palettenhubtisches

In diesem ersten Projektteil sollen die nachfolgenden Funktionalitäten programmiert werden:

- Die unterschiedlichen Betriebszustände der Palettenhubtischsteuerung
- Das Aufwärtsfahren des Palettenhubtisches beim Starten der Anlage und das Abwärtsfahren des Palettenhubtisches beim Stillsetzen der Anlage
- Das Beobachten der Sicherheitseinrichtungen und der einzelnen Betriebszustände über Meldeleuchten

Diese 3 Funktionselemente („Betriebszustände“ FB21, „Aktorik“ FB24 und „Meldeleuchten“ FB25) sollen gesteuert werden durch den Funktionsbaustein FB2 „Palettenhubtisch“. Im Organisationsbaustein OB1 erfolgt die Datenübergabe zur Prozessvisualisierung und die konzentrierte Datenweiterleitung zum FB2.

Die Programmstruktur der ersten Inbetriebnahme des Palettenhubtisches:

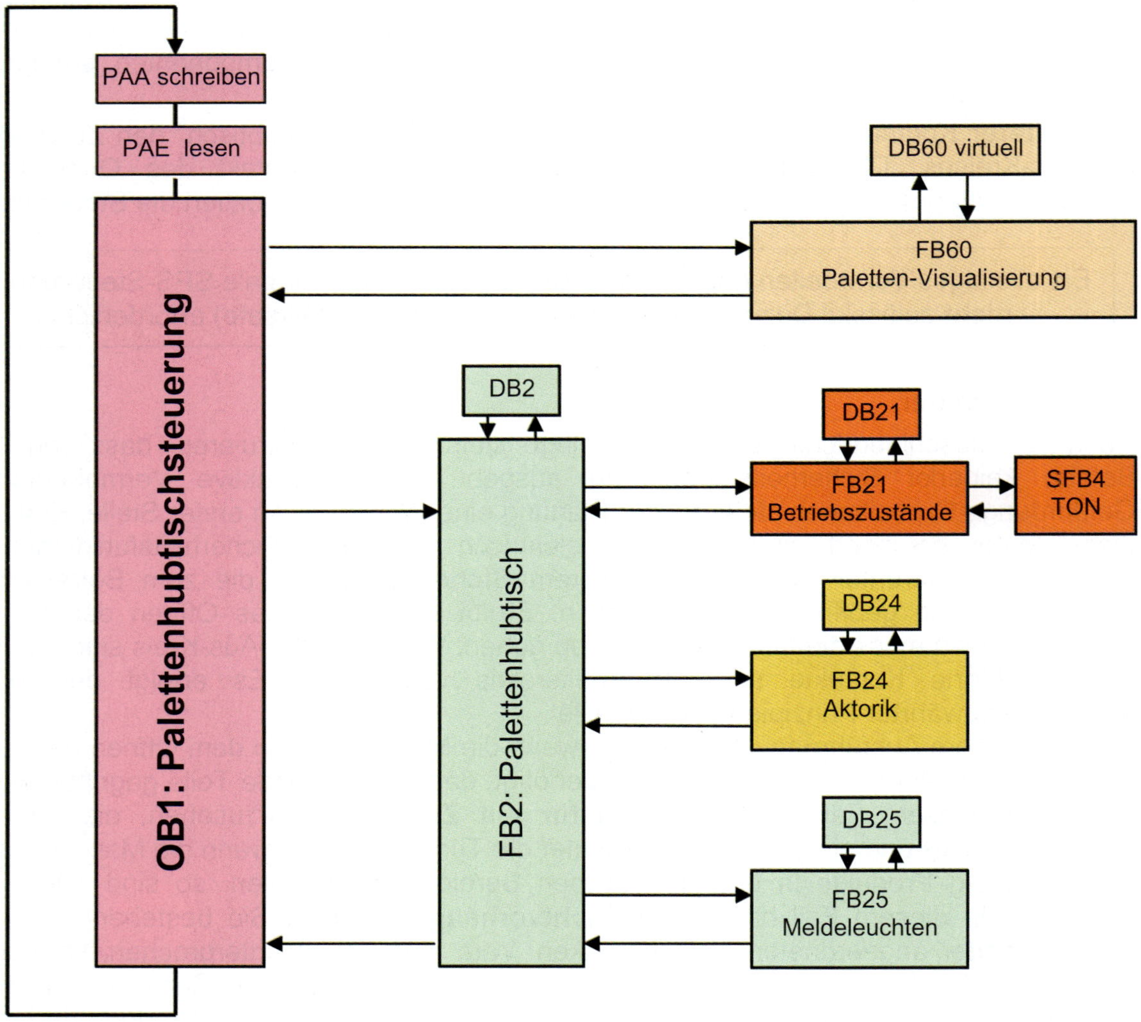

Bevor die einzelnen Programme dieser Aktivitäten geschrieben werden, ist die Festlegung der Ein- und Ausgänge mittels Zuordnungsliste, die Hardwarekonfiguration der SPS und die Erstellung einer S7-Symboltabelle erforderlich.

B3.1 Zuordnungsliste, Hardwarekonfiguration und Symboltabelle

B3.1.1 Die Zuordnungsliste erstellen:

Bei den Eingangskontakten muss die Drahtbruchsicherheit beachtet werden. Bei jedem Schalter, Taster oder Sensor ist zu beachten, ob es sich um einen **Öffner**- oder **Schließer**-Kontakt handelt!

NC Normal closed	Öffner	Bevorzugt bei stoppender Befehlsgebung
NO Normal open	Schließer	Bevorzugt bei startender Befehlsgebung

Eingänge			Ausgänge	
Bezeichnung	Typ	SPS	Bezeichnung	SPS
S4 Starttaster	NO Schließer	E 0.0	H1 Störung	A 8.0
S5 Stopptaster	NC Öffner	E 0.1	H2 linker Puffer voll	A 8.1
Not Aus Schalter	NC Öffner	E 0.2	H3 rechter Puffer voll	A 8.2
Quittierungen	NO Schließer	E 0.3	H4 Anlage in Betrieb	A 8.3
S8 Hand linker Puffer	NO Wahlschalter	E 0.4	H5 Lichtgitter oben	A 8.4
S8 Hand rechter Puffer	NO Wahlschalter	E 0.5	H6 Lichtgitter links	A 8.5
S13 Palettenanzahl	2 Paletten = 1	E 0.6	H7 Lichtgitter rechts	A 8.6
S9 General Reset	NO Schließer	E 0.7	M2 Anlieferungsband	A 9.0
S6 Hubtisch oben	NC Öffner	E 1.0	M3LL Hubtischband LL	A 9.1
S7 Hubtisch unten	NC Öffner	E 1.1	M3RL Hubtischband RL	A 9.2
F Motorstörungen	NC Öffner	E 1.2	M4 Pufferband links	A 9.3
B1 Band 1 Stapler	NC Öffner	E 4.0	M5 Pufferband rechts	A 9.4
B2 Band 1 belegt	NO Schließer	E 4.1	Y1 Stempel abwärts	A 9.5
B3 Band 1 Ende	NC Öffner	E 4.2	Y2 Stempel aufwärts	A 9.6
B4 Band 2 Ende	NC Öffner	E 4.3	M1 Hydraulikpumpe	A 9.7
B5 Band 3 belegt	NC Öffner	E 4.4		
B6 Puffer links Ende	NC Öffner	E 4.5		
B7 Band 4 belegt	NC Öffner	E 4.6		
B8 Puffer rechts Ende	NC Öffner	E 4.7		
B9 Band 3 Stapler	NC Öffner	E 5.0		
B10 Band 4 Stapler	NC Öffner	E 5.1		
B11 Lichtgitter oben	NC Öffner	E 5.2		
B12 Lichtgitter links	NC Öffner	E 5.3		
B13 Lichtgitter rechts	NC Öffner	E 5.4		

B3.1.2 Die Hardware konfigurieren:

Zunächst wird ein neues Projekt (z. B. „**Palettenhubtisch“)** erstellt. Erforderlich für die Palettenhubtischsteuerung sind 24 binäre Eingangsadressen und 15 binäre Ausgangsadressen. Für die Programmvisualisierung der Palettenhubtischsteuerung mit WinCC flexible oder mit ProTool/Pro muss keine spezielle CPU verwendet werden. Entscheidend für die Visualisierung ist die Datenübergabe der Ein- und Ausgangsinformationen an den Funktionsbaustein mit dem virtuellen Modell (FB60). Aus der nachfolgend dargestellten Hardwarekonfiguration kommen die Eingangsworte 0 und 4 (EW0 und EW4 mit den Bytes 0, 1, 4 und 5) und das Ausgangswort 8 (AW8 mit den Bytes 8 und 9) zur Anwendung.

Die Hardwarekonfiguration:

Steckplatz	Baugruppe ...	Bestellnummer	Firmware	M...	E-Adresse	A-Adresse
1	PS 307 5A	6ES7 307-1EA00-0AA0				
2	CPU 313	6ES7 313-1AD02-0AB0		2		
3						
4	DI16xDC24V	6ES7 321-1BH01-0AA0			0...1	
5	DI16xDC24V	6ES7 321-1BH01-0AA0			4...5	
6	DO16xDC24V/0.5A	6ES7 322-1BH01-0AA0				8...9

Bitte auch das Taktmerkerbyte MB1 aktivieren!

B3.1.3 Die Symboltabelle erstellen:

Die Symboltabelle mit den Ein- und Ausgängen für die gesamte Palettenhubtischsteuerung:

	Status	Symbol	Adresse		Datentyp	Kommentar
1		S4-Starttaster	E	0.0	BOOL	S4, Anlage einschalten, Schließer, NO, weiss
2		S5-Stopptaster	E	0.1	BOOL	S5, Anlage abschalten, Öffner, NC, schwarz
3		NotAus-Schleife	E	0.2	BOOL	S1,S2,S3, Not-Aus, Öffner, NC, rot
4		Quittierungen	E	0.3	BOOL	S10, S11, S12, Quittierung, Schließer, NO, blau
5		S8li-Hand Puffer	E	0.4	BOOL	S8, linke Pufferanwahl, Wahlschalter
6		S8re-Hand Puffer	E	0.5	BOOL	S8, rechte Pufferanwahl, Wahlschalter
7		S13-Palettenanzahl	E	0.6	BOOL	S13 Pufferwechsel nach 1 oder 2 Paletten
8		S9-General-Reset	E	0.7	BOOL	S9, Reset der SPS-Steuerung, Schließer, NO, gelb
9		S6-Hubtisch oben	E	1.0	BOOL	S6, Endschalter Hubtisch oben, Öffner, NC
10		S7-Hubtisch unten	E	1.1	BOOL	S7, Endschalter Hubtisch unten, Öffner, NC
11		Motorstörungen	E	1.2	BOOL	F1,F2,F3,F4,F5, Motorüberwachung, Öffner, NC
12		B1-Band1 Stapler	E	4.0	BOOL	B1, Stapler am Anlieferungsband, Öffner, NC
13		B2-Band1 belegt	E	4.1	BOOL	B2, Anlieferungsband 1 belegt, Schließer, NO
14		B3-Band1 Ende	E	4.2	BOOL	B3, Anlieferungsband 1 Ende, Öffner, NC
15		B4-Band2 Ende	E	4.3	BOOL	B4, Aufzugsband 2 Ende, Öffner, NC
16		B5-Band3 belegt	E	4.4	BOOL	B5, Pufferband 3 links , Öffner, NC
17		B6-Puffer li Ende	E	4.5	BOOL	B6, Puffer links Ende, Öffner, NC
18		B7-Band4 belegt	E	4.6	BOOL	B7, Pufferband 4 rechts, Öffner, NC
19		B8-Puffer re Ende	E	4.7	BOOL	B8, Puffer rechts Ende, Öffner, NC
20		B9-Band3 Stapler	E	5.0	BOOL	B9, Stapler am linken Puffer, Öffner, NC
21		B10-Band4 Stapler	E	5.1	BOOL	B10, Stapler am rechten Puffer, Öffner, NC
22		B11-Lichtgitter ob	E	5.2	BOOL	B11, Status des oberen Lichtgitters, Öffner, NC
23		B12-Lichtgitter li	E	5.3	BOOL	B12, Status des linken Lichtgitters, Öffner, NC
24		B13-Lichtgitter re	E	5.4	BOOL	B13, Status des rechten Lichtgitters, Öffner, NC
25		H1-Störung	A	8.0	BOOL	H1, Signal für Störung
26		H2-Puffer li voll	A	8.1	BOOL	H2, Signal Pufferüberlauf links
27		H3-Puffer re voll	A	8.2	BOOL	H3, Signal Pufferüberlauf rechts
28		H4-Anlage Betrieb	A	8.3	BOOL	H4, Anlage ist eingeschaltet
29		H5-Lichtgitter ob	A	8.4	BOOL	H5, Signal Lichtgitter oben
30		H6-Lichtgitter li	A	8.5	BOOL	H6, Signal Lichtgitter unten links
31		H7-Lichtgitter re	A	8.6	BOOL	H7, Signal Lichtgitter unten rechts
32		M2-Band anliefern	A	9.0	BOOL	M2, Motor Anlieferungsband
33		M3LL-Band Aufzug	A	9.1	BOOL	M3-LL, Motor Aufzugsband Linkslauf
34		M3RL-Band Aufzug	A	9.2	BOOL	M3-RL, Motor Aufzugsband Rechtslauf
35		M4-Band Puffer li	A	9.3	BOOL	M4, Motor linkes Pufferband
36		M5-Band Puffer re	A	9.4	BOOL	M5, Motor rechtes Pufferband
37		Y1-Stempel ab	A	9.5	BOOL	Y1, Hydraulikventil Aufzug abwärts
38		Y2-Stempel auf	A	9.6	BOOL	Y2, Hydraulikventil Aufzug aufwärts
39		M1-Hydraulikpumpe	A	9.7	BOOL	M1, Hydraulikölpumpe Aufzug
40		Takt 1Hz	M	1.5	BOOL	Taktgeber 1 Hz
41		Takt 0,5Hz	M	1.7	BOOL	Taktgeber 0,5 Hz

B3.2 Die Betriebszustände (FB21) der Palettenhubtischsteuerung

Die unterschiedlichen Betriebszustände der Steuerung sind:

- Der Betriebshalt bei einer Störung
- Die Neustartphase der Anlage nach einer Betriebsruhe
- Die zyklische Betriebsphase
- Die Ausschaltphase zum Abschalten der Anlage

Diese unterschiedlichen Betriebszustände sollen im Funktionsbaustein **„Betriebszustände“ (FB21)** programmiert werden.

Die Variablen des FB21 deklarieren

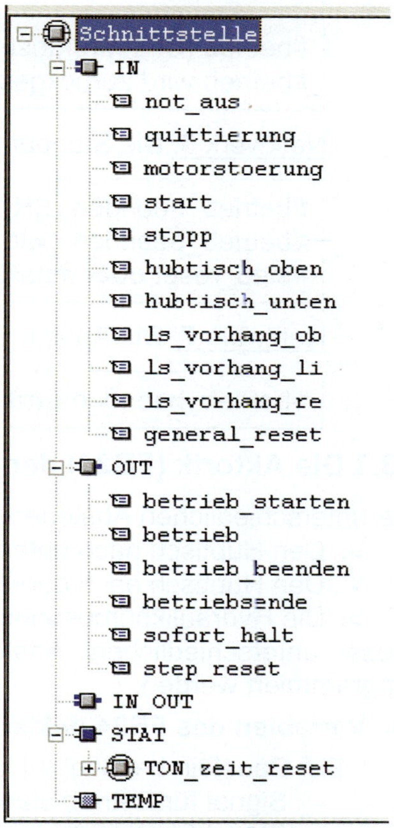

Der Baustein benötigt Informationen (**IN-Variablen**):
- Not-Aus-Betätigung
- Quittierung von Störungen
- Störung eines oder mehrerer Motoren
- Start-Signal
- Stopp-Signal
- Endschalter, wenn der Hubtisch oben ist
- Endschalter, wenn der Hubtisch unten ist
- Lichtgitter-Auslösung oben
- Lichtgitter-Auslösung unten links
- Lichtgitter-Auslösung unten rechts
- General-Reset, um die Steuerung zurückzusetzen

Der Baustein liefert Informationen (**OUT-Variablen**):
- Zum Starten des Betriebs
- Für die zyklische Betriebsphase
- Zum Beenden des Betriebs
- Bei Betriebsende
- Für einen Anlagenhalt
- Zum Zurücksetzen einer Programmschrittkette

Erforderlich ist noch eine **statische Variable**:
- IEC-Zeitgeber (TON) als Multiinstanz (wird automatisch generiert)

Die Programm-Logik des FB21 erstellen

Netzwerk 1: Die vorrangige Speicherung einer auftretenden Störung (RS-Speicher)

> #sofort_halt (RS) wird zurückgesetzt (R) durch #quittierung
> #sofort_halt wird vorrangig gesetzt (S) bei #not_aus **oder** #motorstoerung **oder** #ls_vorhang_ob **oder** #ls_vorhang_li **oder** #ls_vorhang_re

Netzwerk 2: Gemäß Aufgabenstellung wird die Palettenhubtischsteuerung sofort gestoppt und der gesamte Steuerungsablauf zurückgesetzt, wenn der Reset-Taster (SchlüsselschalterS9) länger als 3 Sekunden betätigt wird. Der IEC-Timer (TON, SFB4) wird als Multiinstanz mit dem Namen **#TON_zeit_reset** eingebunden. Gestartet wird der Timer durch die IN-Variable #general_reset mit einer Zeitvorgabe von T#3s.

Netzwerk 3: Nach einer Schlüsselschalter-Betätigung von 3 Sekunden wird der Ausgang Q des IEC-Timers auf 1 gesetzt. Der Ausgang Q des IEC-Timers #TON_zeit_reset muss nicht zwingend mit einer neuen statischen Variablen versehen werden.

> **Eine interne Multiinstanzvariable steht mit der Verknüpfung zwischen dem Multiinstanznamen und dem Ausgang zur Verfügung: #TON_zeit_reset.Q**

Diese interne Variable wird im Programm für die Zuweisung zur verzögerten Reset-Ausführung verwendet.

> #TON_zeit_reset.Q = #step_reset

Netzwerk 4: Wird die Palettenhubtischanlage nach einer Betriebsruhe neu gestartet, steht der Hubtisch im Untergeschoss. In dieser Neustartphase (#betrieb_starten) muss der Palettenhubtisch nach oben in das Anlieferungsgeschoss gefahren werden. Sowohl das Setzen als auch das Zurücksetzen der Variablen #betrieb_starten muss entsprechend der Aufgabenstellung verriegelt sein.

> #betrieb_starten (SR) wird gesetzt durch #start **und** $\overline{\text{\#betrieb\_starten}}$ **und** $\overline{\text{\#betrieb}}$
> #betrieb_starten wird zurückgesetzt bei #betriebsende **oder** #sofort_halt **oder** #betrieb_beenden **oder** #betrieb **oder** #step_reset

Netzwerk 5: Der normale Betriebszyklus (#betrieb) beginnt, wenn der Hubtisch oben ist.

#betrieb (SR) wird gesetzt durch #betrieb_starten **und** #hubtisch_oben
#betrieb wird zurückgesetzt bei #betrieb_beenden **oder** #sofort_halt **oder** #step_reset

Netzwerk 6: Die Stoppanforderung (#betrieb_beenden) der Anlage speichern.

#betrieb_beenden (SR) wird gesetzt durch (#betrieb_starten **oder** #betrieb) **und** #stopp
#betrieb_beenden wird zurückgesetzt bei #betriebsende **oder** #sofort_halt **oder** #step_reset **oder** #start

Netzwerk 7: Die Anlage stillsetzen (#betriebsende).

#betrieb_beenden **und** #hubtisch_unten = #betriebsende

B3.3 Die Aktorik (FB24) der Palettenhubtischsteuerung ansteuern

Die unterschiedlichen Ansteuerungen sind:

- Den Hubtisch nach unten fahren
- Den Hubtisch nach oben fahren
- Die Hydraulikpumpe einschalten

Diese unterschiedlichen Ansteuerungen sollen im Funktionsbaustein **„Aktorik“ (FB24)** programmiert werden.

Die Variablen des FB24 deklarieren

Der Baustein benötigt Informationen (**IN-Variablen**):

- Signal für Betrieb starten
- Signal für Betrieb
- Signal für Betrieb beenden
- Endschalter, wenn der Hubtisch oben ist
- Endschalter, wenn der Hubtisch unten ist

Der Baustein liefert Informationen (**OUT-Variablen**):

- Hubtisch abwärts fahren
- Hubtisch aufwärts fahren
- Hydraulikpumpe einschalten

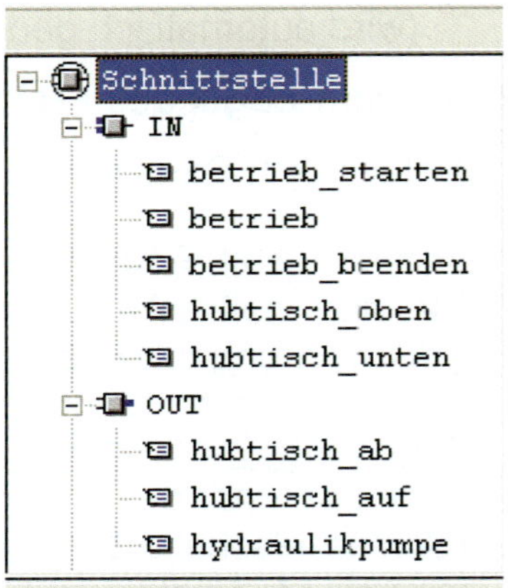

Die Programm-Logik des FB24 erstellen

Netzwerk 1: Die Hydraulikpumpe muss in allen Betriebszuständen laufen.

#betrieb_starten **oder** #betrieb **oder** #betrieb_beenden = #hydraulikpumpe

Netzwerk 2: Den Palettenhubtisch in der Neustartphase und im Betriebszyklus hochfahren, wenn er nicht oben ist und nicht abwärts fährt.

(#betrieb_starten **oder** #betrieb) **und** $\overline{\text{\#hubtisch\_oben}}$ **und** $\overline{\text{\#hubtisch\_ab}}$ = #hubtisch_auf

Netzwerk 3: Den Palettenhubtisch zum Betriebsende runterfahren, wenn er nicht unten ist und nicht hoch fährt.

#betrieb_beenden **und** $\overline{\text{\#hubtisch\_unten}}$ **und** $\overline{\text{\#hubtisch\_auf}}$ = #hubtisch_ab

B3.4 Die Meldeleuchten (FB25) der Palettenhubtischsteuerung ansteuern

Folgende Meldeleuchten sollen angesteuert werden:

- H1 Störungsmeldung
- H4 Betrieb
- H5 Lichtgitterüberwachung oben
- H6 Lichtgitterüberwachung unten links
- H7 Lichtgitterüberwachung unten rechts

Diese Meldeleuchten-Ansteuerungen sollen im Funktionsbaustein **„Meldeleuchten“ (FB25)** programmiert werden.

Die Variablen des FB 25 deklarieren

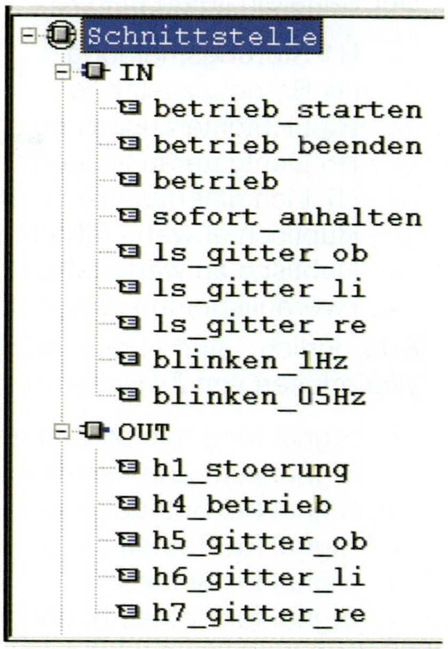

Der Baustein benötigt Informationen (**IN-Variablen**):

- Signal für Betrieb starten
- Signal für Betrieb beenden
- Signal für Betrieb
- Signal für sofortigen Betriebshalt
- Lichtgitter-Auslösung oben
- Lichtgitter-Auslösung unten links
- Lichtgitter-Auslösung unten rechts
- 1 Hz-Blinktakt
- 0,5 Hz-Blinktakt

Der Baustein liefert Informationen (**OUT-Variablen**):

- H1 Störungsmeldung
- H4 Betriebszustände
- H5 Lichtgitterauslösung oben
- H6 Lichtgitterauslösung unten links
- H7 Lichtgitterauslösung unten rechts

Die Programm-Logik des FB25 erstellen

Netzwerk 1: Die Meldung der unterschiedlichen Betriebszustände mit Meldeleuchte H4 realisieren. Die Neustartphase blinkt mit 1 Hz, die Stillsetzphase blinkt mit 0,5 Hz und der normale Betriebszyklus zeigt Dauerlicht an.

(#betrieb_starten **und** #blinken_1Hz) **oder** (#betrieb_beenden **und** #blinken_05Hz) **oder** #betrieb = #h4_betrieb

Netzwerk 2: Die Meldung einer Störung mit H1 realisieren.

#sofort_anhalten **und** #blinken_1Hz = #h1_stoerung

Netzwerk 3: Die Meldung der Lichtgitterauslösung oben mit H5 anzeigen.

#ls_gitter_ob **und** #blinken_1Hz = #h5_gitter_ob

Netzwerk 4 und Netzwerk 5 für die Ansteuerung von h6_gitter_li und h7_gitter_re wird mit der vergleichbaren Logik wie im Netzwerk 3 realisiert.

B3.5 Den Funktionsbaustein FB2 „Palettenhubtisch“ programmieren

Im FB2 werden die zuvor programmierten Funktionsbausteine aufgerufen:

- FB21 „Betriebszustände“
- FB24 „Aktorik“
- FB25 „Meldeleuchten“

Die Variablen des FB2 deklarieren

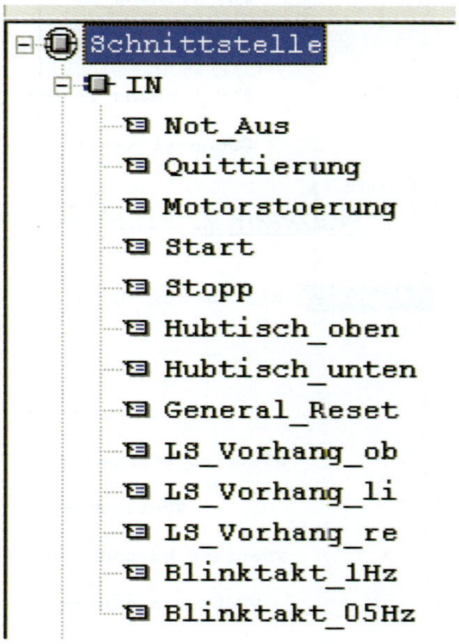

Der Baustein benötigt für die Weiterleitung an die 3 Programme FB21, FB24 und FB25 die **IN-Variablen**:

- Not-Aus-Betätigung
- Quittierung von Störungen
- Störung eines oder mehrerer Motoren
- Start-Signal
- Stopp-Signal
- Endschalter, wenn der Hubtisch oben ist
- Endschalter, wenn der Hubtisch unten ist
- General-Reset, um die Steuerung zurückzusetzen
- Lichtgitter-Auslösung oben
- Lichtgitter-Auslösung unten links
- Lichtgitter-Auslösung unten rechts
- 1 Hz-Blinktakt (Taktmerkerbit 5)
- 0,5 Hz-Blinktakt (Taktmerkerbit 7)

Der Baustein liefert die **OUT-Variablen** des FB24 „Aktorik“ und des FB25 „Meldeleuchten“:

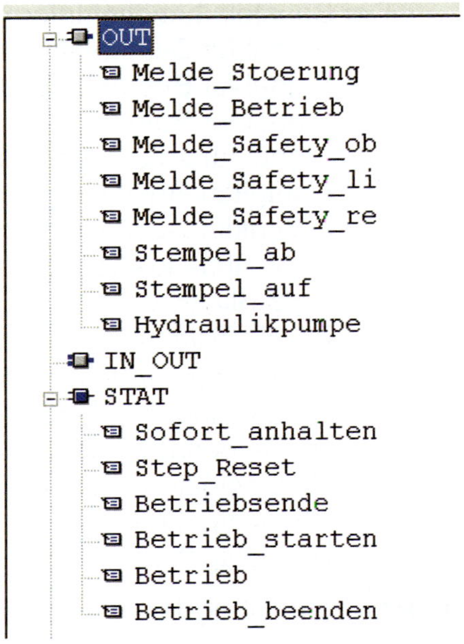

- H1 Störungsmeldung
- H4 Betriebszustände
- H5 Lichtgitterauslösung oben
- H6 Lichtgitterauslösung unten links
- H7 Lichtgitterauslösung unten rechts
- Hubtisch abwärts fahren
- Hubtisch aufwärts fahren
- Hydraulikpumpe einschalten

Erforderlich sind noch **statische Variablen** zum Weiterleiten von Zwischenwerten:

- Signal für einen sofortigen Betriebshalt
- Signal zum Zurücksetzen des Programmes
- Signal bei Betriebsende
- Signal für Betrieb starten
- Signal für Betrieb
- Signal für Betrieb beenden

Die Programm-Logik des FB2 erstellen

Die Funktionsbausteine FB21, FB24 und FB25 erhalten eigene Instanzdatenbausteine DB21, DB24 und DB25. Die Schnittstellen werden mit den deklarierten Ein- und Ausgangsvariablen beschrieben.

Netzwerk 1: FB21 „Betriebszustände“ und DB21 „Daten Betriebszustände“:

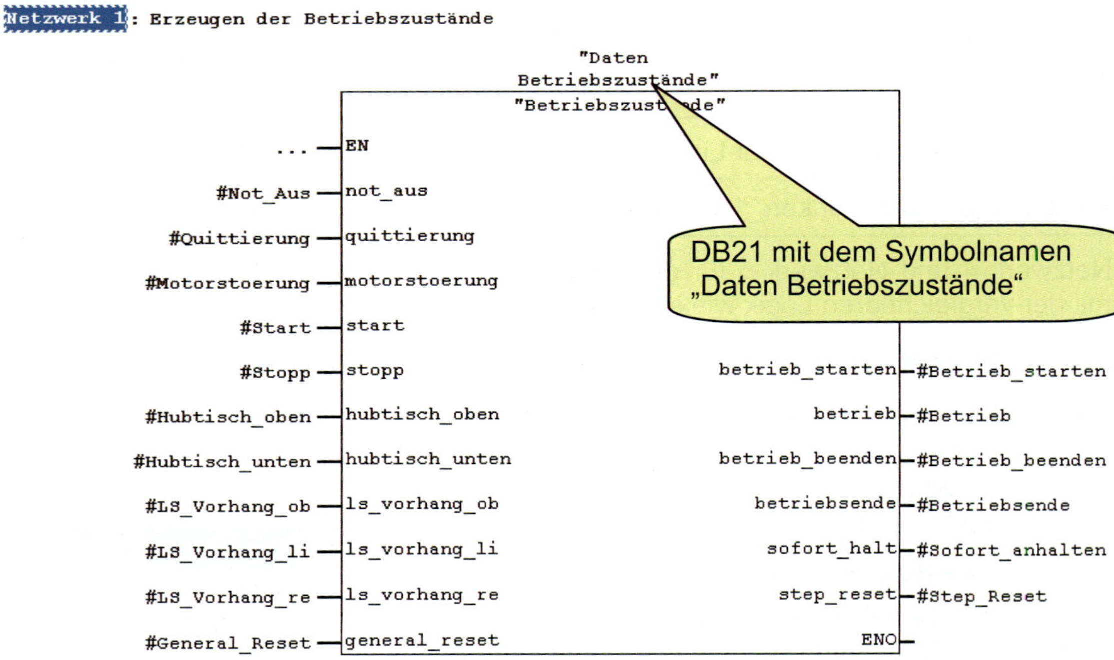

Netzwerk 2: FB24 „Aktorik“ und DB24 „Daten Aktorik“:

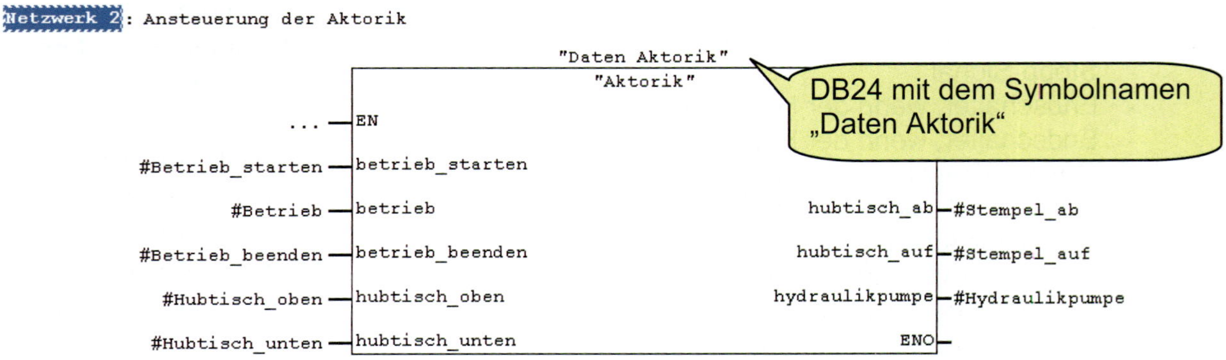

Netzwerk 3: FB25 „Meldeleuchten“ und DB25 „Daten Meldeleuchten“:

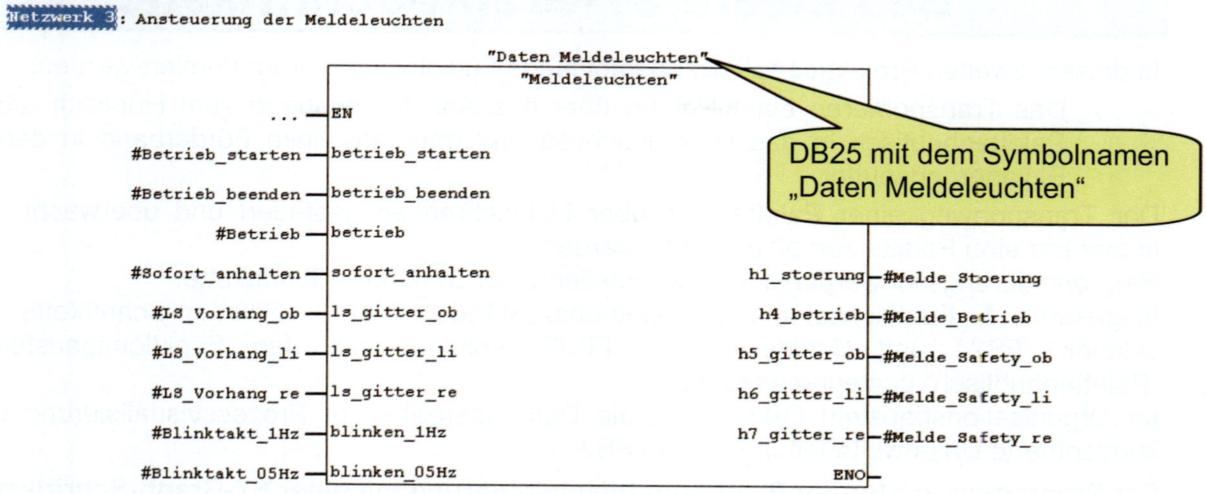

B3.6 Den Organisationsbaustein OB1 „Palettenprogramm“ erzeugen

Im OB1 werden der Visualisierungsbaustein FB 60 „Palettensimulation“ mit dem DB60 „Daten Visualisierung“ und der FB 2 „Palettenhubtisch“ mit dem DB2 „Daten Hubtisch“ aufgerufen.

Achtung: Hier im OB1 ist die Schnittstelle zwischen der Programmlogik und der Hardware von Sensorik und Aktorik. Die real vorhandene Sensorik wird an dieser Stelle an die im Programm verwendete positive Logik (Programmieren wie man spricht!) angepasst. Bei einer späteren Hardwareveränderung muss nur diese Schnittstelle korrigiert werden. Die IEC-konformen Funktionsbausteine sind hardwarefrei.

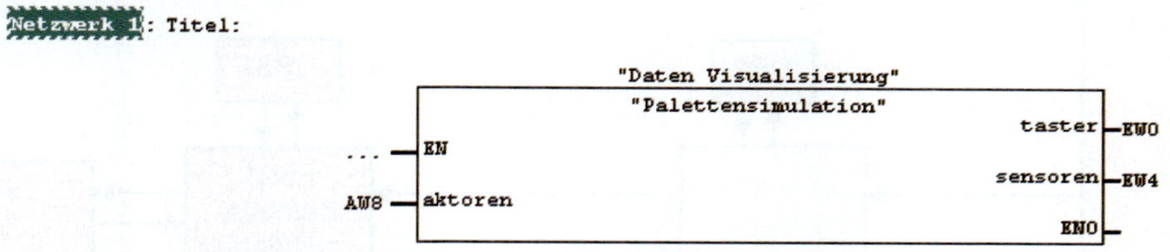

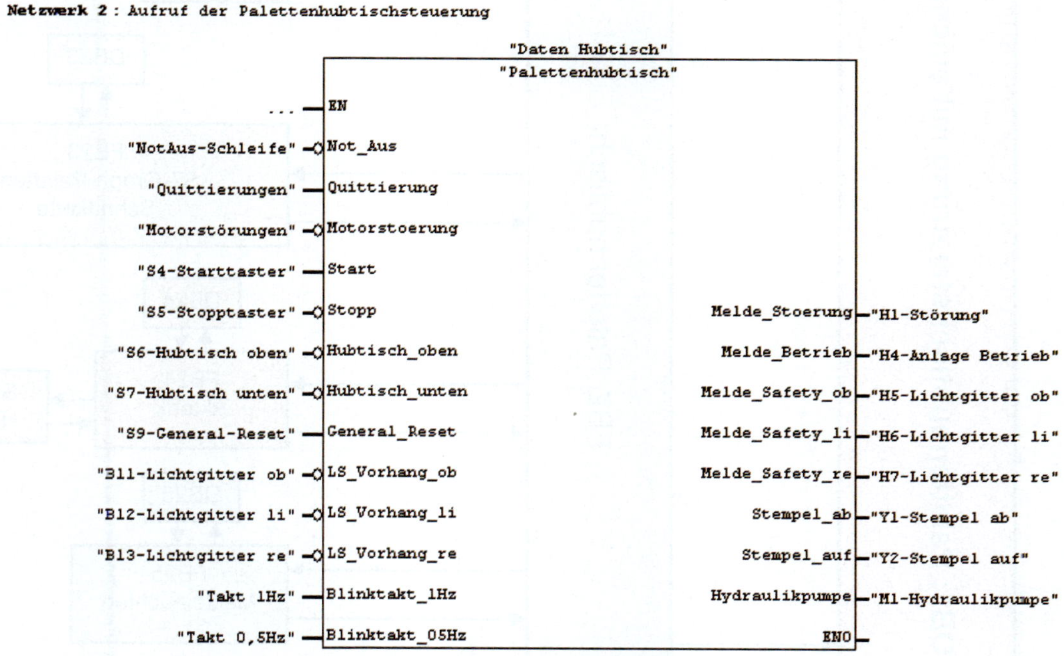

Und nun viel Erfolg bei der Inbetriebnahme des Palettenhubtisches!

Hinweis: Über den Umschalter „schnell / langsam“ lässt sich die Geschwindigkeit der Simulation bequem einstellen!

B4 Lineare S7-Graph-Schrittkette

In diesem zweiten Projektteil soll die nachfolgende Funktionalität programmiert werden:

- Das Transportieren einer Palette über das Anlieferungsband zum Hubtisch, über den Palettenhubtisch in das Untergeschoss und über das linke Förderband in den linken Einlagerungspuffer

Der Transportweg einer Palette wird über Lichtschranken gesteuert und überwacht. Es soll immer nur eine Palette zurzeit befördert werden.
Programmierungsschwerpunkt ist das Erstellen einer S7-Graph-Schrittkette.
Insgesamt 4 Funktionselemente („Betriebszustände“ FB21, „Paletten-Schrittkette FB23“, „Aktorik“ FB24 und „Meldeleuchten“ FB25) sollen durch den Funktionsbaustein FB2 „Palettenhubtisch“ gesteuert werden.
Im Organisationsbaustein OB1 erfolgt die Datenübergabe zur Prozessvisualisierung und die konzentrierte Datenweiterleitung an den FB2.

Die Programmstruktur der Palettenhubtischsteuerung mit einer S7-Graph-Schrittkette:

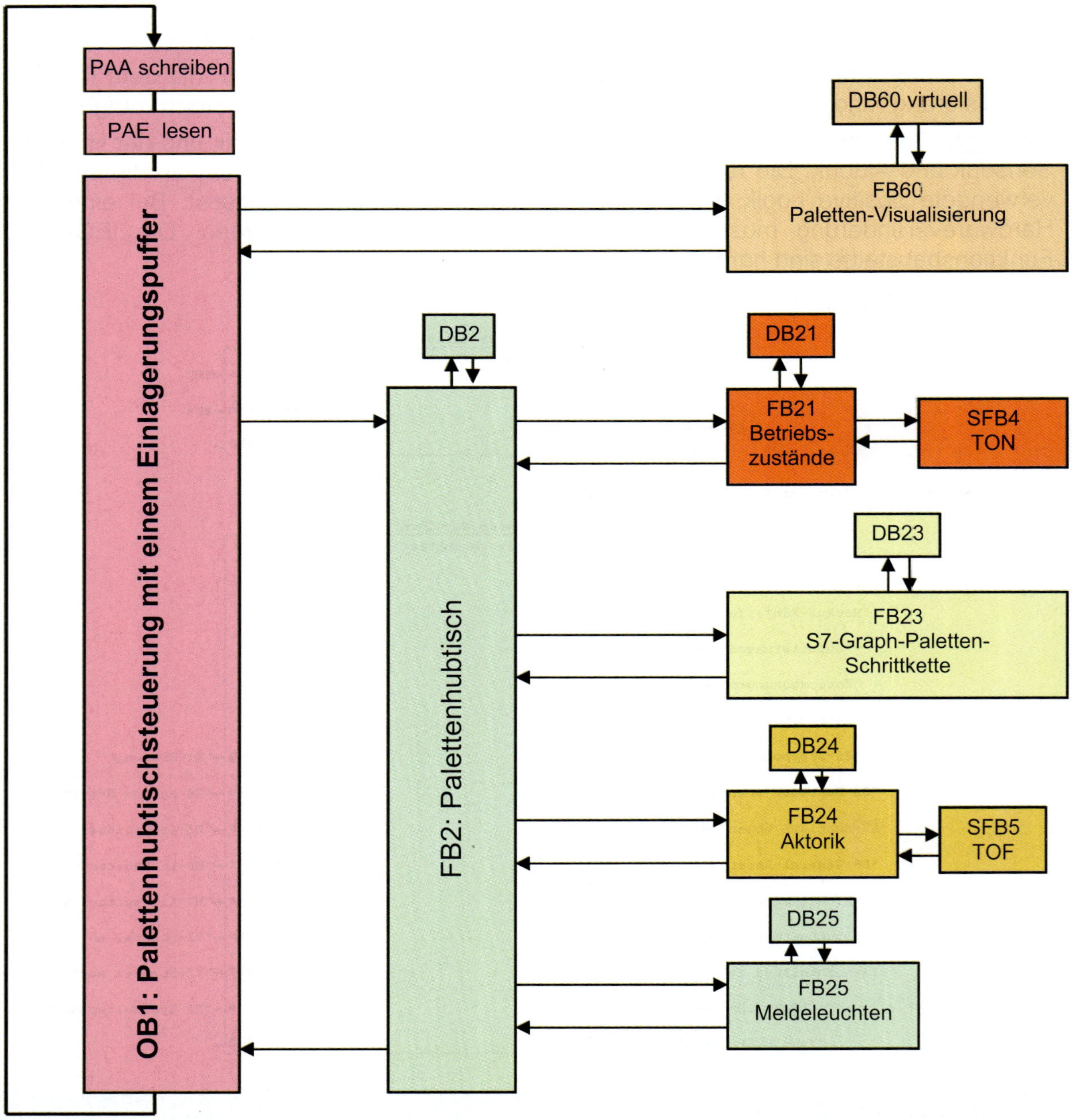

Die Funktionsbausteine FB21 „Betriebszustände“, FB24 „Aktorik“ und FB25 „Meldeleuchten“ müssen in diesem zweiten Projektteil um neue Funktionalitäten erweitert werden.

B4.1 Die Betriebszustände (FB21) aktualisieren

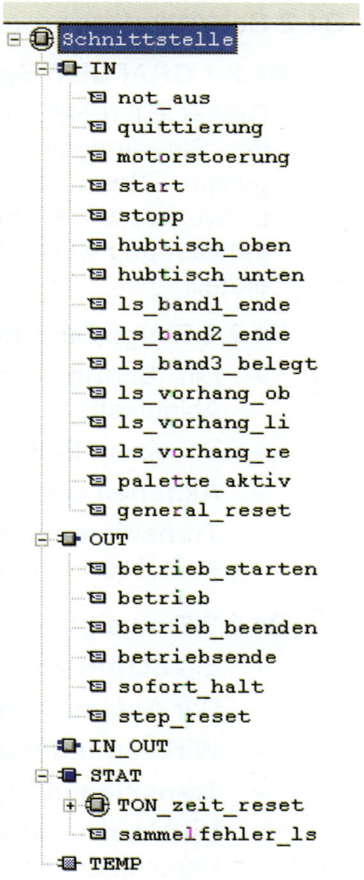

Die Lichtschranken-Überwachung des Transportes einer Palette erfordert eine Ergänzung der Betriebszustände im FB21.

Die Variablen des FB21 erweitern

Der Baustein benötigt für die Steuerung der Schrittkette noch 4 weitere Informationen (**IN-Variablen**):

- Lichtschranke Band 1 Ende
- Lichtschranke Band 2 Ende
- Lichtschranke Band 3 belegt
- Palette aktiv

Erforderlich ist noch eine zusätzliche **statische Variable**:

- Sammelfehler Lichtschranken

Die Programm-Logik des FB21 ergänzen

Das Netzwerk 1 neu einfügen: Eine Meldung über eine aktive Paletten-Beförderung erhält der FB21 aus der S7-Graph-Schrittkette mit der Eingangsvariablen #palette_aktiv. Der aktuelle Standort einer Palette wird durch Lichtschranken signalisiert. Tritt ein Fehler an den Lichtschranken auf (Drahtbruch oder Verschmutzung) oder befindet sich eine Palette im System, ohne von der SPS-Steuerung mit #palette_aktiv erfasst zu sein, muss ein Sammelfehler ausgelöst werden. Dieser Lichtschranken-Sammelfehler muss vorrangig gespeichert werden (RS-Speicher).

> #sammelfehler_ls (RS) wird zurückgesetzt (R) durch #quittierung
> #sammelfehler_ls wird vorrangig gesetzt (S) bei $\overline{\text{\#palette\_aktiv}}$ **und** (#ls_band1_ende **oder** #ls_band2_ende **oder** #ls_band3_belegt)

Das neue Netzwerk 2 (alt Netzwerk 1) ergänzen: Die vorrangige Speicherung einer auftretenden Störung muss in der **Oder**-Bedingung um den Lichtschranken-Sammelfehler ergänzt werden. (RS-Speicher)

> #sofort_halt (RS) wird zurückgesetzt (R) durch #quittierung
> #sofort_halt wird vorrangig gesetzt (S) bei (#not_aus **oder** #motorstoerung **oder** #ls_vorhang_ob **oder** #ls_vorhang_li **oder** #ls_vorhang_re **oder** #sammelfehler_ls)

Das Netzwerk für das Setzen von #betrieb_starten ergänzen: Nach einem Not-Halt darf die Neustartphase mit #betrieb_starten nur aktiviert werden, wenn **keine** Palette aktiv ist.

> #betrieb_starten (SR) wird gesetzt (S) durch (#start **und** $\overline{\text{\#betrieb\_starten}}$ **und** $\overline{\text{\#betrieb}}$ **und** $\overline{\text{\#palette\_aktiv}}$)

Das Netzwerk für #betrieb ergänzen: Nach einem Not-Halt wird die Anlage mit #betrieb fortgesetzt, wenn **eine** Palette aktiv ist und Start betätigt wird.

> #betrieb (SR) wird gesetzt durch [(#betrieb_starten **und** #hubtisch_oben) **oder** (#palette_aktiv **und** #start)]

Das Netzwerk für #betriebsende ergänzen: Die Anlage darf erst stillgesetzt werden, wenn keine Palette mehr aktiv befördert wird.

> (#betrieb_beenden **und** #hubtisch_unten **und** $\overline{\text{\#palette\_aktiv}}$) = #betriebsende

B4.2 Schrittkettenprogrammierung

B4.2.1 GRAFCET, Spezifikationssprache für Funktionspläne der Ablaufsteuerung

GRAFCET (EN60848) (Graphe Fonctionnel de Commande Etape Transition, Darstellung der Steuerungsfunktion mit Schritten und Weiterschaltbedingungen) ist die seit 2003 gültige Norm für Ablaufbeschreibungen. Diese Norm definiert eine grafische Entwurfssprache. Sie dient Anwendern, die das Verhalten eines Systems festlegen müssen und wurde für automatisierte Produktionssysteme in der industriellen Anwendung erstellt.

B4.2.2 Einige Begriffe aus GRAFCET

- Ein **Schritt** kann aktiv oder inaktiv sein und kennzeichnet den Zustand einer Ablaufkette.
- Bei einem **Eingangsereignis** wechselt der Wert einer Eingangsvariablen.
- **Aktionen** sind Ausgangsaktivitäten der einzelnen Schritte.
- **Transitionen** lösen das Weiterschalten der Schrittkette aus und schalten damit den Ablauf von Aktivitäten.

B4.2.3 Einige grafische Darstellungen aus GRAFCET

- Ein **Schritt** wird als Quadrat oder als Rechteck gezeichnet.
- Der **Anfangsschritt** hat einen Doppelrahmen.
- **Wirkverbindungen** sind Linien, die die einzelnen Schritte miteinander verketten.
- **Transitionen** sind kurze Querlinien auf den Wirkverbindungen.
- **Und**-Verknüpfungen von Variablen werden mit einem Multiplikationszeichen (•), **Oder**-Verknüpfungen mit einem Additionszeichen (+) dargestellt. Bei einer Negation wird ein Überstrich ($\overline{a}$) gesetzt.
- Eine **Aktion** wird als Rechteck gezeichnet.
- Eine Aktion, die bei der Schrittaktivierung **speichernd gesetzt** wird, erhält einen Pfeil nach oben. Wird sie bei der Schrittdeaktivierung **speichernd gesetzt**, zeigt der Pfeil nach unten.
- Eine **zeitverzögerte Aktion** wird gekennzeichnet durch die Zeitangabe in Verbindung mit dem Aktivierungsschritt (z.B. 2s/X4).
- Bei einer geschlossenen Ablaufkette führt die Transition des letzten Schrittes auf den Initialschritt zurück.

B4.2.4 Beispiel einer geschlossenen Ablaufkette mit GRAFCET

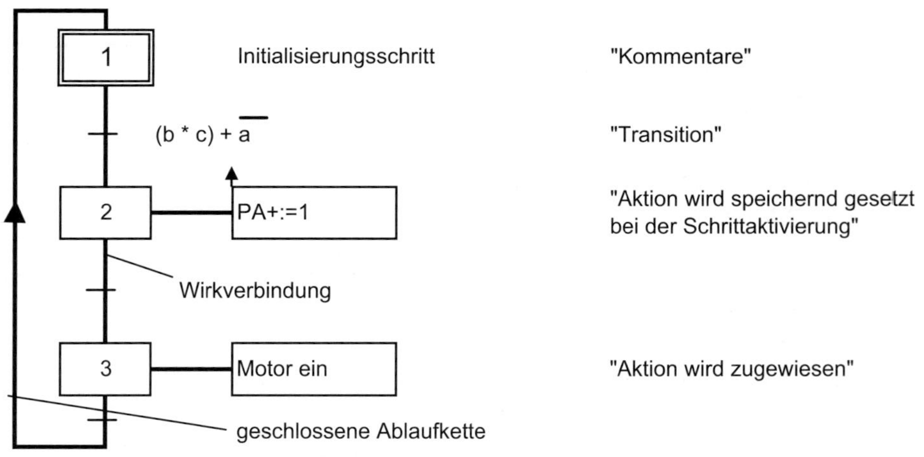

B4.3 Die lineare Ablaufkette der Paletten-Hubtischsteuerung mit GRAFCET

Palettenhubtisch-Steuerung

Eingänge		*Ausgänge*	
CS	Zyklus Start	PA+	Palette aktiv
bt	Betrieb	B1	Palette auf Band 1
be	Betrieb beenden	B1+	Band 1 Anlauf
th	Hubtisch oben	B12	Bänder 1+2 Rechtslauf
tl	Hubtisch unten	PL	Palette zum linken Puffer
b1b	Lichtschranke Band 1 belegt	B3	Palette auf Band 3
b3b	Lichtschranke Band 3 belegt	B3E	Palette am Band 3 Ende
b1e	Lichtschranke Band 1 Ende	PA-	Palette abgeliefert
b2e	Lichtschranke Band 2 Ende	LH	Hubtisch senken
bs1	Lichtschranke Stapler 1		
bpl	Lichtschranke Puffer links		

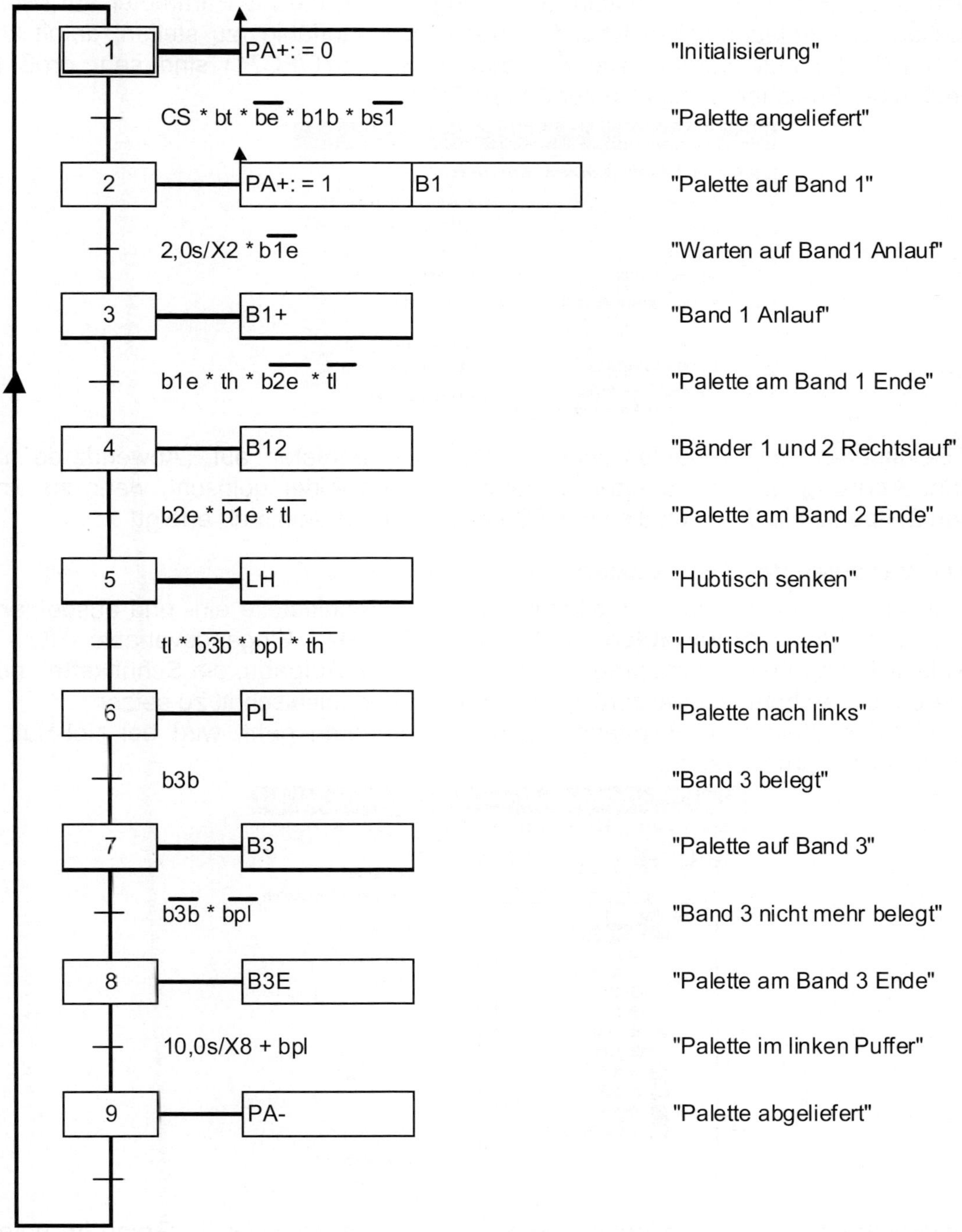

B4.4 Den Funktionsbaustein FB23 „S7-Graph-Paletten-Schrittkette" erzeugen

B4.4.1 Bausteinaufruf und Bausteineinstellungen des FB23

Der S7-Graph-Baustein ist ein Funktionsbaustein mit der Erstellsprache „GRAPH". Nach dem Öffnen des S7-Graph-Bausteins steht bereits der Initialisierungsschritt „Step1" mit der Transition „Trans1" zur Verfügung.

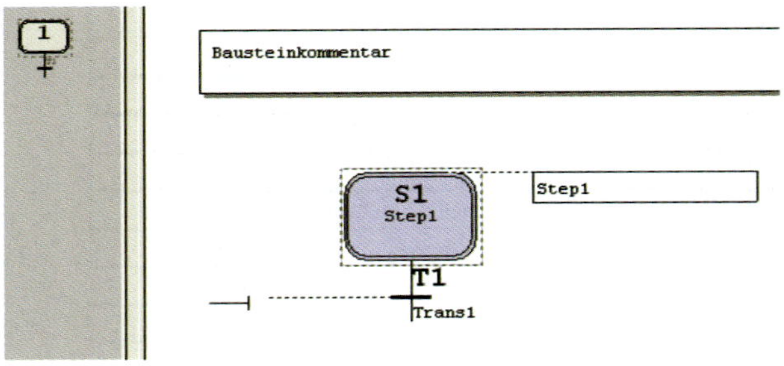

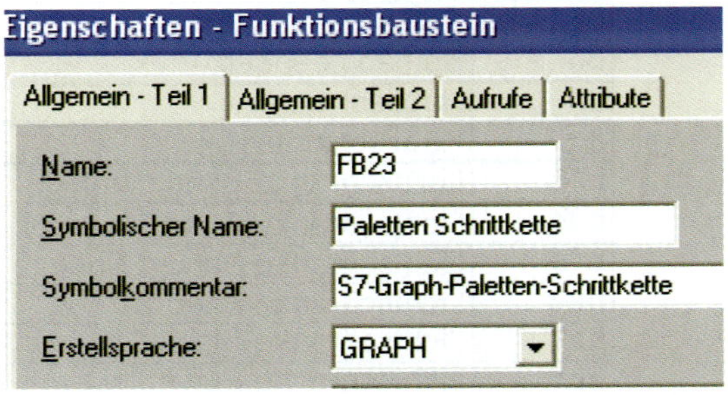

Im Menü unter „Extras" und „Baustein-Einstellungen" sind die FB Parameter auf Minimal einzustellen. Die Ablauffähigkeit ist auf „Eigenständig lauffähig" zu stellen, damit keine Standard FCs benutzt werden. Die Standard FCs (FC70/FC71) sind sehr groß und übersteigen die Speicherkapazität vieler 300-er CPUs.

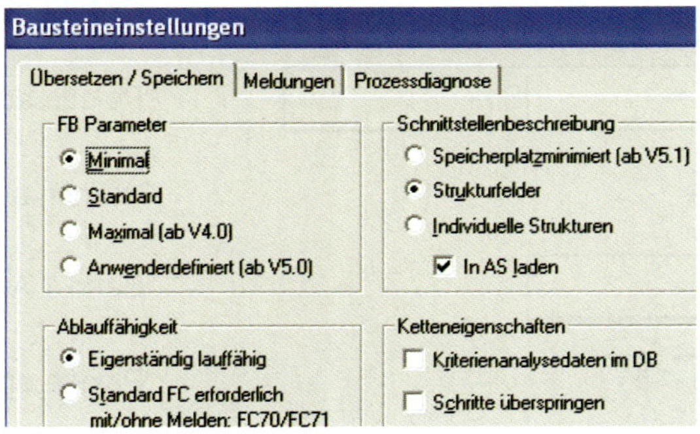

Beim Deklarieren der Variablen werden die FB-Parameter auf „Anwenderdefiniert" geändert. **Achtung:** Die deklarierten Variablen werden leider gelöscht, wenn zu einem späteren Zeitpunkt ein Zurückstellen der FB-Parameter auf „Minimal" erfolgt!

B4.4.2 Die Variablen des FB23 deklarieren

Im Menü unter „Ansicht" und „Übersichten" kann die Schnittstelle ein- und ausgeblendet werden. Bei den **IN-Variablen** ist „INIT_SQ" als Eingangsvariable für die Ketteninitialisierung bereits eingetragen. INIT_SQ hat die Aufgabe, die Schrittkette neu zu initialisieren, alle Schritte zentral zurückzusetzen und den Initialschritt zu setzen.
Damit die Information zum Palettenstandort nicht verloren geht, wird bei Not-Halt die Schrittkette nicht zurückgesetzt!

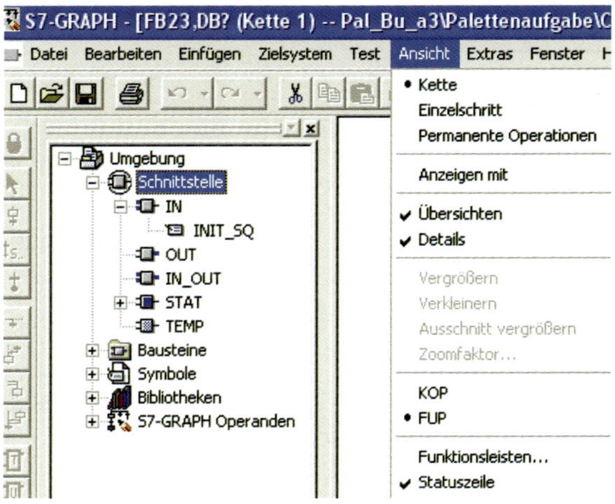

Das Eingabefenster für die Variablen-Deklaration befindet sich bei S7-Graph im unteren Bildschirmbereich. In diesem Fenster werden auch Fehlermeldungen und Warnungen beim Speichern und Übersetzen des Bausteins angezeigt.

Der Graph-Baustein benötigt neben INIT_SQ weitere Eingangs-Informationen (**IN-Variablen**):

- Endschalterposition für Hubtisch oben
- Endschalterposition für Hubtisch unten
- Lichtschrankensignal (LS-Signal) am Band 1 bei Stapleranlieferung
- LS-Signal bei Palettenbelegung auf Band 1
- LS-Signal bei Erkennung am Ende von Band 1
- LS-Signal bei Erkennung am Ende von Band 2
- LS-Signal des linken Puffers
- LS-Signal bei Palettenbelegung auf Band 3
- Signal für Betrieb
- Signal für Betrieb beenden

Der Graph-Baustein liefert Ausgangs-Informationen (**OUT-Variablen**):

- Palette aktiv, wenn die Ablaufkette aktiv ist
- Palette auf Band 1
- Anlauf von Band 1
- Bänder 1 und 2 Rechtslauf
- Palettenhubtisch senken
- Palette zum linken Puffer
- Palette auf Band 3
- Palette am Ende von Band 3
- Palette abgeliefert, wenn die Ablaufkette beendet ist

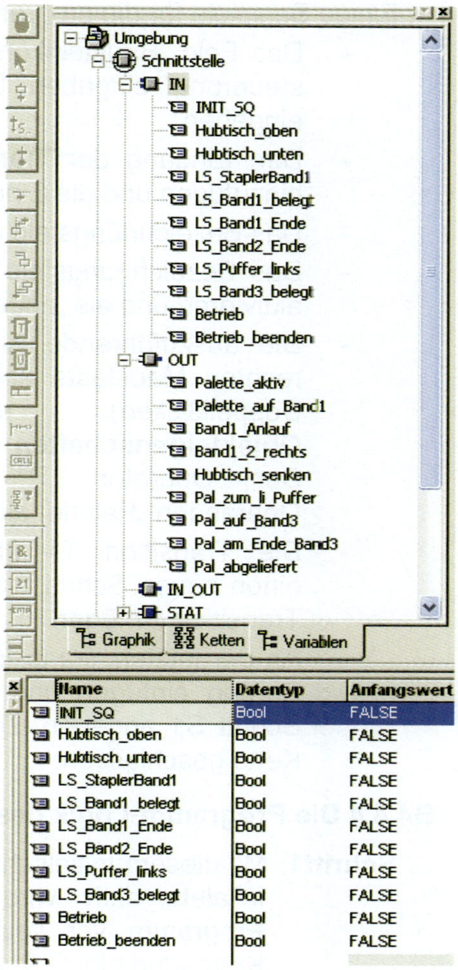

B4.4.3 Das Erstellen der S7-Graph-Schrittkette

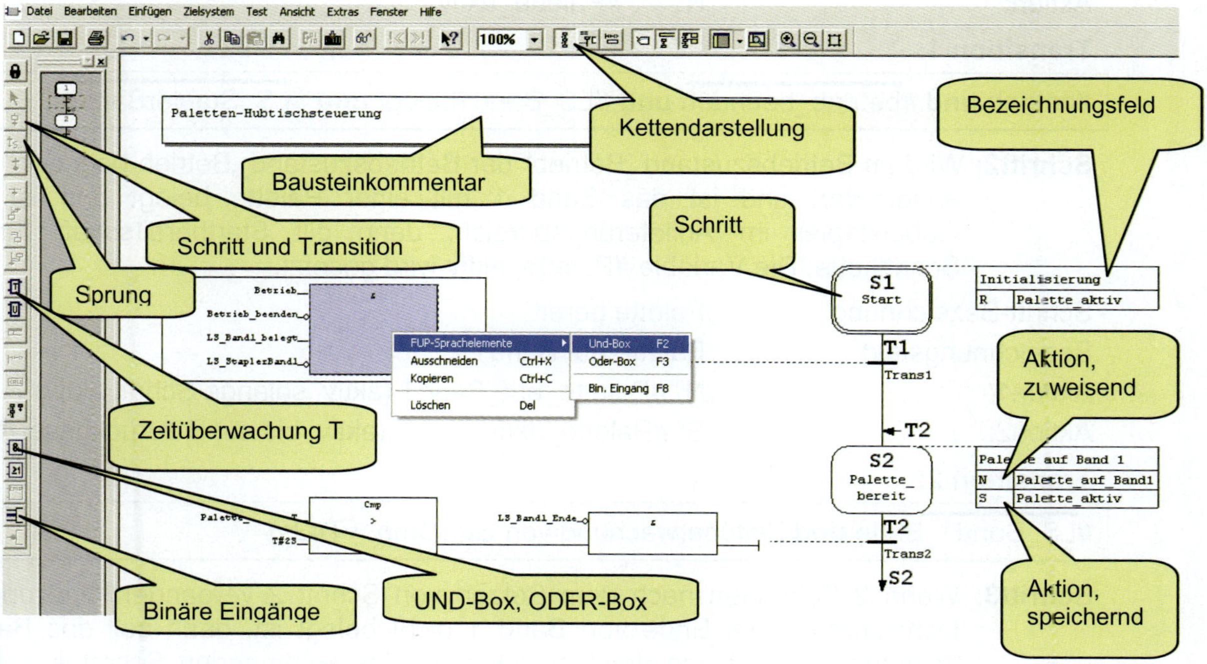

In der Menüleiste am linken Bildschirmrand sind die Symbole für die Schrittkettengestaltung angeordnet.

Einige Beispiele für die programmatische S7-Graph-Vorgehensweise:

- Das Feld „Bausteinkommentar" doppelklicken und den Text „Paletten-Hubtisch-steuerung" eingeben. Das Feld „S1 Step1" doppelklicken und den Text „Start" eingeben.
- Den Eingang der Transition T1 anklicken, eine UND-Box einfügen, Eingänge hinzufügen und die Eingangsvariablen belegen.
- Das Bezeichnungsfeld anklicken und den Text „Initialisierung" eingeben.
- Das Bezeichnungsfeld markieren, mit der rechten Maustaste ein Kontextmenü aktivieren und als „neues Element" eine Aktion einfügen.
- Die auszuführende Aktion mit der rechten Maustaste anklicken (oder Doppelklicken) und die **Objekteigenschaften** anwählen. Der Operator „R" setzt den Operanden „Palette_aktiv" auf 0.
- Die Transition T1 anklicken und einen neuen Schritt mit einer neuen Transition einfügen.
- An der letzten Transition (T9) einen Sprung einfügen und als Ziel den Schritt S1 angeben. Damit wird die Kette geschlossen.

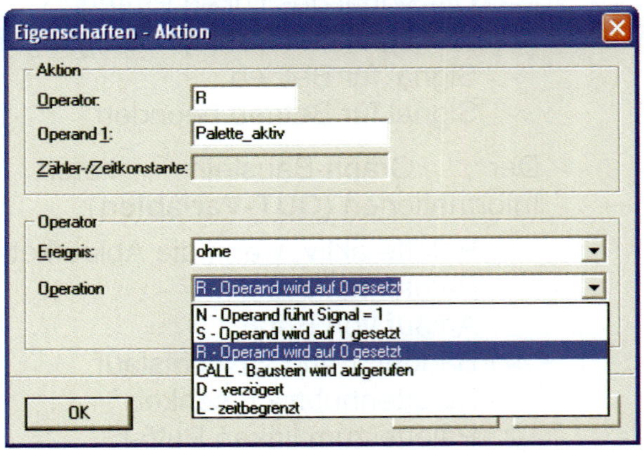

B4.4.4 Die Programm-Logik des FB23 erstellen

Schritt1: Mit diesem Initialschritt wird die S7-Graph-Schrittkette vorbereitet. Die Variable #Palette_aktiv wird zurückgesetzt. In diesem Schritt befindet sich das Programm vor seinem ersten Kettendurchlauf und nach jedem weiteren Kettendurchlauf (Rücksprung).

Schritt-Bezeichnung : „Start"
Bezeichnungsfeld: „Initialisierung"
Aktion: „R" #Palette_aktiv

Transition 1:

#betrieb **und** #betrieb_beenden **und** #LS_Band1belegt **und** #LS_StaplerBand1

Schritt2: Wird im Betriebszustand „Betrieb" der Betriebszustand „Betrieb beenden" nicht angefordert und ist das Band 1 mit einer Palette belegt und ist kein Gabelstapler im Anlieferungsbereich, dann gilt Startbereitschaft für die Schrittkette. Die Variable #Palette_aktiv wird gesetzt.

Schritt-Bezeichnung : „Palette bereit"
Bezeichnungsfeld: „Palette auf Band1"
Aktion1: „N" #Palette_auf_Band1 (aktiv, solange Schritt aktiv)
Aktion2: „S" #Palette_aktiv (aktiv, bis mit R zurückgesetzt)

Transition 2:

#LS_Band1_Ende **und** Zeitüberwachung von 2s (Cmp > T#2s)

Schritt3: Wenn 2 Sekunden nach dem Setzen von Schritt 2 vergangen sind und die Lichtschranke am Ende von Band 1 nicht belegt ist, dann soll das Band 1 anlaufen. Die Abfrage der Lichtschranke des kommenden Schrittes auf den **noch nicht betätigten** Zustand ist zwar steuerungstechnisch nicht zwingend notwendig, es wird jedoch die Betriebssicherheit erhöht. Bei Standard-Fehlern wie Verschmutzung und Kabelbruch bleibt die Schrittkette hier stehen.

Schritt-Bezeichnung : „Anlauf_Band1"
Bezeichnungsfeld: „Band 1 Anlauf"
Aktion: „N" #Band1_Anlauf

Transition 3:

#LS_Band1_Ende **und** #Hubtisch_oben **und** $\overline{\text{\#LS\_Band2\_Ende}}$ **und** $\overline{\text{\#Hubtisch\_unten}}$

Schritt4: Wenn die Palette das Ende von Band 1, aber noch nicht das am Ende von Band 2 erreicht hat (Sicherheit) und befindet sich der Hubtisch oben und nicht unten (Sicherheit), dann sollen die Bänder 1 und 2 laufen. Die Palette wird in den Hubtisch befördert.

Schritt-Bezeichnung : „Rechtslauf_Band1_2"
Bezeichnungsfeld: „Bänder 1 + 2 Rechtslauf"
Aktion: „N" #Band1_2_rechts

Transition 4:

$\overline{\text{\#LS\_Band1\_Ende}}$ **und** #LS_Band2_Ende **und** $\overline{\text{\#Hubtisch\_unten}}$

Schritt5: Steht der Hubtisch nicht unten (Sicherheit) und hat die Palette die Lichtschranke am Ende von Band 1 bereits verlassen und die Lichtschranke am Ende von Band 2 erreicht, dann fährt der Paletten-Hubtisch mit der Palette abwärts.

Schritt-Bezeichnung : „Abwaerts"
Bezeichnungsfeld: „Hubtisch senken"
Aktion: „N" #Hubtisch_senken

Transition 5:

#Hubtisch_unten **und** $\overline{\text{\#LS\_Band3\_belegt}}$ **und** $\overline{\text{\#LS\_Puffer\_links}}$ **und** $\overline{\text{\#Hubtisch\_oben}}$

Schritt6: Ist der Hubtisch mit der Palette nicht mehr oben (Sicherheit) sondern bereits unten angekommen und ist das Einlagerungsband 3 noch nicht belegt (Sicherheit) und hat der linke Puffer noch freie Einlagerungskapazitäten, dann kann die Palette in den linken Puffer geliefert werden. Das Band 2 des Palettenhubtisches befördert im Linkslauf die Palette auf das ebenso laufende linke Einlagerungsband 3.

Schritt-Bezeichnung : „linker_Puffer"
Bezeichnungsfeld: „Palette nach links"
Aktion: „N" #Pal_zum_li_Puffer

Transition 6:

#LS_Band3_belegt

Schritt7: Die Lichtschranke „Band 3 belegt" erkennt, dass die Palette sich vollständig auf dem weiterhin laufenden Band 3 befindet. Das Band 2 des Palettenhubtisches hält an. Der Hubtisch wird für die Fahrt nach oben freigegeben.

Schritt-Bezeichnung : „Band3_laeuft"
Bezeichnungsfeld: „Palette auf Band 3"
Aktion: „N" #Pal_auf_Band3

Transition 7:

$\overline{\text{\#LS\_Band3\_belegt}}$ **und** $\overline{\text{\#LS\_Puffer\_links}}$

Schritt8: Hat die Palette das Einlieferungsband 3 bereits verlassen, aber den linken Pufferbereich noch nicht erreicht (Sicherheit), dann befindet sich die Palette in der Wartezone am Ende vom Band 3.

Schritt-Bezeichnung : „Ende_Band3"
Bezeichnungsfeld: „Palette Band 3 Ende"
Aktion1: „N" #Pal_am_Ende_Band3

Transition 8:

#LS_Puffer_links **oder** Zeitüberwachung von 10s (Cmp > T#10s)

Schritt 9: Wenn 10 Sekunden nach dem Setzen von Schritt 8 vergangen sind oder wenn die Palette die Lichtschranke des linken Puffers erreicht hat, dann gilt die Palette als abgeliefert und die S7-Graph-Schrittkette kann für einen neuen Zyklus frei geschaltet werden.

Schritt-Bezeichnung : „fertig“
Bezeichnungsfeld: „Palette abgeliefert“
Aktion: „N“ #Pal_abgeliefert

Transition 9: Rücksprung auf S1 für einen neuen Schrittkettendurchlauf

Bitte den S7-Graph-Baustein jetzt speichern!

Achtung: Im unteren Programmfenster werden Fehler und Warnungen gemeldet!

```
Es sind Warnungen aufgetreten

Warnung >>> (T9)  ohne Inhalt.
Warnung >>> (T9, Bedingung)  Bedingung ist immer wahr.
0 Fehler; 2 Warnungen
```

Hat eine Schrittkette in ihrem Ablauf eine Besonderheit, wie zum Beispiel das Fehlen einer Weiterschaltbedingung, so entsteht beim Übersetzen eine Warnung. Diese Warnungen sind unkritisch. Sie beeinträchtigen nicht den korrekten Steuerungsablauf.

Auf vorhandene Fehler wird hingewiesen. Fehler müssen beseitigt werden, damit der Baustein gespeichert und geschlossen werden kann.

B4.5 Die Programm-Logik des FB24 „Aktorik“ ergänzen

Der S7-Graph-Schrittketten-Baustein FB23 liefert die Steuerungsbedingungen, um Paletten aus dem Anlieferungsbereich über den Palettenhubtisch in den linken Einlagerungspuffer zu verbringen. Die Programmlogik des Aktorik-Bausteins FB24 muss jetzt um die neuen Bedingungen erweitert werden.

Die Variablen des FB24 erweitern

Der Baustein benötigt für die Steuerung der Schrittkette zusätzliche Informationen (**IN-Variablen**):

- Lichtschranke Stapler Band 1
- Lichtschranke Stapler Band 3
- Lichtschranke Band 1 Ende
- Lichtschranke Band 2 Ende
- Lichtschranke Puffer links
- Schritt Palette auf Band 1
- Schritt Band 1 Anlauf
- Schritt Bänder 1 und 2 Rechtslauf
- Schritt Hubtisch abwärts
- Schritt Palette zum linken Puffer
- Schritt Palette auf Band 3
- Schritt Palette am Band 3 Ende

Der Baustein steuert weitere **OUT-Variablen** an:

- Anlieferungsband 1 ansteuern
- Hubtischband 2 im Linkslauf ansteuern
- Hubtischband 2 im Rechtslauf ansteuern
- Pufferband 3 ansteuern

Erforderlich sind noch zwei **statische Variablen**:

- IEC-Zeitgeber (TOF) als Multiinstanzen
  TOF_stapler_band1 (wird generiert!)
  TOF_stapler_band3 (wird generiert!)

```
Schnittstelle
  IN
    betrieb_starten
    betrieb
    betrieb_beenden
    ls_staplerband1
    ls_staplerband3
    ls_band1_ende
    ls_band2_ende
    ls_puffer_li
    hubtisch_oben
    hubtisch_unten
    step_pal_band1
    step_band1_anlauf
    step_baender1_2_rl
    step_hubtisch_ab
    step_pal_li_puffer
    step_pal_band3
    step_pal_band3_ende
  OUT
    band1
    hubtisch_band_LL
    hubtisch_band_RL
    puffer_band3
    hubtisch_ab
    hubtisch_auf
    hydraulikpumpe
  IN_OUT
  STAT
    TOF_stapler_band1
    TOF_stapler_band3
```

Die Programm-Logik des FB24 ergänzen

Das Netzwerk 1 „die Hydraulikpumpe starten“ bleibt!

(#betrieb_starten **oder** #betrieb **oder** #betrieb_beenden) = #hydraulikpumpe

Das Netzwerk 2 „den Hubtisch hochfahren“ ergänzen:

Der Palettenhubtisch wurde bislang für die Anlagen-Inbetriebnahme in der Neustartphase (#betrieb_starten) oder im Betriebszyklus (#betrieb) hochgefahren, wenn er nicht oben stand und keine Anforderung für Hubtisch abwärtsfahren hatte:

[(#betrieb_starten **oder** #betrieb) **und** #hubtisch_oben **und** #hubtisch_ab] = #hubtisch_auf

- **Die Bedingung für #betrieb_starten bleibt!**
- **Die Bedingung für #betrieb muss verriegelt werden:** Im zyklischen Betrieb darf der Hubtisch nur hochfahren, wenn **keine Palette** im Rechtslauf in den Hubtisch befördert wird, oder schon im Hubtisch abwärts fährt oder im Hubtisch unten steht um in den linken Puffer eingeliefert werden zu sollen.

(#step_baender1_2_rl **oder** #step_hubtisch_ab **oder** #step_pal_li_puffer) **und** #betrieb

- **Neue Bedingungen gibt es auch durch die Stoppanforderung #betrieb_beenden:** Der Hubtisch muss ebenfalls nach oben gefahren werden, um einen (letzten) Palettentransport durchzuführen, wenn eine Palette bereits auf dem Anlieferungsband steht oder dort schon auf dem Band in Richtung Hubtisch befördert wird.

(#step_pal_band1 **oder** #step_band1_anlauf) **und** #betrieb_beenden

Die einzelnen Bedingungen ergeben jetzt die gesamte Logik für das Netzwerk 2:

[(((#step_baender1_2_rl **oder** #step_hubtisch_ab **oder** #step_pal_li_puffer) **und** #betrieb)
oder ((#step_pal_band1 **oder** #step_band1_anlauf) **und** #betrieb_beenden)
oder (#betrieb_starten)) **und** #hubtisch_oben **und** #hubtisch_ab] = #hubtisch_auf

Das Netzwerk 3 „den Hubtisch abwärtsfahren“ ergänzen:

Der Palettenhubtisch wurde bislang für die Anlagen-Inbetriebnahme nach einer Stoppanforderung (#betrieb_beenden) abwärts gefahren, wenn er nicht unten stand und keine Anforderung für Hubtisch hochfahren hatte:

(#betrieb_beenden **und** #hubtisch_unten **und** #hubtisch_auf) = #hubtisch_ab

- **Eine neue Bedingung gibt es für den zyklischen Betrieb:** Im zyklischen Betrieb darf der Hubtisch nur abwärts fahren, wenn der Schritt „S5: Hubtisch_senken“ aus der S7-Graph-Schrittkette aktiviert ist.

#step_hubtisch_ab **und** #betrieb

- **Die Bedingung für #betrieb_beenden muss verriegelt werden:** Auch nach einer Stoppanforderung soll eine Palette vom Anlieferungsband nach unten befördert werden. Der Hubtisch darf nur abwärts fahren, wenn **keine Palette** auf dem Anlieferungsband steht oder dort befördert wird oder wenn sie sich bereits auf dem Weg in den Hubtisch befindet.

(#step_pal_band1 **oder** #step_band1_anlauf **oder** #step_baender1_2_rl) **und**
#betrieb_beenden

Die einzelnen Bedingungen ergeben die gesamte Logik für das Netzwerk 3:

[(((#step_pal_band1 **oder** #step_band1_anlauf **oder** # step_baender1_2_rl) **und**
#betrieb_beenden) **oder** (#step_hubtisch_ab **und** #betrieb)) **und** #hubtisch_unten
und #hubtisch_auf] = #hubtisch_ab

Das Netzwerk 4 einfügen: IEC-Timer TOF für den Stapler am Band 1

Bei jeder Palettenanlieferung am Band 1 wird der Stapler von einer Lichtschranke erkannt. Erst 2 Sekunden nachdem der Stapler die Lichtschranke wieder freigegeben hat, darf das Anlieferungsband1 anlaufen.

Als Timer wird der IEC-genormte Timer **TOF** (SFB5) „TOP_stapler_band1“ verwendet. Dieser Timer mit Ausschaltverzögerung ist unter

„Bibliotheken - Standard Library – System Function Blocks“

zu finden. Er hat folgendes Schaltverhalten:

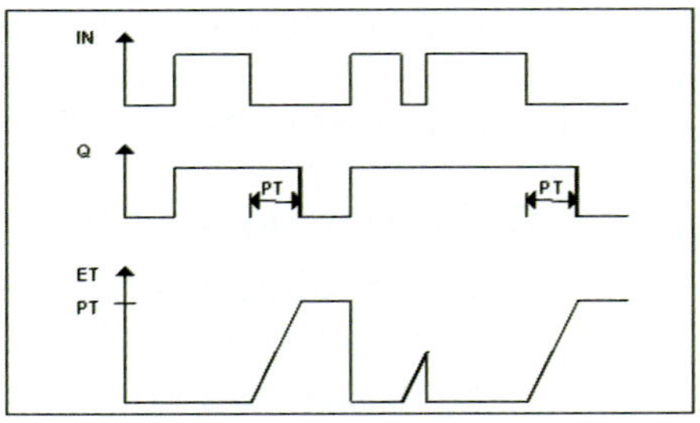

IN: wenn das Startsignal ausgeschaltet wird, dann beginnt die Timer-Verzögerungszeit zu laufen.

Q: Ausgangssignal

PT: Zeitvorgabe im IEC-Format

Multiinstanzname: **TOF_stapler_band1**

IN: #ls_staplerband1 PT: T#2s #TOF_stapler_band1.Q

Der Ausgang des IEC-Timers muss nicht zwingend mit einer neuen statischen Variablen versehen werden. Eine interne Multiinstanzvariable steht mit der Verknüpfung zwischen dem Multiinstanznamen und dem Ausgang zur Verfügung: #TOF_stapler_band1.Q

Das Netzwerk 5 einfügen: Das Band 1 starten

Das Anlieferungsband 1 muss laufen, wenn eine Palette auf dem Anlieferungsband steht **und** noch nicht von der Lichtschranke am Band 1 Ende erkannt wurde **oder** wenn die Palette in den Hubtisch transportiert wird **und** bei Betrieb **oder** bei Betrieb beenden **und** wenn Stapler Band 1 nicht mehr im Lichtschrankenbereich ist und die 2 Sekunden Wartezeit des Stapler-TOFs abgelaufen sind **und** wenn die Palette noch nicht von der Lichtschranke am Ende des Hubtischbandes erkannt ist.

[((#step_band1_anlauf **und** $\overline{\text{\#ls\_band1\_ende}}$) **oder** #step_baender1_2_rl) **und** (#betrieb **oder** #betrieb_beenden) **und** $\overline{\text{\#TOF\_stapler\_band1.Q}}$ **und** $\overline{\text{\#ls\_band2\_ende}}$] = #band1

Das Netzwerk 6 einfügen: Das Hubtischband im Rechtslauf starten

Das Hubtischband 2 im Rechtslauf starten, wenn eine Palette in den Hubtisch transportiert wird **und** bei Betrieb **oder** bei Betrieb beenden **und** wenn die Palette noch nicht von der Lichtschranke am Ende des Hubtischbandes erkannt ist **und** wenn Stapler Band 1 nicht mehr im Lichtschrankenbereich ist und die 2 Sekunden Wartezeit des Stapler-TOFs abgelaufen sind **und** wenn das Hubtischband nicht im Linkslauf aktiv ist.

[(#step_baender1_2_rl **und** $\overline{\text{\#ls\_band2\_ende}}$ **und** $\overline{\text{\#TOF\_stapler\_band1.Q}}$) **und** (#betrieb **oder** #betrieb_beenden) **und** $\overline{\text{\#hubtisch\_band\_LL}}$] = #hubtisch_band_RL

Das Netzwerk 7 einfügen: IEC-Timer TOF für den Stapler am Band 3

Multiinstanzname: **TOF_stapler_band3**

IN: #ls_staplerband3 PT: T#5s #TOF_stapler_band3.Q

Das Netzwerk 8 einfügen: Das Hubtischband im Linkslauf starten

Das Hubtischband im Linkslauf starten, wenn eine Palette im Untergeschoss aus dem Hubtisch in den linken Puffer transportiert werden soll (#step_pal_li_puffer) **und** bei Betrieb **oder** bei Betrieb beenden **und** wenn Stapler Band 3 nicht mehr im Lichtschrankenbereich ist und die 5 Sekunden Wartezeit des Stapler-TOFs abgelaufen sind **und** wenn die Lichtschranke des linken Puffers freien Platz meldet **und** wenn das Hubtischband nicht im Rechtslauf aktiv ist.

[#step_pal_li_puffer **und** (#betrieb **oder** #betrieb_beenden) **und** $\overline{\text{\#TOF\_stapler\_band3.Q}}$ **und** $\overline{\text{\#ls\_puffer\_li}}$ **und** $\overline{\text{\#hubtisch\_band\_RL}}$] = #hubtisch_band_LL

Das Netzwerk 9 einfügen: Das Pufferband 3 starten

Das linke Pufferband starten, wenn eine Palette im Untergeschoss aus dem Hubtisch in den linken Puffer transportiert werden soll (#step_pal_li_puffer) **oder** wenn eine Palette auf dem Pufferband steht (#step_pal_band3) **oder** wenn eine Palette am Ende des Pufferbandes ist (#step_pal_band3_ende) **und** bei Betrieb **oder** bei Betrieb beenden **und** wenn Stapler Band 3 nicht mehr im Lichtschrankenbereich ist und die 5 Sekunden Wartezeit des Stapler-TOFs abgelaufen sind **und** wenn die Lichtschranke des linken Puffers freien Platz meldet.

[(#step_pal_li_puffer **oder** #step_pal_band3 **oder** #step_pal_band3_ende) **und** (#betrieb **oder** #betrieb_beenden) **und** #TOF_stapler_band3.Q **und** #ls_puffer_li] = #puffer_band3

B4.6 Den FB25 „Meldeleuchten" ergänzen

Wenn der linke Pufferbereich gefüllt ist und sich die Paletten auf dem linken Einlieferungsband stauen, muss der Stapler vom Band 3 Paletten entfernen. Die Meldeleuchte H2 signalisiert einen vollen linken Pufferbereich.

Die Variablen des FB25 erweitern

Der Baustein benötigt noch 1 weitere Information (**IN-Variable**):

- Lichtschranke Puffer links #ls_puffer_li

Der Baustein liefert eine neue Meldung (**OUT-Variable**):

- Linker Puffer voll #h2_puffer_li

Die Programm-Logik des FB25 ergänzen

Das Netzwerk 6 ergänzen: Der linke Puffer ist gefüllt!

#ls_puffer_li = #h2_puffer_li

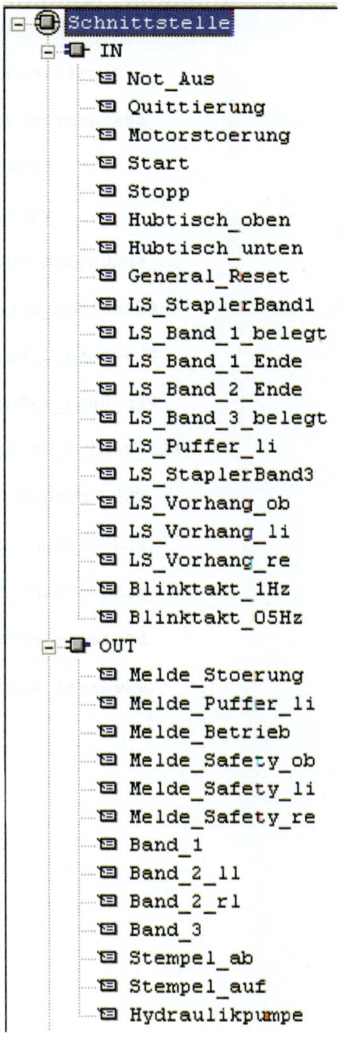

B4.7 Den FB2 „Palettenhubtisch" aktualisieren

Im FB2 werden die zuvor programmierten FBs aufgerufen:

- FB21 „Betriebszustände"
- FB23 „Paletten-Schrittkette"
- FB24 „Aktorik"
- FB25 „Meldeleuchten"

Die Variablen des FB2 deklarieren

Der zu aktualisierende Funktionsbaustein FB2 benötigt für die Daten-Weiterleitung an die Programmbausteine FB21, FB23, FB24 und FB25 noch weitere **IN-Variablen**:

- Lichtschranke Stapler Band 1
- Lichtschranke Band 1 belegt
- Lichtschranke Band 1 Ende
- Lichtschranke Band 2 Ende
- Lichtschranke Band 3 belegt
- Lichtschranke linker Puffer
- Lichtschranke Stapler Band 3

Der aktualisierte FB2 liefert zusätzliche **OUT-Variablen**:

- H2 Meldung linker Puffer voll
- Band 1 läuft
- Band 2 Linkslauf
- Band 2 Rechtslauf
- Band 3 läuft

Der FB2 benötigt außerdem noch zusätzliche **statische Variablen** zum Weiterleiten von Zwischenwerten an die einzelnen Funktionsbausteine:

- Palette aktiv
- Schritt: Palette auf dem Band 1
- Schritt: Band 1 Anlauf
- Schritt: Bänder 1 und 2 Rechtslauf
- Schritt: Hubtisch senken
- Schritt: Palette zum linken Puffer
- Schritt: Palette auf dem Band 3
- Schritt: Palette am Band 3 Ende
- Schritt: Palette geliefert

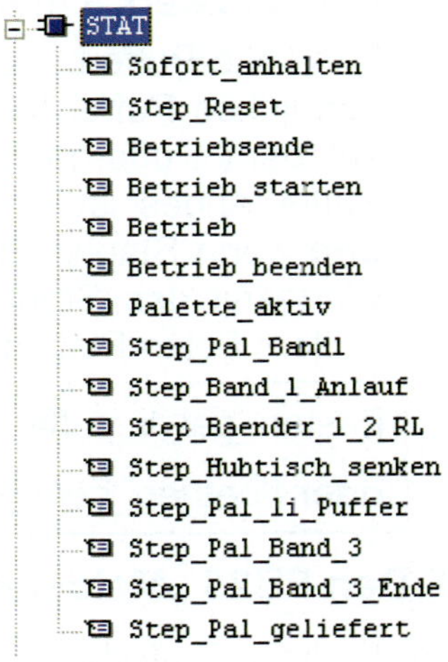

Die Programm-Logik des FB2 erstellen

Die Funktionsbausteine FB21, FB23, FB24 und FB25 werden im FB2 aufgerufen. Ihre Instanzdatenbausteine DB21, DB23, DB24 und DB25 müssen aktualisiert werden. Die Schnittstellen der Funktionsbausteine werden mit den deklarierten Variablen beschrieben.

<u>Netzwerk 1:</u> FB21 „Betriebszustände" und DB21 „Daten Betriebszustände":

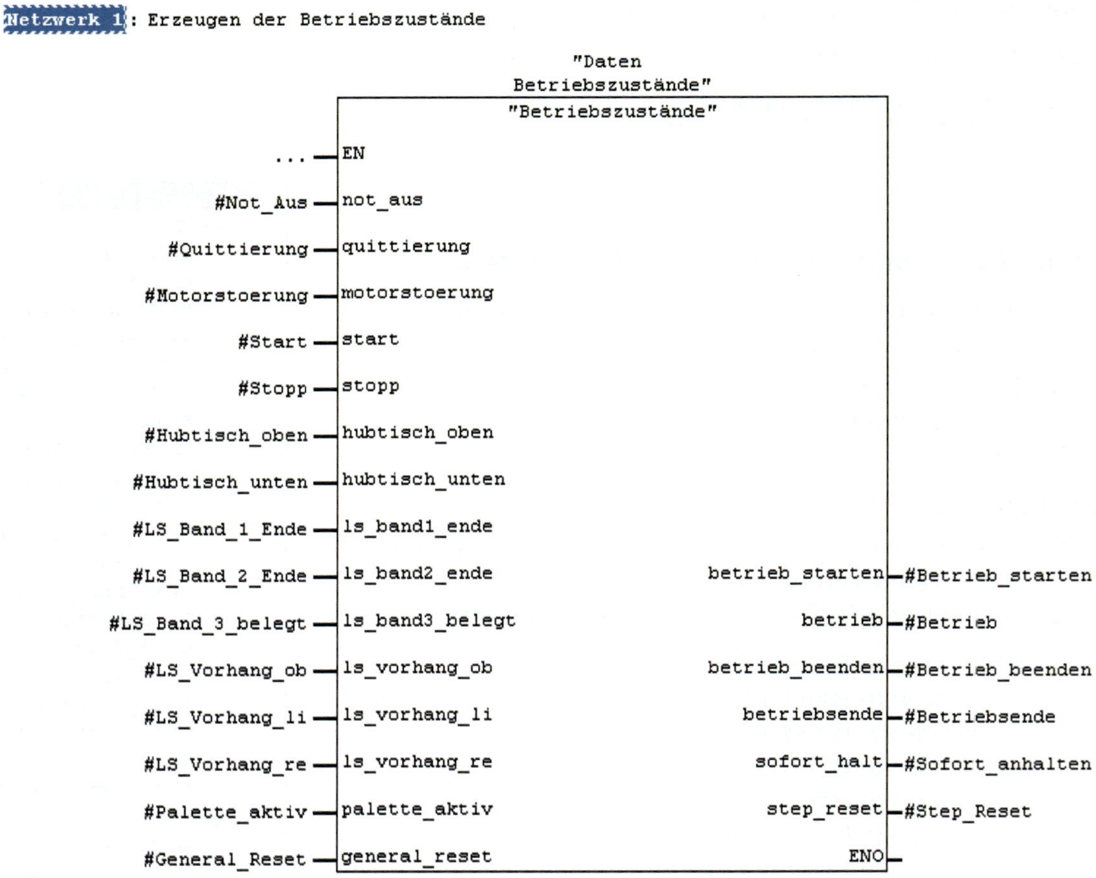

Netzwerk 2: FB23 „Paletten-Schrittkette" und DB23 „Daten Schrittkette":

Netzwerk 2: Aufruf des Schrittketten Bausteins

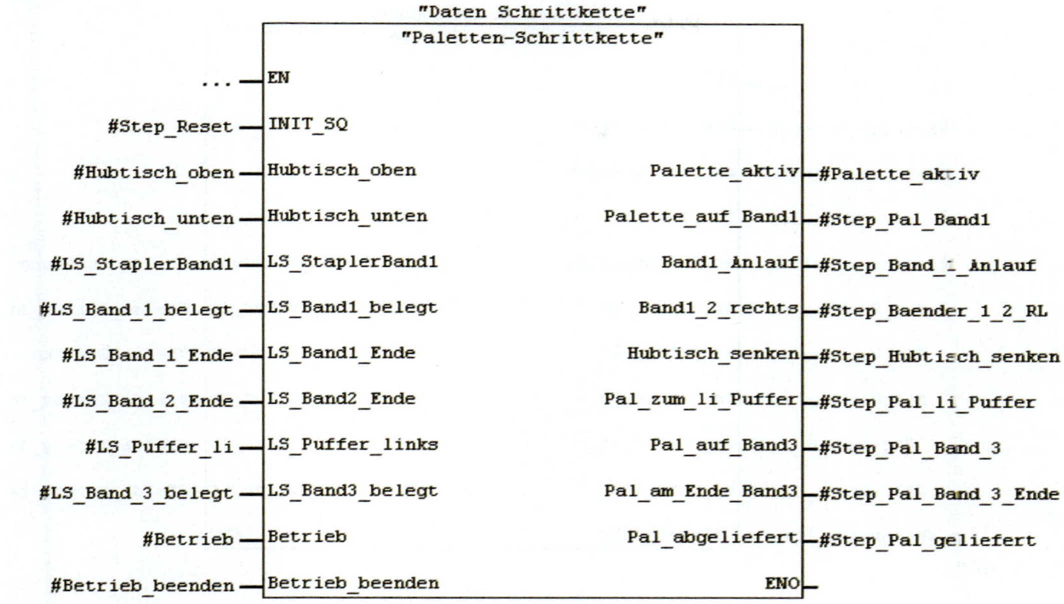

Netzwerk 3: FB24 „Aktorik" und DB24 „Daten Aktorik"

Netzwerk 3: Ansteuerung der Aktorik

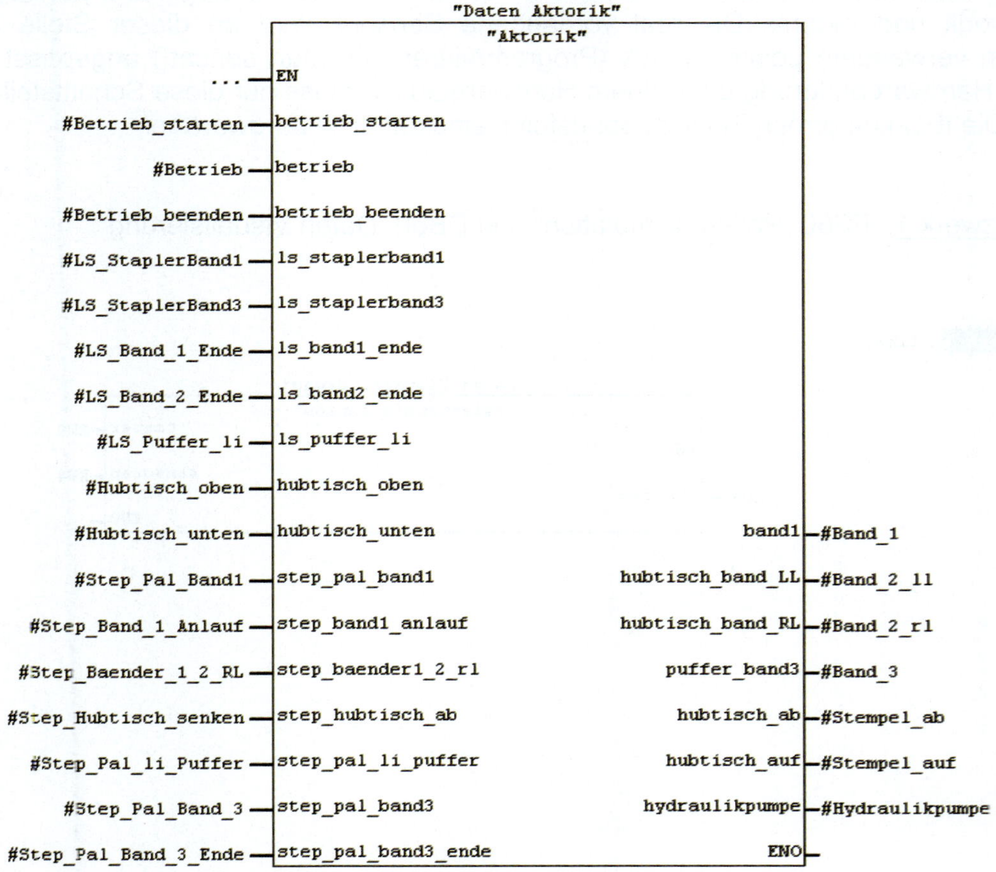

Netzwerk 4: FB25 „Meldeleuchten“ und DB25 „Daten Meldeleuchten“

Netzwerk 4: Ansteuerung der Meldeleuchten

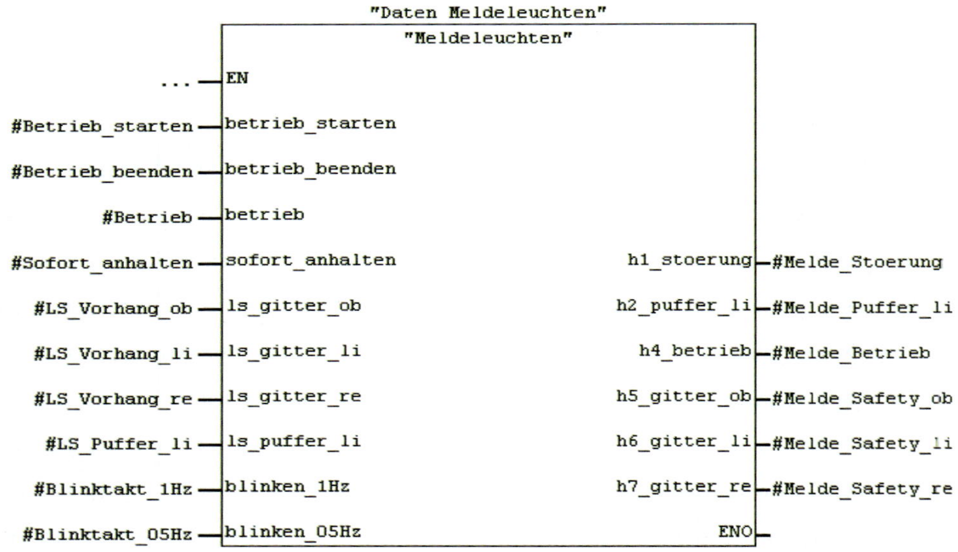

B4.8 Den Organisationsbaustein OB1 „Palettenprogramm“ aktualisieren

Im OB1 werden der Visualisierungsbaustein FB 60 „Palettensimulation“ mit dem DB60 „Daten Hubtisch“ und der FB 2 „Palettenhubtisch“ mit dem DB2 „Daten Hubtisch“ aufgerufen.

Achtung: Hier im OB1 ist die Schnittstelle zwischen der Programmlogik und der Hardware mit der Sensorik und Aktorik. Die real vorhandene Sensorik wird an dieser Stelle an die im Programm verwendete positive Logik (Programmieren wie man spricht!) angepasst. Bei einer späteren Hardwareänderung oder einem Hardwaretausch muss nur diese Schnittstelle korrigiert werden. Die IEC-konformen Funktionsbausteine sind sämtlich hardwarefrei.

Netzwerk 1: FB60 „Palettensimulation“ und DB60 „Daten Visualisierung“:

Netzwerk 1: Titel:

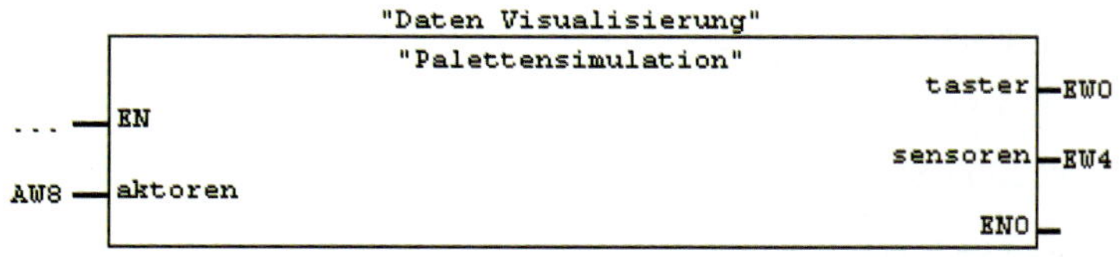

Netzwerk 2: FB2 „Palettenhubtisch“ und DB2 „Daten Hubtisch“:

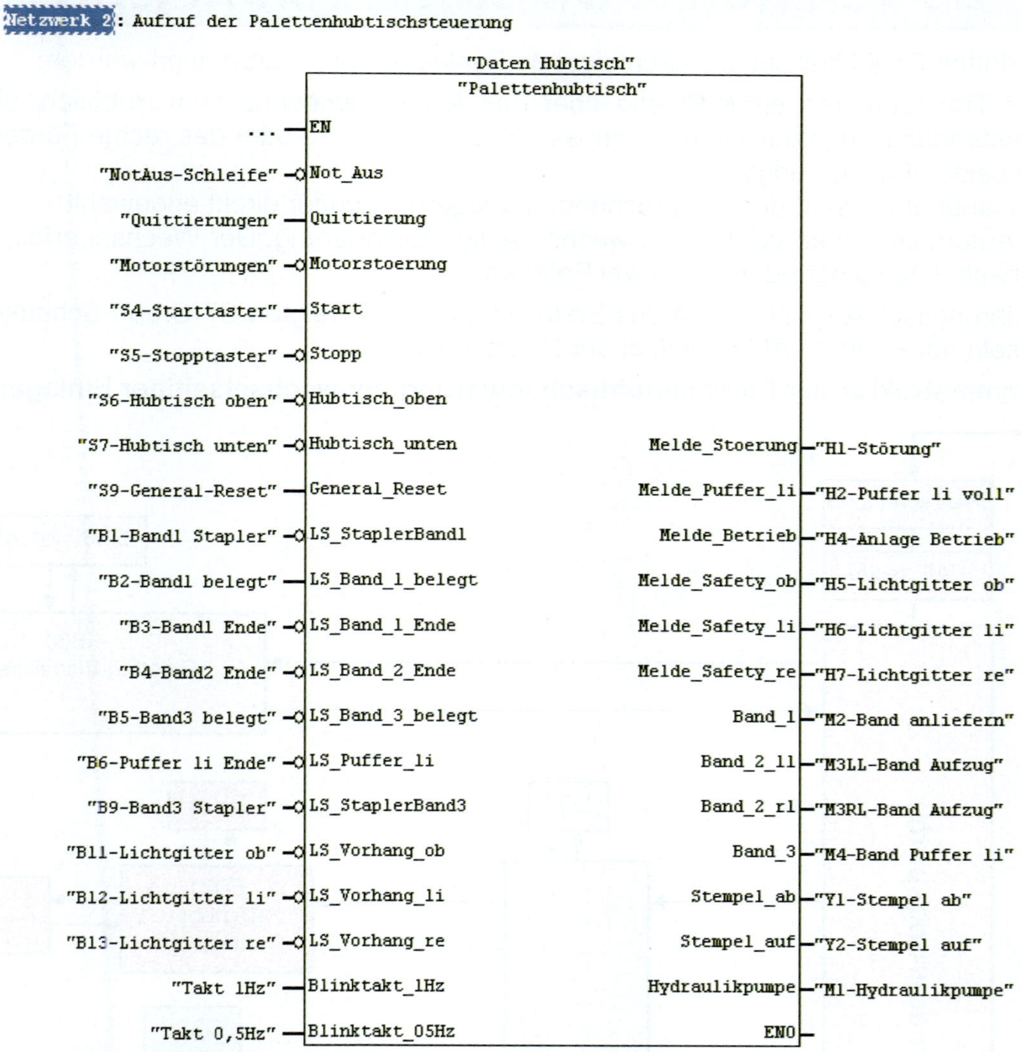

Und jetzt bitte das Paletten-Hubtisch-Programm testen:

- Das SPS-Programm speichern
- Das SPS Programm in den Simulator (PLC-SIM) laden
- Die Simulation auf RUN setzen
- Die WinCC flexible oder ProTool/Pro Runtime-Version starten
- Die blinkenden Lichtgitter quittieren
- Die Anlage starten und mindestens 4 Paletten zum linken Puffer befördern, um die Meldung „Linker Puffer voll“ zu testen.
- Mit den Force-Schaltelementen auftretende Betriebsfehler (Verschmutzung, Kabelbruch, Kabelschluss, usw.) simulieren und damit die Auswirkungen auf die Anlage testen.

Hinweise: Über die **„Pause-Taste“** lässt sich jeder momentane Programmschritt einfrieren. Mit den **„Force-Schaltelementen“** kann die Taster-Funktionalität („Start“, „Stop“ oder „Quitt“) in eine Schalter-Funktionalität bei Bedarf (Fehlersuche) verändert werden.

Im Beobachtungsmodus (Brille im S7-Programm gesetzt) kann eine konkrete Analyse und Fehlersuche durchgeführt werden.

Sind wesentliche Programmfehler vorhanden, (z.B. den Hubtisch gleichzeitig auf- und abwärts steuern) erscheint ein Fenster mit einer Fehlermeldung. Nach einer Quittierung läuft die Simulation (soweit möglich!) weiter.

Über den Umschalter **„schnell“ auf „langsam“** lässt sich die Geschwindigkeit der Simulation bequem einstellen!

B5 Verzweigte S7-Graph-Schrittkette

In diesem dritten Projektteil soll die nachfolgende Funktionalität programmiert werden:

- Das Transportieren einer Palette über das Anlieferungsband zum Hubtisch, über den Palettenhubtisch in das Untergeschoss und über das linke oder das rechte Förderband in die beiden Einlagerungspuffer.
- Im Handbetrieb wird der entsprechende Einlagerungspuffer direkt angewählt.
- Im Automatikbetrieb erfolgt eine wechselseitige Einlagerung. Der Wechsel erfolgt gemäß Vorwahl nach einer oder nach zwei Paletten.

Programmierungsschwerpunkte sind das Erstellen einer verzweigten S7-Graph-Schrittkette und das Wechseln der Puffer in Abhängigkeit der Palettenanzahl.

Die Programmstruktur der Palettenhubtischsteuerung mit wechselseitiger Einlagerung:

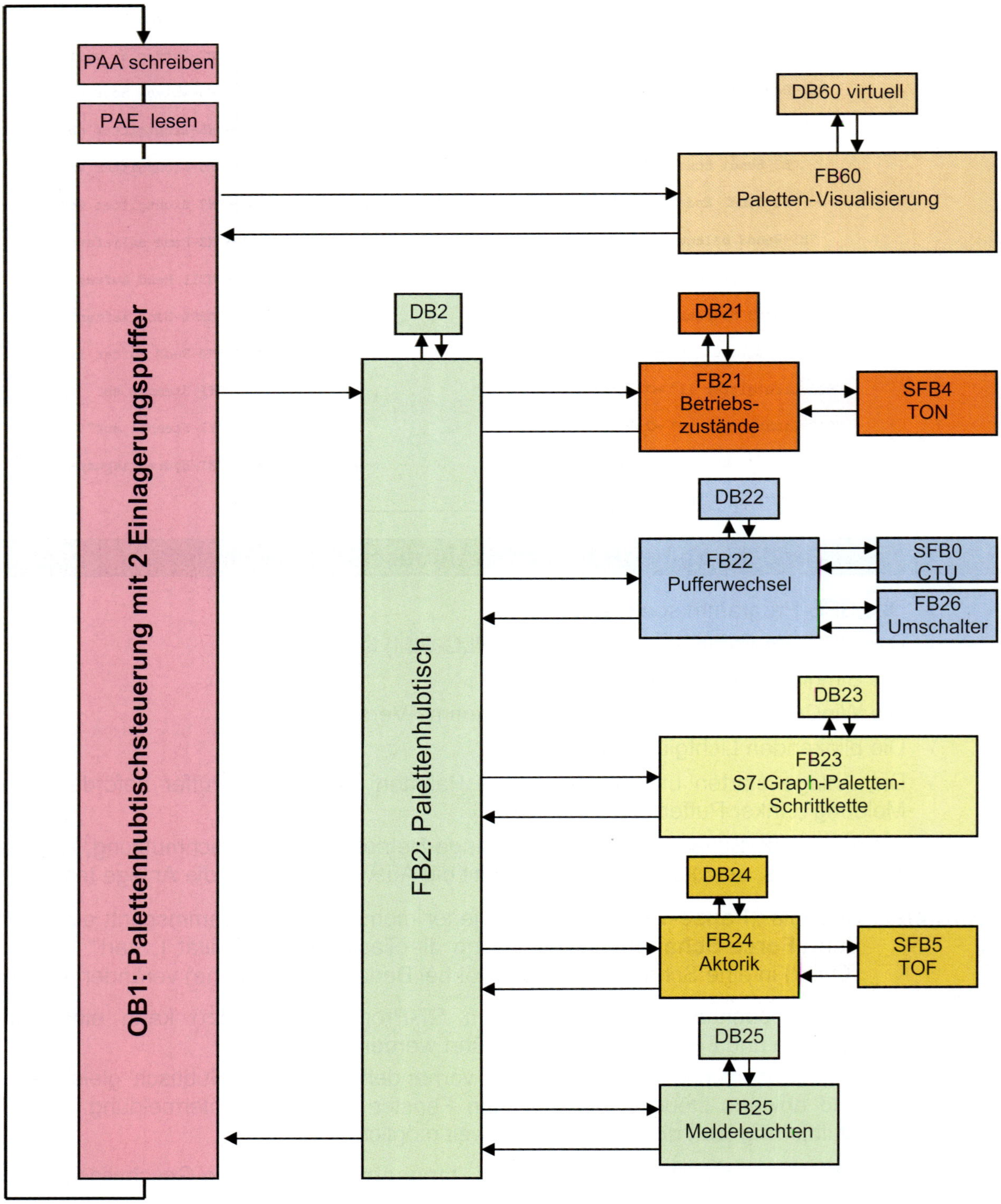

B5.1 Die Betriebszustände (FB21) aktualisieren

Die Erweiterung der Anlage um die Einlieferung der Paletten in den rechten Puffer erfordert eine Ergänzung des Bausteins FB21 „Betriebszustände".

Die Variablen des FB21 erweitern

Der Baustein benötigt für die Steuerung des rechten Einlieferungsbandes (Band 4) noch 1 weitere Information (**IN-Variable**):

- Lichtschranke Band 4 belegt #ls_band4_belegt

Die Programm-Logik des FB21 ergänzen

Das Netzwerk 1 ergänzen: Das Setzen des Lichtschranken-Sammelfehlers muss auch die Lichtschranke des rechten Einlieferungsbandes (#ls_band4_belegt) erfassen.

#sammelfehler_ls (RS) wird zurückgesetzt (R) durch #quittierung

#sammelfehler_ls wird vorrangig gesetzt (S) bei $\overline{\text{\#palette\_aktiv}}$ **und** (#ls_band1_ende **oder** #ls_band2_ende **oder** #ls_band3_belegt **oder** #ls_band4_belegt)

B5.2 Die Funktionalitäten „Pufferwechsel" FB22 und „Umschalter" FB26

Im **Handbetrieb** steht der **Auswahlschalter S8** in der **linken** oder in der **rechten** Position. Der Bediener kann über diese beiden Schalterstellungen entscheiden, ob die Paletten in den rechten oder in den linken Einlagerungspuffer geliefert werden.

Im **Automatikbetrieb** steht der **Auswahlschalter S8** in der **Mittelstellung**. Die Einlieferung der Paletten in die Puffer erfolgt jetzt in einem kontinuierlichen Wechsel. Zuerst wird der linke Puffer bedient, danach der rechte und anschließend wird wieder auf den linken Puffer geschaltet. Diese Einlagerung verläuft ununterbrochen, wenn die angelieferten Paletten durch die Stapler von den Bändern entladen werden. Im **Automatikbetrieb** kann der Bediener mit dem **Wahlschalter S13** zusätzlich entscheiden, ob der **Links-Rechts-Wechsel** in die Einlagerungspuffer nach 1 oder nach 2 Paletten erfolgen soll.

Für diese Steuerungsaufgaben werden eine Zähl- und eine Umschaltlogik benötigt. Für diese Funktionen sollen zwei Funktionsbausteine programmiert werden:

Der Funktionsbaustein Pufferwechsel (FB22) übernimmt Zähl- und Steuerungsfunktionen und ruft den Funktionsbaustein Umschalter (FB26) auf

B5.3 Der Umschalter FB26

Dieser Umschalter soll in einem **bibliothekfähigen** Funktionsbaustein mit dem symbolischen Namen „Umschalter" in FUP programmiert werden. Der Umschalter erhält als Eingangssignal einen Signalwechsel von „0" auf „1". Dieser Pegelwechsel taktet den Umschalter. Dieser Umschalter arbeitet wie ein klassischer Stromstoßschalter:

<u>Stromstoßschalter:</u>
Jeder Einschaltwechsel 0→1 schaltet den Ausgangszustand um 0 → 1 → 0 → 1

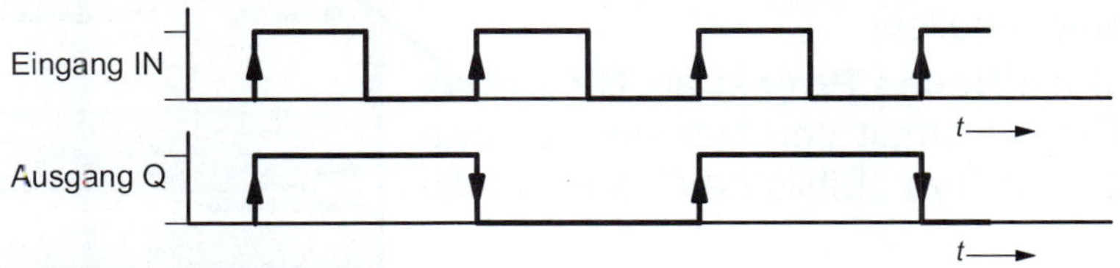

Die Variablen des FB26 deklarieren

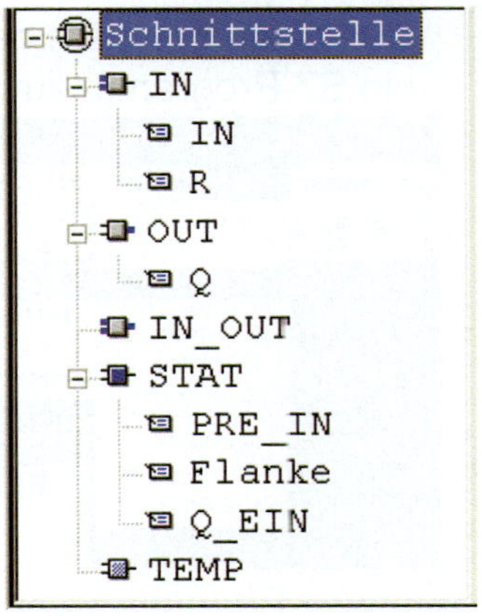

Der Baustein benötigt Informationen (**IN-Variable**):

- Die Umschaltanforderung **IN**
- Ein Resetsignal **R**

Der Baustein liefert Informationen (**OUT-Variable**):

- Das Ausgangssignal **Q**

Erforderlich sind noch **STAT-Variable**:

- Das vorangegangene IN-Signal **PRE_IN**
- Den erkannten Pegelwechsel **Flanke**
- Die Umschaltvorbereitung **Q_EIN**

Die Programm-Logik des FB26 erstellen

Für die Programmierung werden 3 besondere Bitverknüpfungen verwendet:

- Setzen (**S**)
- Rücksetzen (**R**)
- P: Flanke 0 → 1 abfragen

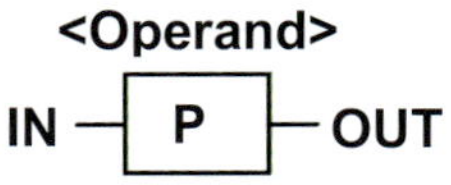

Wie erkennt die SPS einen Wechsel von 0→1?

Ein Pegel-Vergleich wird zwischen dem aktuellen Eingangssignal und dem vorangegangenen Eingangssignal (ein SPS-Zyklus vorher) durchgeführt. Das ältere Eingangssignal ist in der Variablen <Operand> (hier: **PRE_IN**) gespeichert. Für **PRE_IN** ist eine statische Variable unbedingt erforderlich. Die Speicherinformation muss bis zum nächsten SPS-Zyklus erhalten bleiben!

Netzwerk 1: Flankenerkennung (P) bei einem IN-Pegelwechsel von 0 auf 1

Die Bitverknüpfung Flanke 0→1 abfragen vergleicht den Booleschen Wert der Umschaltanforderung #IN mit dem gespeicherten Eingangszustand (#PRE_IN) vor einem Zyklus und weist das erhaltene Ergebnis der statischen Variablen #Flanke zu.

Hat #PRE_IN den Wert „0" und hat #IN den Wert „1", dann wird der Variablen #Flanke der Wert „1" zugewiesen!

-[P]- IN: #IN Operand: #PRE_IN OUT: #FLANKE

Netzwerk 2: Das Einschalten von #Q vorbereiten

Das Einschalten von #Q wird vorbereitet (Zuweisung auf #Q_EIN), wenn #Flanke den Wert 1 hat **und** #Q ausgeschaltet ist. Ein direktes Schalten von #Q würde das Ausschalten von #Q (Netzwerk 3) beeinflussen.

#FLANKE **und** #$\overline{Q}$ = #Q_EIN

Netzwerk 3: Das Ausschalten von #Q

Das Ausschalten von #Q wird geschaltet (Reset von #Q), wenn #Flanke und #Q den Wert 1 haben **oder** bei Reset.

[(#FLANKE **und** #Q) **oder** #R] = Rücksetzen #Q

Netzwerk 4: Das Einschalten von #Q

Die Variable #Q_EIN schaltet den Ausgang #Q ein (Setzen von #Q).

#Q_EIN = Setzen #Q

B5.4 Das Erstellen einer eigenen S7-Bibliothek

Der „Umschalter" FB26 soll normgemäß nach **IEC-61131** programmiert werden. Nur hardwareunabhängige, deklarierte Variable werden verwendet. Der FB ist deshalb bibliothekfähig.

Eine eigene **S7-Bibliothek** erstellen:

Im Simatic-Manager wird ein **Neues Projekt** als **Bibliothek** geöffnet. Dieses neue Projekt erhält den Namen: **„eigene S7 Bibliothek"** und ist vom Typ „Bibliothek". Mit **ok** die Eingaben bestätigen.

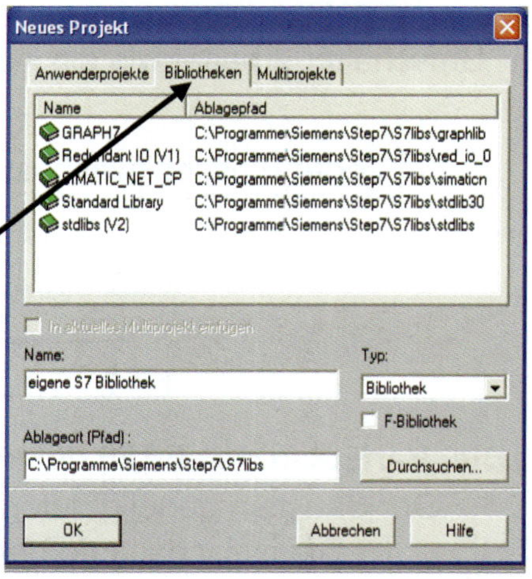

Über Einfügen dem neuen Projekt **„eigene S7-Bibliothek"** ein S7-Programm zuweisen

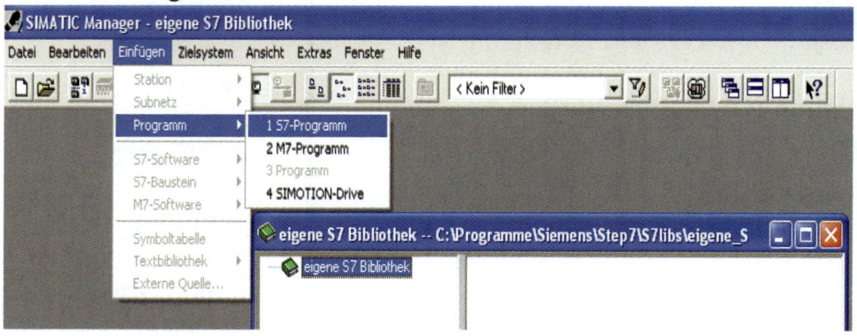

Das Programm des neuen Bibliotheks-Projektes soll den neuen Namen **„eigene FBs"** erhalten.

Jetzt kann der Funktionsbaustein „Umschalter“ FB26 aus dem Projekt „Palettenprogramm“ in die eigene S7-Bibliothek mit den bekannten Windowsroutinen (StrgC - Strg V, oder mit drag and drop, usw.) kopiert werden.

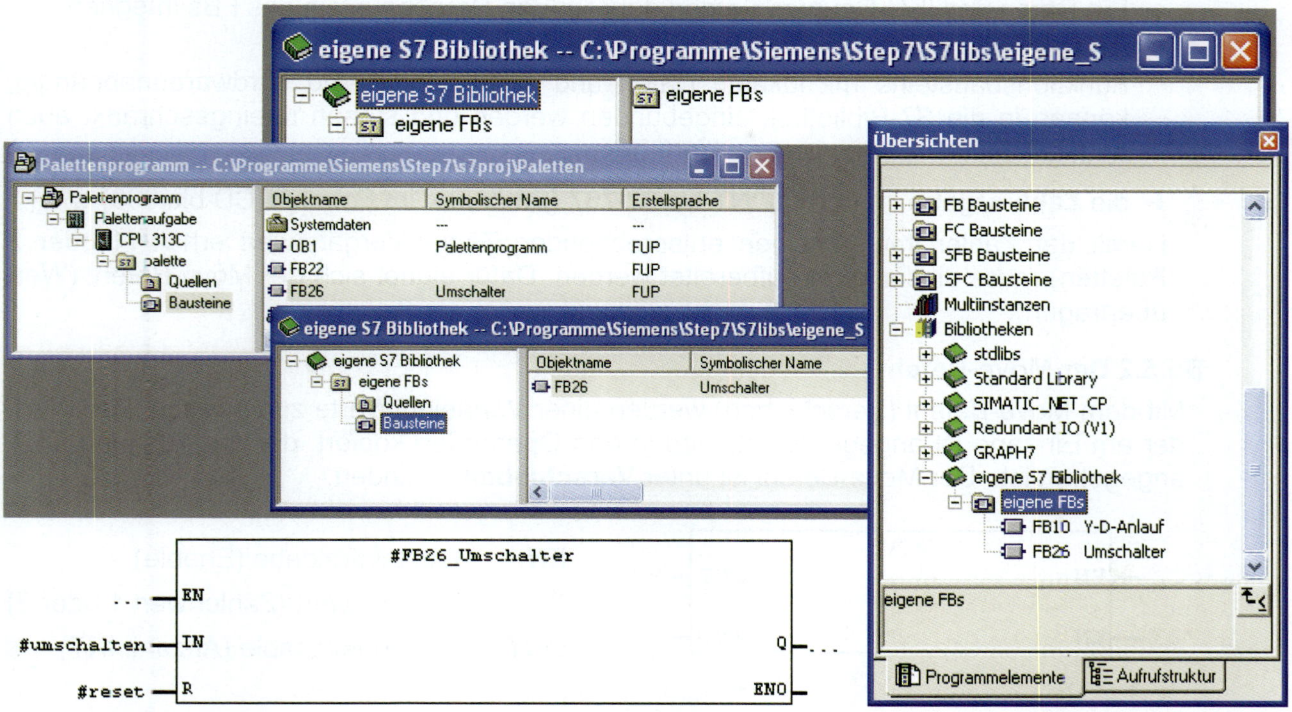

In der eigenen S7-Bibliothek stehen jetzt die selbst geschriebenen S7-Bausteine zur Verfügung.

B5.5 Der Pufferwechsel FB22

Dieser Pufferwahlwechsel soll in einem **bibliothekfähigen** Funktionsbaustein mit dem symbolischen Namen „Pufferwechsel“ in FUP programmiert werden. Für die Palettenhubtischsteuerung stehen zwei Einlagerungspuffer zur Verfügung. Im **Automatikbetrieb** ist **S8** in Mittelstellung und die Einlieferung der Paletten in die beiden Puffer erfolgt in einem kontinuierlichen Wechsel. Zuerst wird der linke Puffer bedient, danach der rechte und so weiter. Mit dem **Wahlschalter S13** wird zusätzlich entschieden, ob der **Links-Rechts-Wechsel** in die Einlagerungspuffer nach einer oder nach zwei Paletten erfolgen soll. Für die Erfassung der unterschiedlichen Palettenanzahl ist ein Zähler erforderlich.

B5.5.1 Der Palettenzähler

Als **Zähler** wird der IEC-61131-3 genormte Zähler **CTU** (Counter UP, SFB0) verwendet. Dieser **Systembaustein SFB0** ist zu finden unter:

– Bibliotheken - Standard Library – System Function Blocks

Dieser genormte Vorwärtszähler hat folgendes Verhalten:

- Der Zähler wird bei einer steigenden Flanke am Eingang CU gegenüber seinem Aufruf um 1 erhöht.
- Am Ausgang Q wird angezeigt, ob der aktuelle Zählwert größer oder gleich dem Vorgabewert am Eingang PV ist.
- Erreicht der Zählwert die obere Grenze 32 767, wird er nicht mehr erhöht.
- Der Pegel 1 am Eingang R bewirkt das Rücksetzen des Zählers auf den Wert 0 unabhängig davon, welcher Wert am Eingang CU anliegt.

CU: Zähleingang
PV: Zähler-Vorgabewert
R: Reseteingang
CV: aktueller Zählwert
Q: Ausgangswert des Zählers
Q = 1, wenn CV ≥ PV

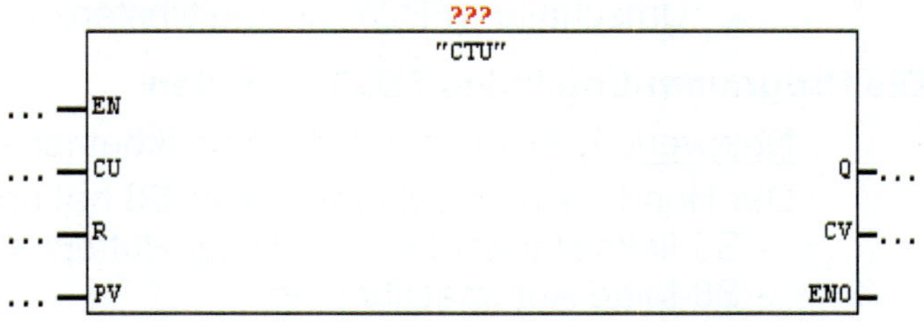

Die Vorteile der genormten IEC-Counter (gegenüber den alten Zählern aus der S5-Welt) sind:

- die **Multiinstanzfähigkeit**
  Die Daten des IEC-Counter werden dabei in den Datenbaustein des FBs integriert
- die **Bibliothekfähigkeit**
  Funktionsbausteine mit lokalen Daten und IEC-Counter sind hardwareunabhängig, können in die S7-Bibliothek eingebunden werden und stehen uneingeschränkt auch anderen SPS-Programmen zur Verfügung.
- die **Zählvorgabe** im Format INT bis **32 767** (S5 Zähler im Format BCD bis 999)

Damit der Zähler immer seinen entsprechenden Zähler-Vorgabewert erhält (1 oder 2 Paletten) muss dieser Wert aufbereitet werden. Dafür eignet sich der Move-Befehl (Wert übertragen).

B5.5.2 Der Move-Befehl

Mit dem Move-Befehl (Verschieben) werden einer Variablen Werte zugewiesen. Der Wert, der am Eingang IN angegeben ist, wird in den Operanden kopiert, der am Ausgang OUT angegeben ist. Der Move-Befehl ist unter **Verschieben** zu finden.

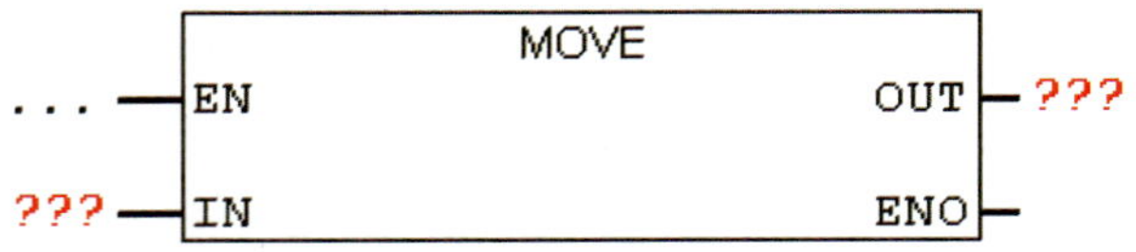

EN: Bausteinfreigabe (Enable)
IN: Eingangswert (Zahlenwert 1 oder 2)
OUT: Ausgangsvariable (Anzahl, INT)

Die Palettenanzahl kann mit Schalter **S13** auf die Werte 1 oder 2 eingestellt werden. Dazu wird die Boolesche Variable #anzahl_paletten für die Bausteinfreigabe (Enable) verwendet:

#anzahl_paletten = „0" oder „false": es wird 1 Palette zugewiesen.
#anzahl_paletten = „1" oder „true" : es werden 2 Paletten zugewiesen.

> wenn $\overline{\text{\#anzahl\_paletten}}$ (EN), dann MOVE den Wert „1" auf #anzahl
> wenn #anzahl_paletten (EN), dann MOVE den Wert „2" auf #anzahl

Die Variablen des FB22 deklarieren

Der Baustein benötigt Informationen (**IN-Variablen**):
- linke Pufferwahl im Handbetrieb (S8li)
- rechte Pufferwahl im Handbetrieb (S8re)
- Palettenanzahl (S13)
  - (false = 1 Palette, true = 2 Paletten)
- ein Signal, wenn die Palette abgegeben ist
- Baustein-Reset

Der Baustein liefert Informationen (**OUT-Variablen**):
- das Signal für die Pufferwahl

Erforderlich sind noch **statische Variablen**:
- Automatikbetrieb
- Zählervorgabe „anzahl" Format **INT**
- Zählerausgang „umschalten" Format **BOOL**
- Zähler (CTU, SFB0) als Multiinstanz (wird generiert)
- Umschalter (FB26) als Multiinstanz (wird generiert)

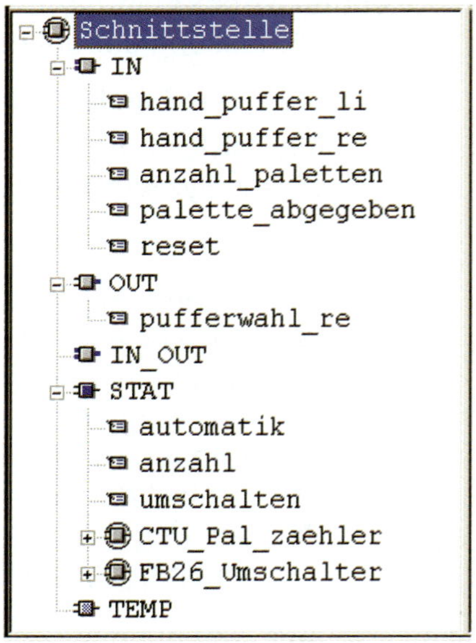

Die Programm-Logik des FB22 erstellen

<u>Netzwerk</u> 1: Analyse des Automatikbetriebs

Der Hand- / Automatikumschalter S8 hat drei Schaltstellungen:
- S8-links Handbetrieb mit linker Pufferwahl
- S8-Mitte Automatikbetrieb
- S8-rechts Handbetrieb mit rechter Pufferwahl

Automatikbetrieb ist gesetzt, wenn kein Handbetrieb gewählt ist. Also S8 steht **nicht** auf linker und **nicht** auf rechter Pufferwahl!

($\overline{\text{\#hand\_puffer\_li}}$ **und** $\overline{\text{\#hand\_puffer\_re}}$) = #automatik

Netzwerk 2: Bei #anzahl_paletten = false, #anzahl = 1 (Verschieben: MOVE)

MOVE EN: $\overline{\text{\#anzahl\_paletten}}$ IN: 1 OUT: #anzahl (INT)

Netzwerk 3: Bei #anzahl_paletten = true, #anzahl" = 2 (Verschieben: MOVE)

MOVE EN: #anzahl_paletten IN: 2 OUT: #anzahl (INT)

Netzwerk 4: Der IEC-Vorwärtszähler (CTU, SFB0) wird als Multiinstanz mit dem Namen **#CTU_Pal_zaehler** eingebunden. Getaktet wird der Zähler durch die IN-Variable #Palette_abgegeben. Zurückgesetzt wird der Zähler bei Reset, oder wenn sein Ausgangswert erreicht ist oder im Handbetrieb.

CU: #palette_abgegeben PV: #anzahl Q: #umschalten
R: **#**reset **oder** #umschalten **oder** $\overline{\text{\#automatik}}$

Netzwerk 5: Der zuvor programmierte Umschalter FB26 wird aufgerufen und als Multiinstanz mit dem Namen **FB26_Umschalter** eingebunden.
Die Ausgangsvariable des Zählers #umschalten ist hier die Eingangsvariable des Umschalters.

IN: #umschalten R: **#**reset

Der Ausgang Q des Umschalters muss nicht zwingend mit einer neuen statischen Variablen versehen werden. Eine interne Multiinstanzvariable steht mit der Verknüpfung zwischen dem Multiinstanznamen und dem Ausgang zur Verfügung:

#FB26_Umschalter.Q

Diese Variable soll im Programm verwendet werden.

Netzwerk 6: Den Pufferwahlwechsel für den Hand- und den Automatikbetrieb ausgeben. In diesem Netzwerk wird die interne Multiinstanzvariable **#FB26_Umschalter.Q** verwendet.

[(#FB26_Umschalter.Q **und** #automatik) **oder** #hand_puffer_re] = #pufferwahl_re

B5.6 Den Funktionsbaustein FB23 „Paletten-Schrittkette" ergänzen

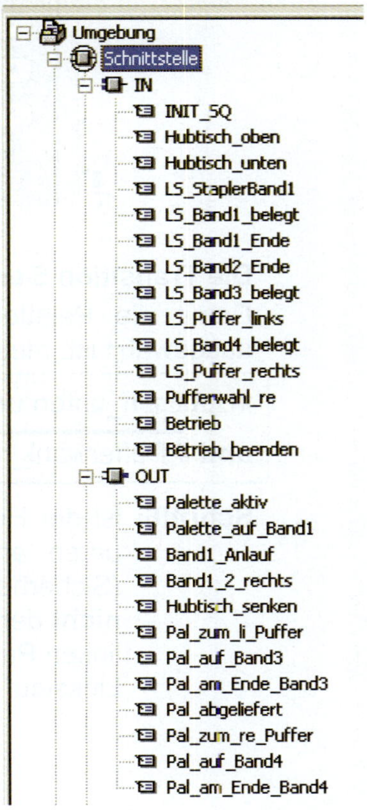

Die Paletten sollen alternativ in den linken oder in den rechten Puffer transportiert werden. Die S7-Graph-Schrittkette muss um einen Parallelzweig für die Einlieferung nach rechts erweitert werden.

Die Variablen des FB23 erweitern

Der S7-Graph-Baustein benötigt noch 3 weitere Eingangs-Informationen **(IN-Variablen)**:

- LS-Signal des rechten Puffers
- LS-Signal bei Palettenbelegung auf Band 4
- Pufferwahl rechts

Der Graph-Baustein liefert 3 weitere Ausgangs-Informationen (**OUT-Variablen**):

- Palette zum rechten Puffer
- Palette auf Band 4
- Palette am Ende von Band 4

Die Programm-Logik des FB23 ergänzen

Hinter dem Schritt 5 (Abwärts oder Paletten-Hubtisch senken) ist eine Alternativ-Verzweigung erforderlich. Die Palette wird entweder in den linken oder alternativ in den rechten Puffer geliefert.

Wenn der Schritt 5 angewählt ist, wird in der linken Menüleiste der Button für das Einfügen einer **„Alternativ-Verzweigung auf“** farblich hervorgehoben. Mit einem **Mausklick** wird die Alternativ-Verzweigung einschließlich einer Transition platziert.

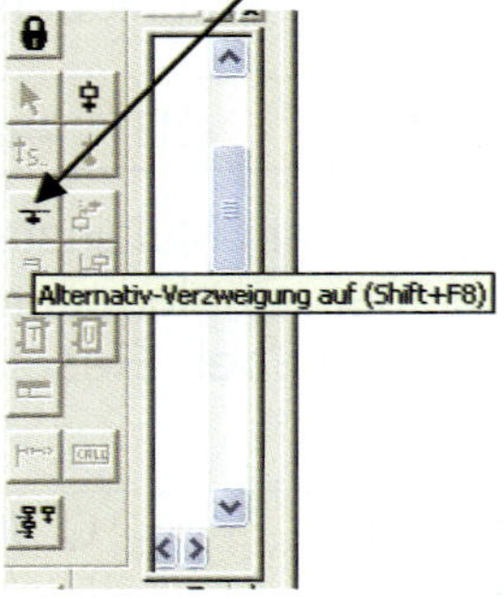

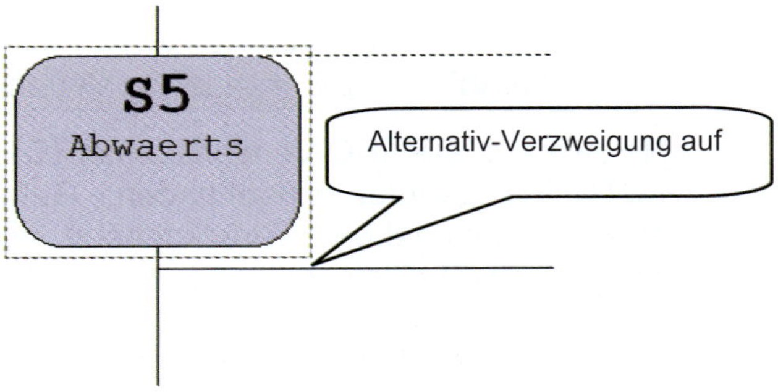

An diese neue Transition werden dann die 3 zusätzlichen S7-Graph-Schritte (Schritt 10, Schritt 11 und Schritt 12) mit ihren Transitionen angehängt.

Wird die Transition T13 hinter Schritt 12 angewählt, wird in der linken Menüleiste der Button für das Einfügen einer **„Alternativ-Verzweigung zu“** farblich hervorgehoben. Mit einem **Mausklick** heftet sich die zu schließende Alternativ-Verzweigung an die Transition T 13 und stellt die Verbindung her, wenn die Transition T8 vor dem Schritt „fertig“ angeklickt wird.

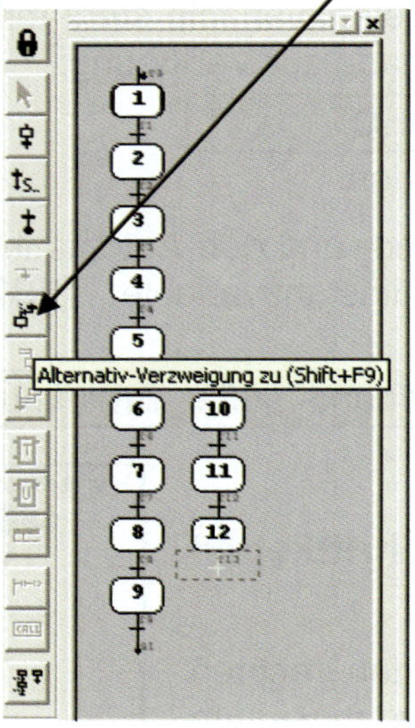

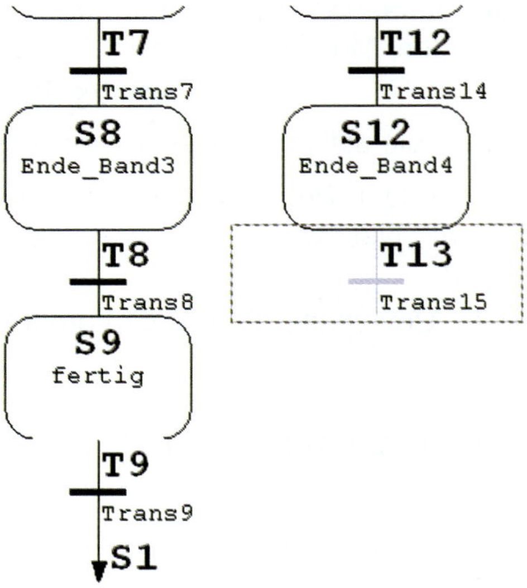

Die Transition 5 ergänzen:

Damit die Paletteneinlieferung nicht nach links erfolgt, obwohl der rechte Puffer ausgewählt ist, muss der Schritt 6 mit der #Pufferwahl_re verriegelt werden.

#Hubtisch_unten **und** $\overline{\text{\#LS\_Band3\_belegt}}$ **und** $\overline{\text{\#LS\_Puffer\_links}}$ **und** $\overline{\text{\#Hubtisch\_oben}}$ **und** $\overline{\text{\# Pufferwahl\_re}}$

Schritt6: Ist der Hubtisch mit der Palette **nicht** mehr oben (Sicherheit) sondern bereits unten angekommen und ist das Einlagerungsband 3 noch **nicht** belegt (Sicherheit) und hat der linke Puffer noch freie Einlagerungskapazitäten und ist **nicht** der rechte Puffer angewählt (Verriegelung), dann kann die Palette in den linken Puffer geliefert werden. Das Band 2 des Palettenhubtisches befördert im Linkslauf die Palette auf das linke Einlagerungsband 3.

Neue Transition 10:

#Hubtisch_unten **und** #LS_Band4_belegt **und** #LS_Puffer_rechts **und** #Hubtisch_oben **und** # Pufferwahl_re

Schritt10: Ist der Hubtisch mit der Palette nicht mehr oben (Sicherheit) sondern bereits unten angekommen und ist das Einlagerungsband 4 noch nicht belegt (Sicherheit) und hat der rechte Puffer noch freie Einlagerungskapazitäten und ist der rechte Puffer angewählt, dann kann die Palette in den rechten Puffer geliefert werden. Das Band 2 des Palettenhubtisches befördert im Rechtslauf die Palette auf das ebenso laufende rechte Einlagerungsband 4.

Schritt-Bezeichnung :	„rechter_Puffer“
Bezeichnungsfeld:	„Palette nach rechts“
Aktion:	„N“ #Pal_zum_re_Puffer

Neue Transition 11:

#LS_Band4_belegt

Schritt11: Die Lichtschranke „Band 4 belegt“ erkennt, dass die Palette sich vollständig auf dem weiterhin laufenden Band 4 befindet. Das Band 2 des Palettenhubtisches hält an. Der Hubtisch wird für die Fahrt nach oben freigegeben.

Schritt-Bezeichnung :	„Band4_laeuft“
Bezeichnungsfeld:	„Palette auf Band 4“
Aktion:	„N“ #Pal_auf_Band4

Neue Transition 12:

#LS_Band4_belegt **und** #LS_Puffer_rechts

Schritt12: Hat die Palette das Einlieferungsband 4 bereits verlassen, aber den rechten Pufferbereich noch nicht erreicht (Sicherheit), dann befindet sich die Palette in der Wartezone am Ende vom Band 4.

Schritt-Bezeichnung :	„Ende_Band4“
Bezeichnungsfeld:	„Palette Band 4 Ende“
Aktion1:	„N“ #Pal_am_Ende_Band4

Neue Transition 13:

#LS_Puffer_rechts **oder** Zeitüberwachung von 10s (Cmp > T#10s)

Ab hier gilt jetzt für beide alternativen Zweige der gemeinsame Schritt 9:
Wenn 10 Sekunden nach dem Setzen von Schritt 8 oder von Schritt 12 vergangen sind oder wenn die Palette die Lichtschranke des linken oder des rechten Puffers erreicht hat, dann gilt die Palette als abgeliefert und die S7-Graph-Schrittkette kann für einen neuen Zyklus frei geschaltet werden.

Schritt-Bezeichnung :	„fertig“
Bezeichnungsfeld:	„Palette abgeliefert“
Aktion:	„N“ #Pal_abgeliefert

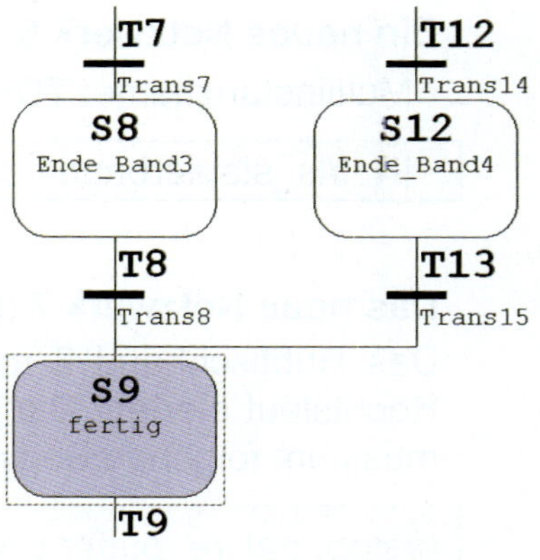

Der S7-Graph-Schrittketten-Baustein ist jetzt ergänzt!
Für ein erfolgreiches Abspeichern müssen die gemeldeten Programmierfehler korrigiert werden!

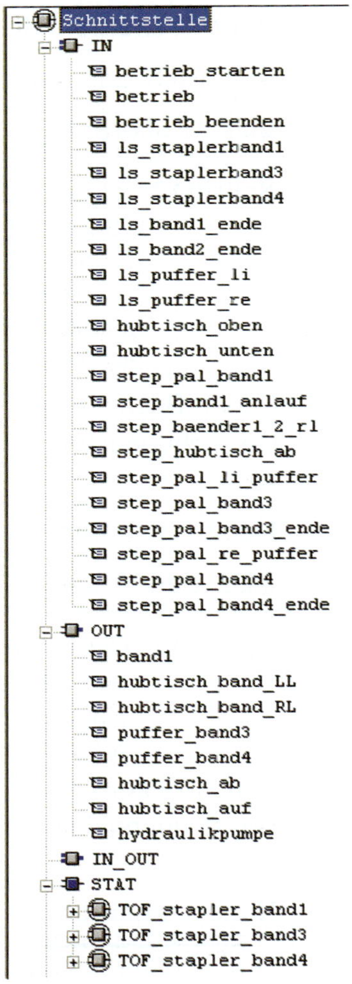

B5.7 Die Funktionalität des FB24 „Aktorik" ergänzen

Der S7-Graph-Schrittketten-Baustein FB23 hat eine verzweigte Schrittkette, um Paletten in den linken und in den rechten Puffer zu liefern. Die Programmlogik des Aktorik-Bausteins FB24 muss um die Ansteuerung des rechten Einlieferungsbandes 4 erweitert werden.

Die Variablen des FB24 erweitern

Der Baustein benötigt für die Steuerung der verzweigten Schrittkette zusätzliche Informationen (**IN-Variablen**):

- Lichtschranke Stapler Band 4
- Lichtschranke Puffer rechts
- Schritt Palette zum rechten Puffer
- Schritt Palette auf Band 4
- Schritt Palette am Band 4 Ende

Der Baustein steuert eine weitere **OUT-Variable** an:

- Pufferband 4 ansteuern

Erforderlich ist noch eine neue **statische Variable**:

- TOF_stapler_band4 (IEC-Zeitgeber als Multiinstanz)

Die Programm-Logik des FB24 ergänzen

Das Netzwerk 2 „den Hubtisch hochfahren" ergänzen:

Der Palettenhubtisch wurde bislang für die Anlagen-Inbetriebnahme in der Neustartphase (#betrieb_starten) oder im Betriebszyklus (#betrieb) hochgefahren, wenn er nicht oben stand und keine Anforderung für Hubtisch abwärtsfahren hatte:

[(((#step_baender1_2_rl **oder** #step_hubtisch_ab **oder** #step_pal_li_puffer) **und** #betrieb)
oder ((#step_pal_band1 **oder** #step_band1_anlauf) **und** #betrieb_beenden)
oder (#betrieb_starten)) **und** #hubtisch_oben **und** #hubtisch_ab] = #hubtisch_auf

- **Die Zuweisung für #hubtisch_auf benötigt noch die Bedingung für die Einlieferung in den rechten Puffer.**

Die gesamte Logik für das Netzwerk 2:

[(((#step_baender1_2_rl **oder** #step_hubtisch_ab **oder** #step_pal_li_puffer **oder** #step_pal_re_puffer) **und** #betrieb) **oder** ((#step_pal_band1 **oder** #step_band1_anlauf) **und** #betrieb_beenden) **oder** (#betrieb_starten)) **und** #hubtisch_oben **und** #hubtisch_ab] = #hubtisch_auf

Ein neues Netzwerk 6 einfügen: IEC-Timer TOF für den Stapler am Band 4

Multiinstanzname: **TOF_stapler_band4**

IN: #ls_staplerband4 PT: T#5s #TOF_stapler_band4.Q

Das neue Netzwerk 7 (alt Netzwerk 6) ergänzen: Rechtslauf für das Hubtischband

Das Hubtischband 2 muss auch beim Einliefern der Palette in den rechten Puffer im Rechtslauf starten! Die Steuerungsbedingung für den Rechtslauf des Hubtischbandes 2 muss um folgende Bedingung ergänzt werden:

(#step_pal_re_puffer **und** #ls_puffer_re **und** #TOF_stapler_band4.Q)

Zusammen mit den bisherigen Bedingungen für die lineare Schrittkette ergibt sich jetzt die gesamte Logik für das neue Netzwerk 7:

Das Hubtischband 2 im Rechtslauf starten, wenn eine Palette in den Hubtisch transportiert wird **und** wenn die Palette noch nicht von der Lichtschranke am Ende des Hubtischbandes 2 erkannt ist **und** wenn Stapler Band 1 nicht mehr im Lichtschrankenbereich ist und die 2 Sekunden Wartezeit des Stapler-TOFs abgelaufen sind **und** wenn die Palette in den rechten Puffer befördert werden soll **und** die Lichtschranke des rechten Puffers keinen gefüllten Pufferbereich meldet und wenn Stapler Band 4 nicht mehr im Lichtschrankenbereich ist und die 5 Sekunden Wartezeit des Stapler-TOFs abgelaufen sind **und** bei Betrieb **oder** bei Betrieb beenden **und** wenn das Hubtischband nicht im Linkslauf aktiv ist.

[((#step_baender1_2_rl **und** #ls_band2_ende **und** #TOF_stapler_band1.Q) **oder**
(#step_pal_re_puffer **und** #ls_puffer_re **und** #TOF_stapler_band4.Q)) **und**
(#betrieb **oder** #betrieb_beenden) **und** (#hubtisch_band_LL)] = #hubtisch_band_RL

Ein neues Netzwerk 11 anfügen: Das Pufferband 4 starten

Das rechte Pufferband starten, wenn eine Palette im Untergeschoss aus dem Hubtisch in den rechten Puffer transportiert werden soll (#step_pal_re_puffer) **oder** wenn eine Palette auf dem Pufferband 4 steht (#step_pal_band4) **oder** wenn eine Palette am Ende des Pufferbandes 4 ist (#step_pal_band4_ende) **und** bei Betrieb **oder** bei Betrieb beenden **und** wenn Stapler Band 4 nicht mehr im Lichtschrankenbereich ist und die 5 Sekunden Wartezeit des Stapler-TOFs abgelaufen sind **und** wenn die Lichtschranke des rechten Puffers freien Platz meldet.

[(#step_pal_re_puffer **oder** #step_pal_band4 **oder** #step_pal_band4_ende) **und**
(#betrieb **oder** #betrieb_beenden) **und** #TOF_stapler_band4.Q
und #ls_puffer_re] = #puffer_band4

B5.8 Den FB25 „Meldeleuchten" ergänzen

Wenn der rechte Pufferbereich gefüllt ist und sich die Paletten auf dem rechten Einlieferungsband stauen, muss der Stapler vom Band 4 Paletten entfernen. Die Meldeleuchte H3 signalisiert einen vollen rechten Pufferbereich.

Die Variablen des FB25 erweitern

Der Baustein benötigt noch eine weitere Information (**IN-Variable**):
- Lichtschranke Puffer rechts #ls_puffer_re

Der Baustein liefert eine neue Meldung (**OUT-Variable**):
- Rechter Puffer voll #h3_puffer_re

Die Programm-Logik des FB25 ergänzen

Den Baustein um das Netzwerk 7 ergänzen: Der rechte Puffer ist gefüllt!

#ls_puffer_re = #h3_puffer_re

B5.9 Den FB2 „Palettenhubtisch“ aktualisieren

Der Funktionsbaustein FB2 wird durch den Aufruf seiner neuen und ergänzten Funktionsbausteine:

FB21 „Betriebszustände“
FB22 „Pufferwechsel“
FB23 „Paletten-Schrittkette“
FB24 „Aktorik“
FB25 „Meldeleuchten“

aktualisiert.

Die Variablen des FB2 erweitern

Der zu aktualisierende Funktionsbaustein FB2 benötigt für die Datenweiterleitung an die einzelnen Programmbausteine weitere Eingangsinformationen (**IN-Variablen**):

- Handbetrieb: linke Pufferanwahl
- Handbetrieb: rechte Pufferanwahl
- Palettenanzahl für den Pufferwechsel
- Lichtschranke Band 4 belegt
- Lichtschranke rechter Puffer
- Lichtschranke Stapler Band 4

Der erneuerte FB2 liefert 2 weitere Ausgangs-Informationen (**OUT-Variablen**):

- H3 Meldung rechter Puffer voll
- Band 4 läuft

Der FB2 benötigt außerdem noch zusätzliche **statische Variablen** zum Weiterleiten von Zwischenwerten an die einzelnen Funktionsbausteine:

- Pufferwahl rechts
- Schritt: Palette zum rechten Puffer
- Schritt: Palette auf dem Band 4
- Schritt: Palette am Band 4 Ende

Die Programm-Logik des FB2 aktualisieren

Die Funktionsbausteine FB21, FB22, FB23, FB24 und FB25 werden im FB2 aufgerufen. Ihre Instanzdatenbausteine DB21, DB22, DB23, DB24 und DB25 müssen aktualisiert werden. Die Schnittstellen der Funktionsbausteine werden mit den deklarierten Variablen beschrieben.

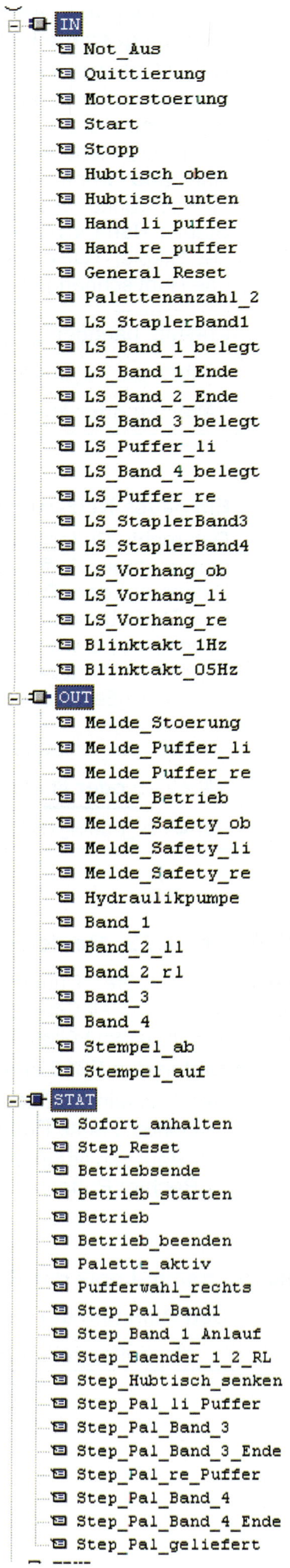

Netzwerk 1: FB21 „Betriebszustände“ und DB21 „Daten Betriebszustände“:

Netzwerk 1: Erzeugen der Betriebszustände

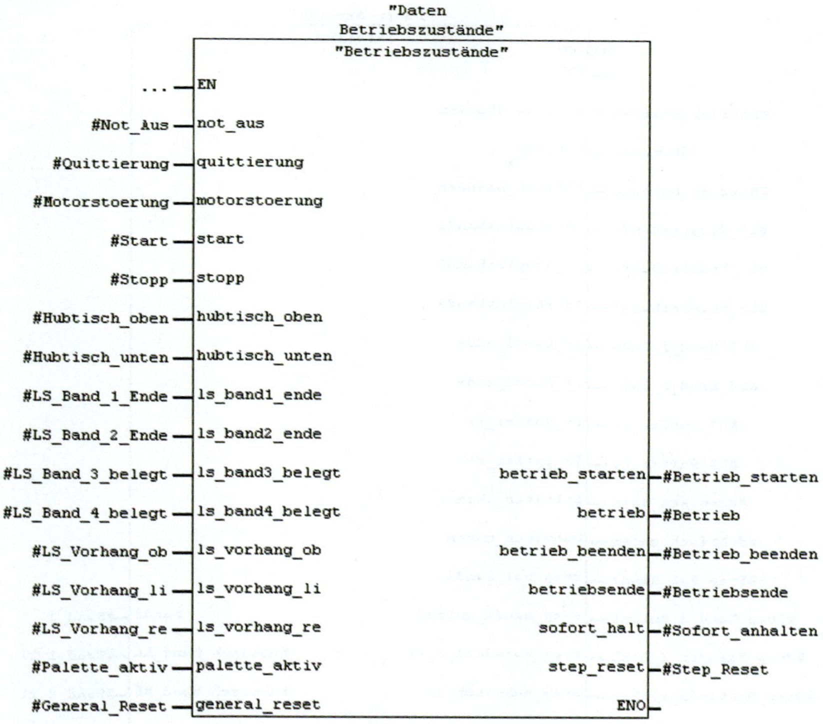

Netzwerk 2: FB22 „Pufferwechsel“ und DB22 „Daten Betriebszustände“:

Netzwerk 2: Titel:

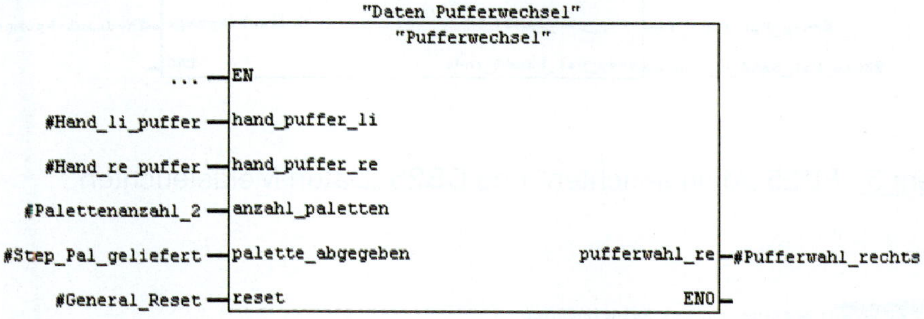

Netzwerk 3: FB23 „Paletten-Schrittkette“ und DB23 „Daten Schrittkette“:

Netzwerk 3: Aufruf des Schrittketten Bausteins

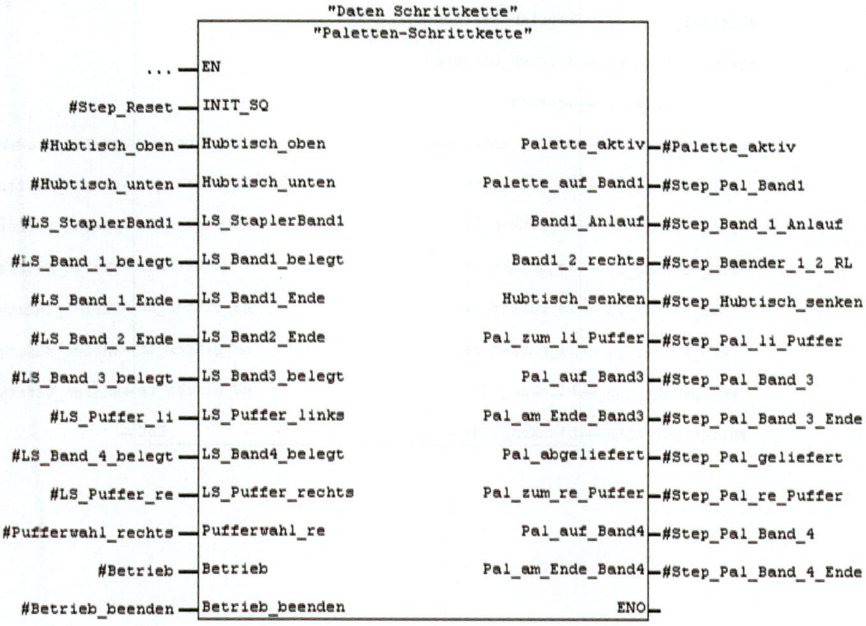

Netzwerk 4: FB24 „Aktorik“ und DB24 „Daten Aktorik“:

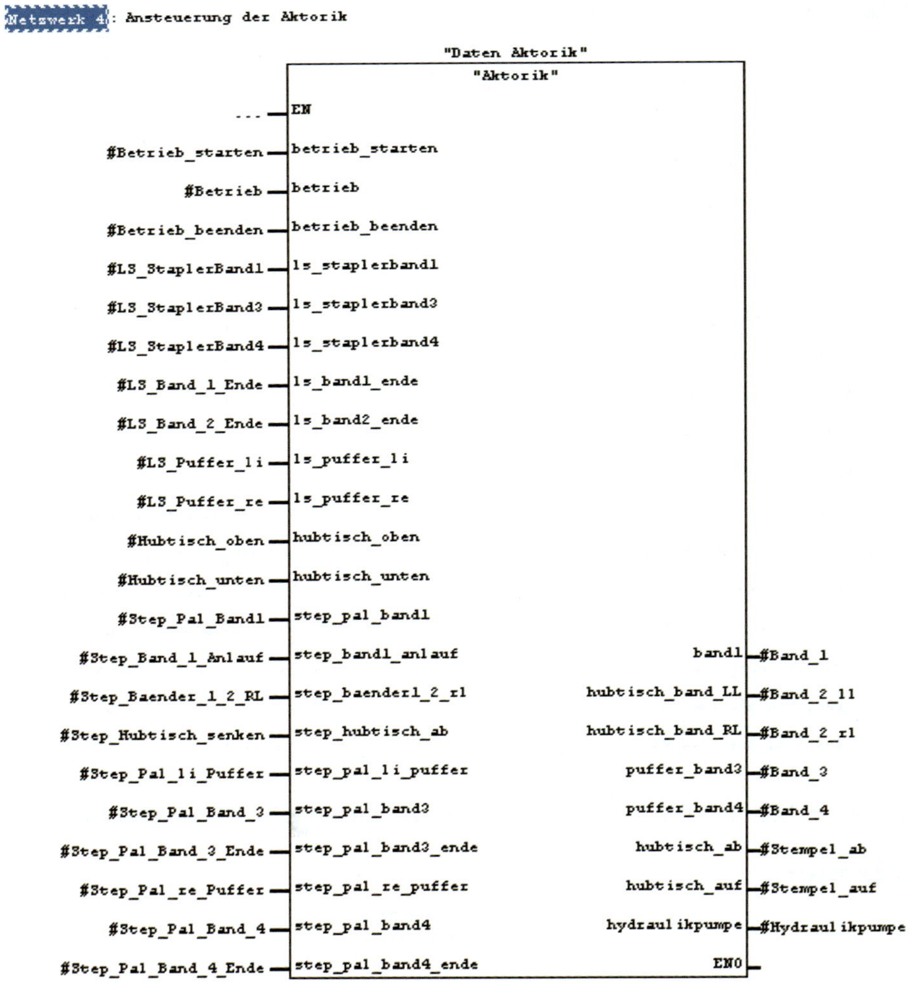

Netzwerk 5: FB25 „Meldeleuchten“ und DB25 „Daten Meldeleuchten“:

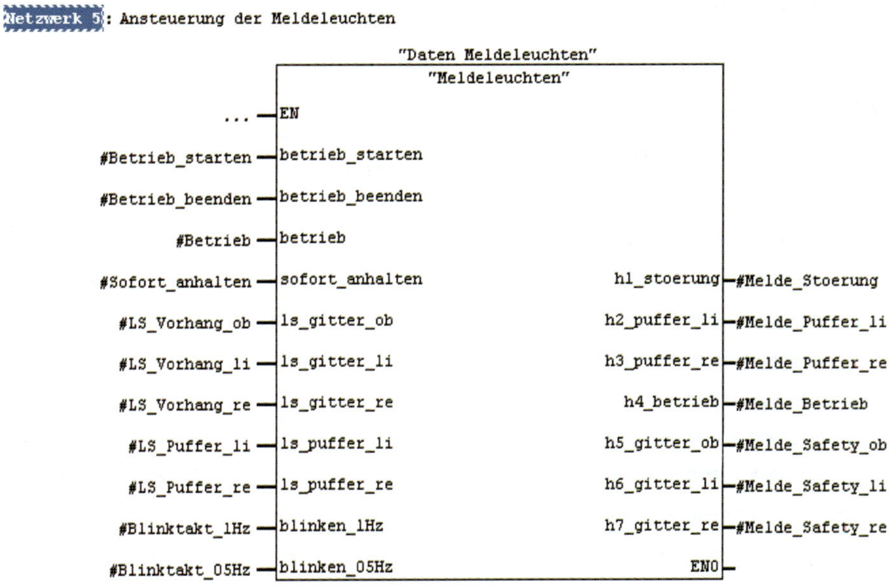

B5.10 Den Organisationsbaustein OB1 „Palettenprogramm“ aktualisieren

Im OB1 werden der Visualisierungsbaustein FB 60 „Palettensimulation“ mit dem DB60 „Daten Visualisierung“ und der FB 2 „Palettenhubtisch“ mit dem DB2 „Daten Hubtisch“ aufgerufen.

Netzwerk 1: FB60 „Palettensimulation“ und DB60 „Daten Visualisierung“:

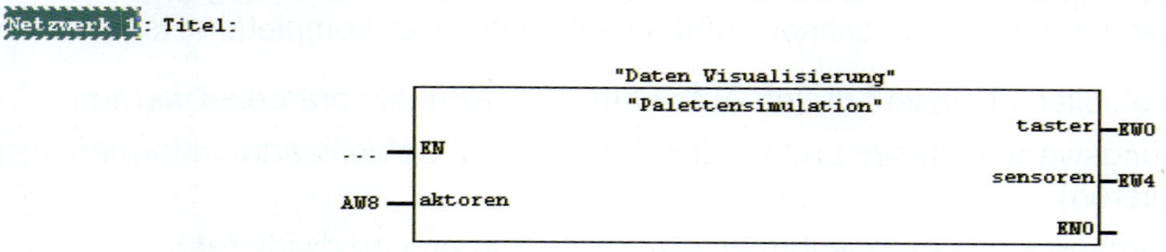

Netzwerk 2: FB2 „Palettenhubtisch“ und DB2 „Daten Hubtisch“:

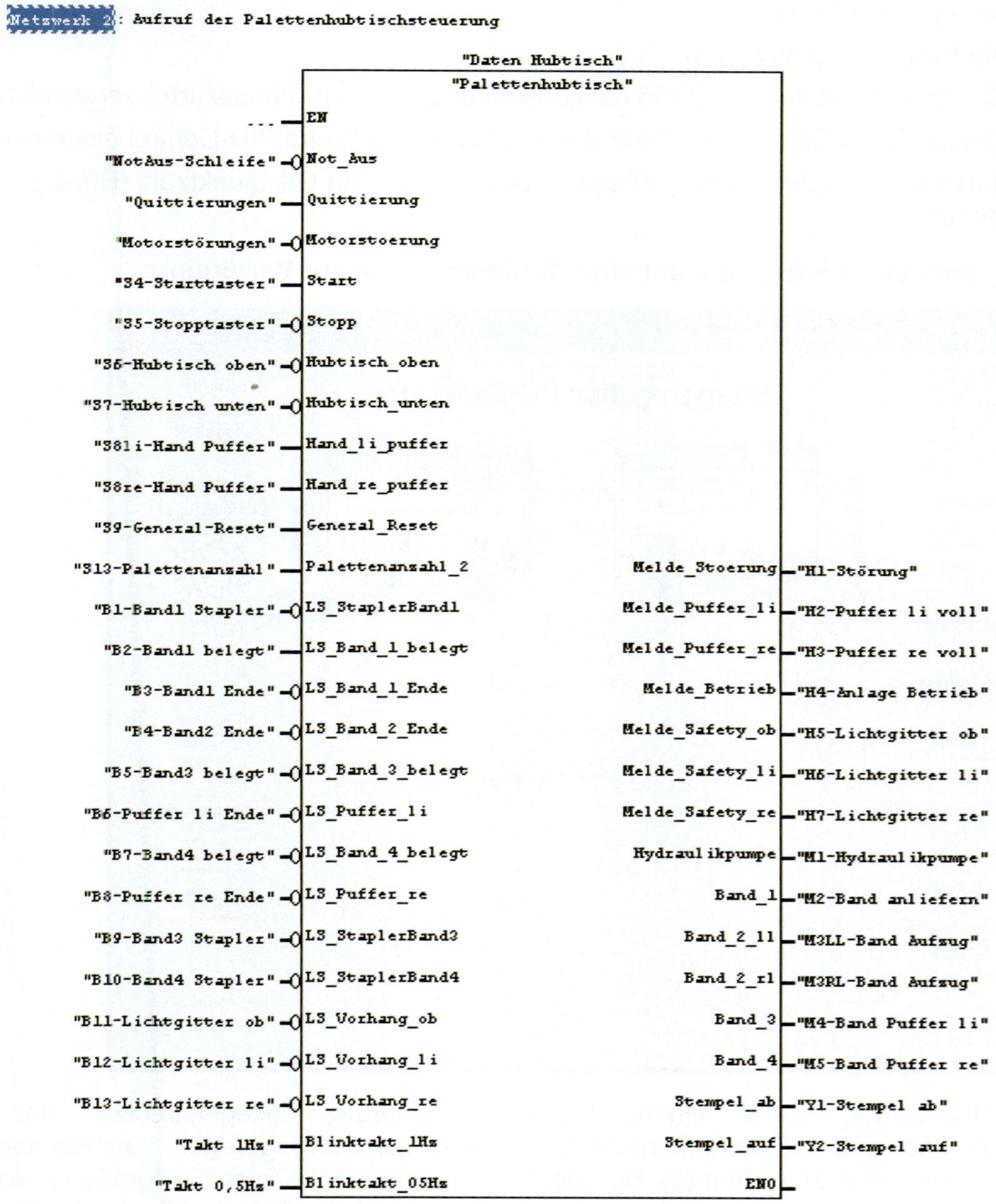

Herzlichen Glückwunsch zur erfolgreichen Programmierung der Paletten-Hubtisch-Steuerung!

C1 Projekt SPS-geregelter Gleichstromgenerator

Dieses Automatisierungsprojekt arbeitet mit analogen Ein- und Ausgangswerten. Ein steuerbarer Gleichstrommotor treibt einen Gleichstromgenerator an. Der Generator versorgt eine Beleuchtungsanlage mit unterschiedlicher Belastung. Die Generatorspannung wird auf eine konstante Ausgangsspannung geregelt. Dieser Aufbau beinhaltet einen kompletten Regelkreis.

Folgende S7-Kenntnisse sollen in diesem dritten Automatisierungsprojekt erarbeitet werden:

- Analoge Spannungswerte einlesen und für das Programm in Zahlenwerte umformen (skalieren, normieren)
- Zahlenwerte berechnen (addieren, subtrahieren, multiplizieren und dividieren)
- Zahlenwerte vergleichen und begrenzen
- Zahlenwerte des Programms umformen (deskalieren, denormieren) und als analoge Spannungswerte ausgeben
- Digitale Regler programmieren
- Den Organisationsbaustein OB35 mit konstanter Zykluszeit (Weckalarm) verwenden
- Die Simatic-Tools Continuous-Control (PID-Regler FB41) und PID-Control einsetzen
- Die Datenformate Integer (INT), Doppelinteger (DINT) und Gleitpunktzahl (REAL) verwenden

Für die Programmvisualisierung steht eine Runtimeversion zur Verfügung:

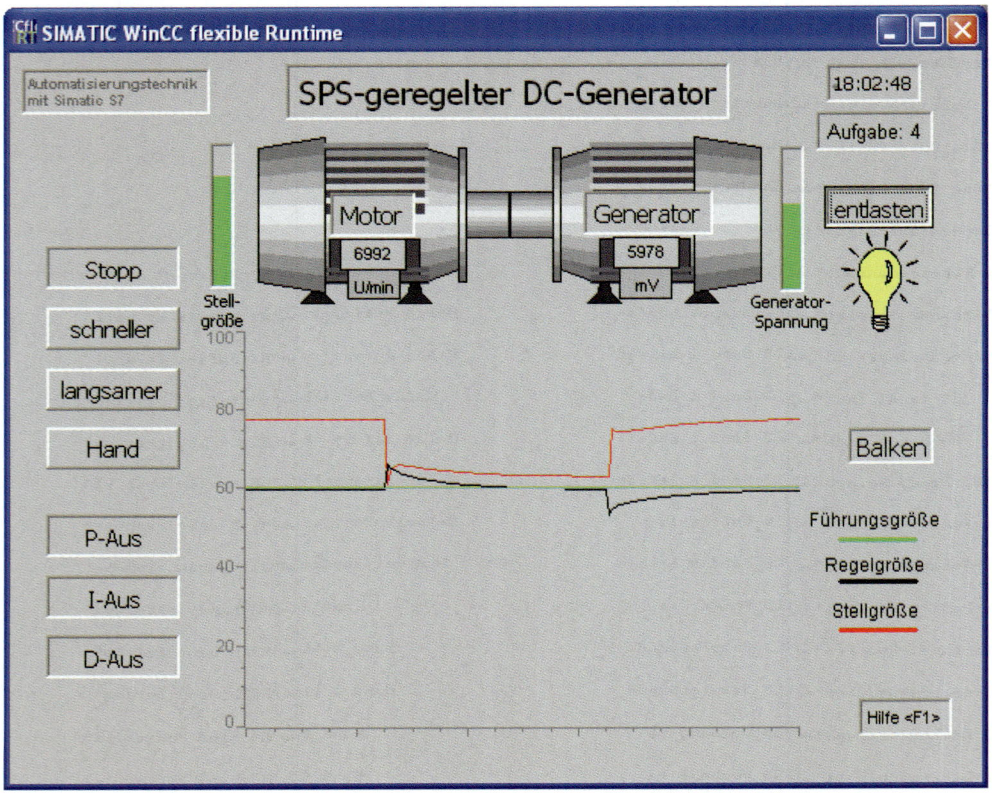

Ein Gleichstrommotor treibt einen Gleichstromgenerator (Regelstrecke) an. Die Generatorspannung wird auf eine konstante Ausgangsspannung geregelt. Lastwechsel am Generator erzeugen eine Störgröße (z). Der Motor als Antrieb erhält seine Stellgröße (y) von der SPS (analoger Ausgangswert). Die Generatorspannung wird als Regelgröße (x) in die SPS eingelesen (analoger Eingangswert). Über den Sollwerteinsteller (Motordrehzahl) wird die Führungsgröße (w) als Vorgabewert für eine gewünschte Generatorspannung erzeugt. Die Regeldifferenz (e) zwischen der Führungsgröße (w) und der aktuellen Generatorspannung führt mittels Proportional-Integral-Regelung (PI) oder Proportional-Integral-Differential-Regelung (PID) zur entsprechenden Stellgröße.

Prinzipschaltbild zum Regelkreis:

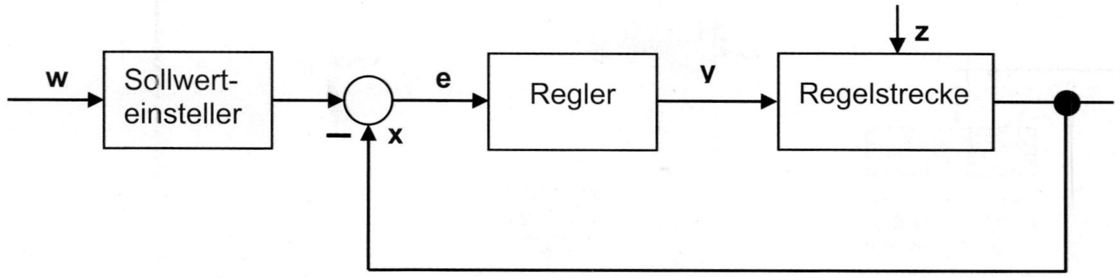

w : Führungsgröße　　e : Regeldifferenz　　z : Störgröße
x : Regelgröße　　y : Stellgröße

Begriff	Abkürzung	Konkrete Größe
Regelgröße	x	Generatorspannung
Führungsgröße	w	Vorgegebene Drehzahl des Antriebsmotors
Regeldifferenz	e	
Stellgröße	y	Ausgabewert des Reglers, (Motorspannung)
Störgröße	z	Be- und Entlastung des Generators (Glühlampe)
Regler		PI, PID,

Das gesamte Projekt ist zerlegt in aufbauende Komponenten und besteht deshalb aus einzelnen Projektteilen (Aufgabe 1 bis Aufgabe 6). Zu jeder Aufgabe wird eine Programmvisualisierung mit einem angepassten Programmbild gestartet. Eine detaillierte Programmbeschreibung erfolgt in den jeweiligen Projektteilen.

1. **Analoge Eingangswerte skalieren:**
   In die SPS wird die Generatorspannung als analoger Eingangswert eingelesen. Der Wert wird skaliert und seine Größe als Bargraf dargestellt.

2. **Gleichstromgenerator steuern:**
   Mit einem Sollwertsteller wird die Führungsgröße für den Gleichstrommotor erzeugt. Dieser Wert (Stellgröße) wird deskaliert und als analoger Ausgangswert aus der SPS an den Gleichstrommotor ausgegeben. Sowohl die Größe der Motorspannung, als auch die Größe der Generatorspannung werden als Bargraf dargestellt. Zwischen Motorspannung und Generatorspannung besteht eine Spannungsdifferenz. Diese Differenz wird bei Belastung des Generators größer.

3. **Gleichstromgenerator PI-Regeln:**
   Mit einem PI-Regler wird die Regeldifferenz zwischen Führungsgröße und Regelgröße ausgeregelt. Der zeitliche Verlauf der Regeldifferenz wird durch die Programmvisualisierung als Skala oder als Grafik dargestellt.

4. **Gleichstromgenerator PID-Regeln:**
   Mit einem zusätzlichen Differential-Anteil wird eine schnelle Änderung der Regeldifferenz beim PID-Regler optimaler ausgeregelt. Außerdem kann zwischen Handsteuerung und Automatikregelung umgeschaltet werden.

5. **PID-Regeln mit Simatic-Bibliothek-Bausteinen:**
   Für das Skalieren, Deskalieren und PID-Regeln werden die Simatic-Bibliothek-Bausteine **Scale**, **Unscale** und **Continuous-Control** eingesetzt.

6. **PID-Regeln mit PID-Control:**
   Als Parametriereinheit und als Kennlinienschreiber wird das Simatic-Tool **PID-Control** verwendet.

Eine erste Übersicht gibt die Programmstruktur zur Aufgabe 4 des Projektes SPS-geregelter Gleichstromgenerator:

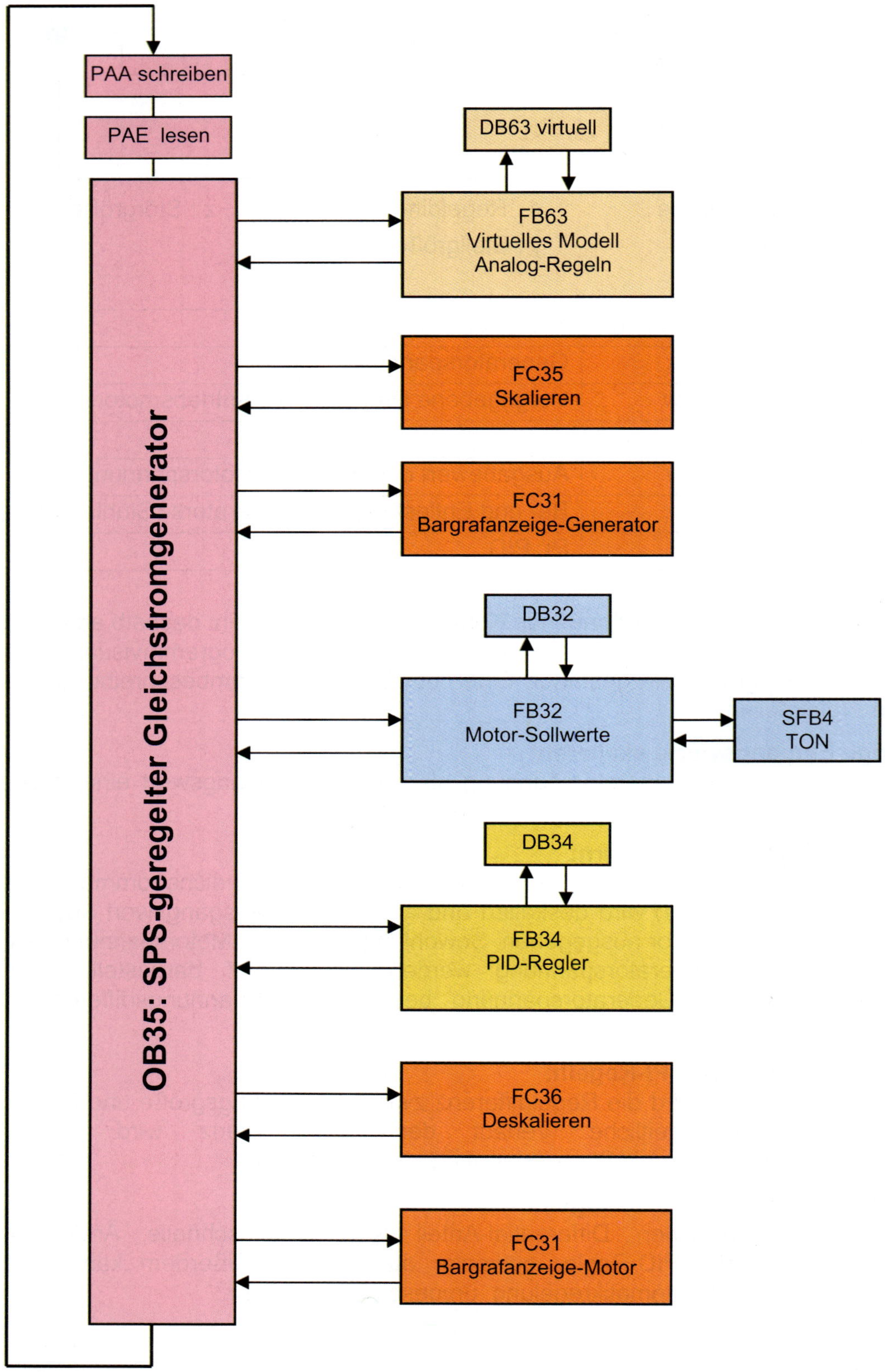

C2 Analoge Eingangswerte skalieren

In dieser **Aufgabe 1** sollen die nachfolgenden Funktionalitäten programmiert werden:

- Die Spannung eines Generators als analogen Eingangswert in die SPS einlesen und den Integerwert der Analog-Digitalkarte in einen Spannungswert als Gleitpunktzahl (REAL) umwandeln (skalieren)
- Die Höhe der Generatorspannung als Bargraf anzeigen.

Im Organisationsbaustein OB1 erfolgt die Datenübergabe zur Prozessvisualisierung an den FB63 und die Datenweiterleitung an die beiden Funktionen „Skalieren“ FC35 und „Bargrafanzeige-Generator“ FC31.

Die Programmstruktur zur Aufgabe 1 des Projektes:

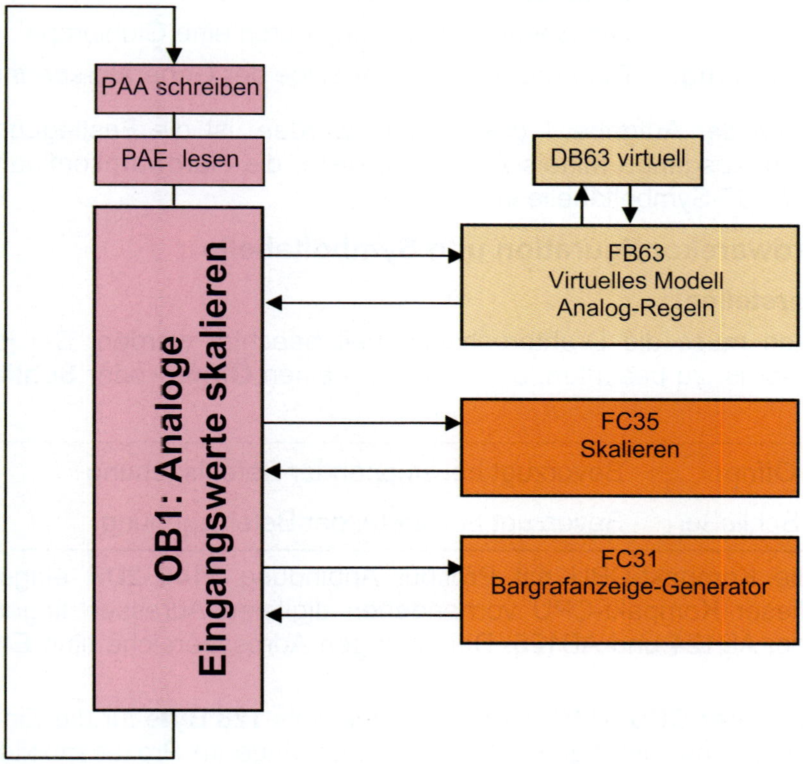

Die Runtimeversion für Aufgabe 1 des Projektes:

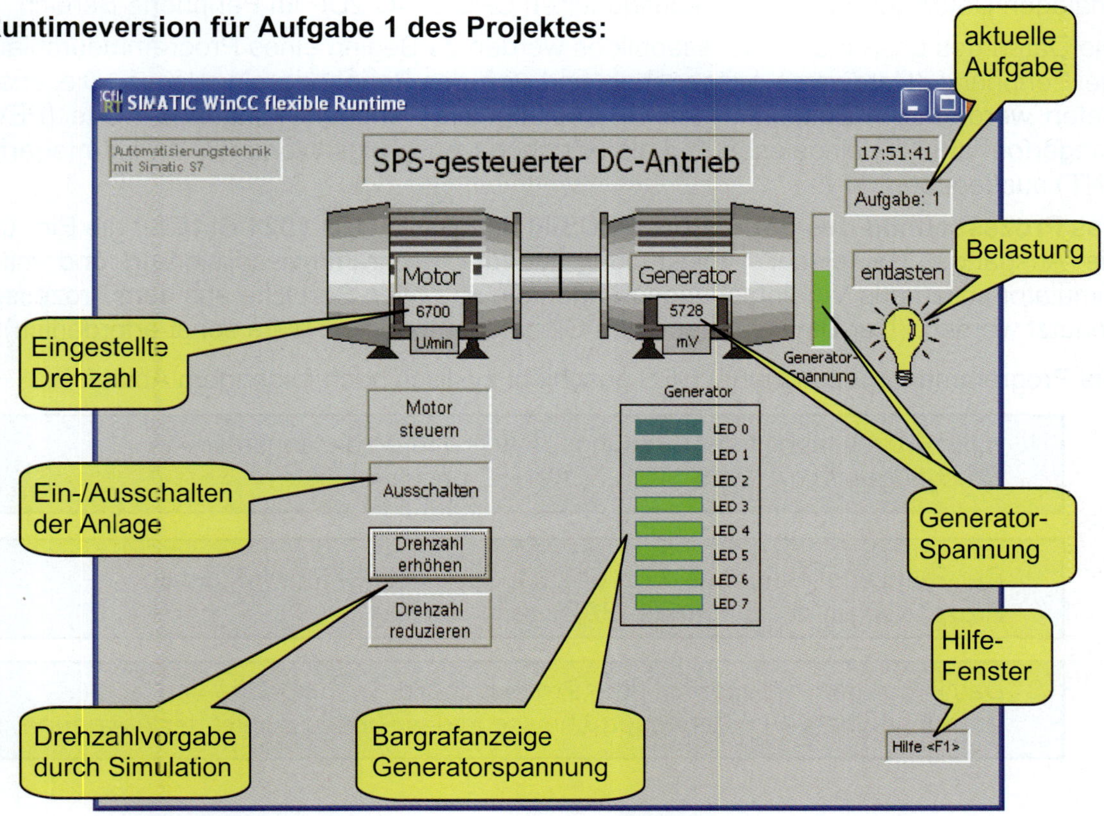

Erklärungen:

- **Aufgabe:** die aktuell eingestellte Aufgabe
- **Ausschalten / Einschalten:** mit dieser Umschalttaste wird die Anlage aus- bzw. eingeschaltet.
- **Drehzahlvorgabe:** nach dem Einschalten kann durch Betätigen der Schaltflächen „**Drehzahl erhöhen**“ oder „**Drehzahl reduzieren**“ eine Drehzahl vorgegeben werden.
- **Eingestellte Drehzahl:** Anzeige der aktuellen Drehzahl des Motors von 0...10000 min^{-1}.
- **Generator-Spannung:** Die sich aus der Drehzahl und Belastung ergebende Spannung von 0...10000mV. Sie wird als Analogwert in die SPS eingelesen.
- **belasten / entlasten:** Die Generatorbelastung durch eine Glühlampe
- **Bargrafanzeige Gen-Spannung:** Die programmierte Anzeige der Generatorspannung

Bevor die einzelnen Programme der Aufgabe 1 geschrieben werden, ist die Festlegung der analogen und digitalen Ein- und Ausgänge mittels Zuordnungsliste, die Hardwarekonfiguration der SPS und die Erstellung einer S7-Symboltabelle erforderlich.

C2.1 Zuordnungsliste, Hardwarekonfiguration und Symboltabelle

C2.1.1 Die Zuordnungsliste erstellen:

Bei den Eingangskontakten muss die Drahtbruchsicherheit beachtet werden. Bei jedem Schalter, Taster oder Sensor ist zu beachten, ob es sich um einen **Öffner**- oder **Schließer**-Kontakt handelt!

NC Normal closed	Öffner	Bevorzugt bei stoppender Befehlsgebung
NO Normal open	Schließer	Bevorzugt bei startender Befehlsgebung

In diesem Projekt soll die Kompakt-CPU mit Profibus-Anbindung **314C-2DP** eingesetzt werden. Die bereits in dieser Kompakt-CPU vorhandenen digitalen Adressen liegen bei EB124 und EB125 bzw. bei AB124 und AB125. Die analogen Adressbereiche sind EW752 und AW752.

Das gesamte **Prozessabbild der CPU 314C-2DP** umfasst jeweils **128 Byte** für die Ein- und für die Ausgänge. Damit liegen nur die digitalen Ein- und Ausgänge im Prozessabbild. Die analogen Daten liegen bei einer konfigurierten CPU 314C-2DP im Peripherie-Bereich.

Die Daten des gesamten Prozessabbildes werden zu Beginn eines Programmdurchlaufs an die Peripherie (Hardware) ausgegeben und von der Peripherie eingelesen. Die analogen Daten werden zum Zeitpunkt ihrer Bearbeitung als Peripherie-Eingangs-Worte (PEW) im Integerformat (INT) eingelesen und als Peripherie-Ausgangs-Worte (PAW) im Integerformat (INT) ausgegeben.

Das **Prozessabbild des Simulators PLCSIM** umfasst jeweils **1024 Byte** für die Ein- und für die Ausgänge. Bei dieser Projektübung mit der Programmvisualisierung und mit dem Simulator sollen aus Vereinfachungsgründen die analogen Bereiche aus dem Prozessabbild genutzt werden. (Der Umweg über einen Globaldatenbaustein wäre sonst erforderlich)!

Die Programmbearbeitung einer SPS geschieht zyklisch nach folgendem Ablauf:

1. Das Prozessabbild der Ausgänge (PAA) wird an die konkreten Ausgänge z.B.: A124.5, AB125, AW752 geschrieben

2. Der Status der Eingänge z.B.: E124.4, EB125, EW752 wird in das Prozessabbild der Eingänge (PAE) gespeichert.

3. Das Programm arbeitet mit dem Prozessabbild der Eingänge und schreibt seine Verknüpfungsergebnisse in das Prozessabbild der Ausgänge.

Zuordnungsliste für das gesamte Projekt:

Eingänge			Ausgänge	
Bezeichnung	Typ	SPS	Bezeichnung	SPS
Generator-Spannung	Integerwert	EW 752	Motor-Spannung (INT)	AW 752
S0 Motor-Freigabe	NO Schließer	E 124.0	LED-0-Motor	A 124.0
S1 Schneller	NO Schließer	E 124.1	LED-1-Motor	A 124.1
S2 Langsamer	NO Schließer	E 124.2	LED-2-Motor	A 124.2
S3 Handbetrieb	Automatik = 0	E 124.3	LED-3-Motor	A 124.3
S4 P-Freigabe	Freigabe = 1	E 124.4	LED-4-Motor	A 124.4
S5 I-Freigabe	Freigabe = 1	E 124.5	LED-5-Motor	A 124.5
S6 D-Freigabe	Freigabe = 1	E 124.6	LED-6-Motor	A 124.6
S7 Polarität	Unipolar = 0	E 124.7	LED-7-Motor	A 124.7
			LED-0-Generator	A 125.0
			LED-1-Generator	A 125.1
			LED-2-Generator	A 125.2
			LED-3-Generator	A 125.3
			LED-4-Generator	A 125.4
			LED-5-Generator	A 125.5
			LED-6-Generator	A 125.6
			LED-7-Generator	A 125.7

C2.1.2 Die Hardware konfigurieren:

Zunächst wird ein neues Projekt (z. B. **„Werte_skalieren")** erstellt. Erforderlich für das gesamte Projekt **SPS-geregelter Gleichstromgenerator** sind 8 binäre Eingangsadressen (DI), 16 binäre Ausgangsadressen (DO), ein analoger Eingangskanal (AI) und ein analoger Ausgangskanal (AO). Aus der nachfolgend dargestellten Hardwarekonfiguration kommen das Eingangsbyte EB124, das Ausgangswort AW124 (AW124 mit den Bytes AB124 und AB125), das Eingangswort EW752 und das Ausgangswort AW752 zur Anwendung.

Steckplatz	Baugruppe	Bestellnummer	Firmware	MPI-A...	E-Adresse	A-Adresse
1	PS 307 5A	6ES7 307-1EA00-0AA0				
2	**CPU 314C-2 DP**	**6ES7 314-6CF00-0AB0**	**V1.0**	**2**		
X2	*DP*				*1023**	
2.2	*DI24/DO16*				*124...126*	*124...125*
2.3	*AI5/AO2*				*752...761*	*752...755*
2.4	*Zählen*				*768...783*	*768...783*
2.5	*Positionieren*				*784...799*	*784...799*
3						

Die Kompakt-CPU 314C-2 DP hat 5 analoge Eingangskanäle (*AI5*) mit den 16-Bit breiten WORD-Adressen EW 752, EW 754, EW 756, EW 758 und EW 760, sowie 2 analoge Ausgangskanäle (*AO2*) mit den 16-Bit breiten WORD-Adressen AW 752 und AW 754.

Der Eingangskanal 5 (EW 760) ist vorgesehen für Temperaturmessungen in Grad Celsius, Fahrenheit oder Kelvin. Die Temperaturerfassung erfolgt über einen Pt-100-Thermowiderstand oder über einen 600-Ohm-Widerstand.

Die ersten 4 Eingangskanäle können für die Erfassung und die beiden Ausgangskanäle für die Ausgabe von Strom- oder Spannungswerten vorgesehen werden. Neben der Polarität (unipolar oder bipolar) sind auch unterschiedliche Wertebereiche wählbar:

Für einen Spannungskanal: 0…10 V (unipolar) oder ± 10V (bipolar)

Für einen Stromkanal: 0…20 mA, 4…20mA oder ± 20mA

Für nicht genutzte Kanäle ist die Deaktivierung vorgesehen. Dadurch wird eine schnellere Wandlerbearbeitung erreicht.

Vorgehensweise zum Einstellen:

Wird der **Steckplatz 2.3** der analogen Baugruppen markiert, öffnet sich beim Rechtsklick ein Menüfenster. Über den Menüpunkt **Objekteigenschaften** öffnet sich nun das Fenster zum Einstellen der erforderlichen Kanalwerte.

Die Eigenschaften der analogen Kanäle einstellen:

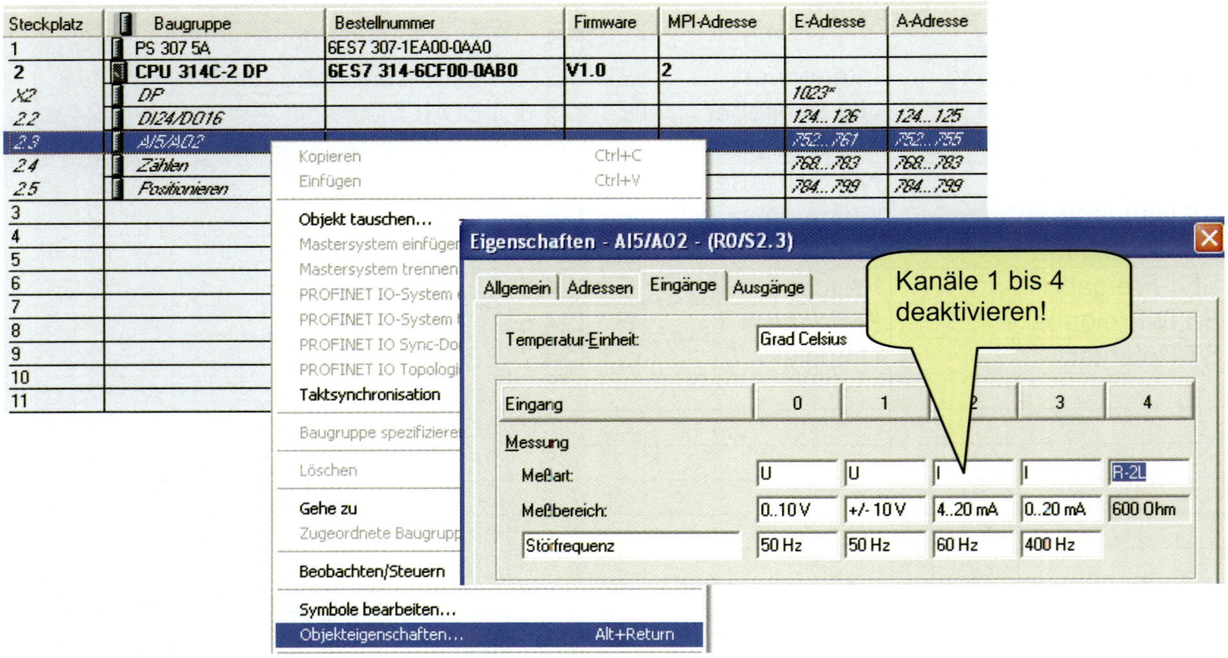

Analoger Eingangskanal 0:
Messart : U, Messbereich: 0..10V (unipolar), Störfrequenz: 50 Hz
Analoger Ausgangskanal 0:
Ausgabeart : U und Ausgabebereich: 0..10V (unipolar)

Die anderen Ein- und Ausgangskanäle deaktivieren!

Danach die Hardwarekonfiguration speichern und übersetzen!

C2.1.3 Die Symboltabelle erstellen:

Die Symboltabelle mit den analogen und digitalen Ein- und Ausgängen für die gesamte Anlage:

	Status	Symbol	Adress	Datentyp	Kommentar
1		Freigabe_W_Groesse	E 124.0	BOOL	Stellgröße wird an den Motor ausgegeben
2		Anhebung_W_Groesse	E 124.1	BOOL	Erhöhung mit jedem Zyklus
3		Reduzierung_W_Groes...	E 124.2	BOOL	Reduzierung mit jedem Zyklus
4		Handbetrieb	E 124.3	BOOL	Schalter für Hand- und Automatikbetrieb, Hand = 1
5		P_Anteil	E 124.4	BOOL	Schalter für P-Anteil freigeben, Freigabe = 1
6		I_Anteil	E 124.5	BOOL	Schalter für I_Anteil freigeben, Freigabe = 1
7		D_Anteil	E 124.6	BOOL	Schalter für D_Anteil freigeben, Freigabe = 1
8		Bipolar	E 124.7	BOOL	Schalter für Uni- und bipolar, Bipolar = 1
9		Analog_In	EW 752	INT	analoger Eingang CH0 (EB752 und EB 753)
10		Analog_Out	AW 752	INT	analoger Ausgang CH0 (AB 752 und AB 753)
11		Motor-LED_0	A 124.0	BOOL	Motor-Bargraf-Anzeige U > 7500 mV
12		Motor-LED_1	A 124.1	BOOL	Motor-Bargraf-Anzeige U > 6500 mV
13		Motor-LED_2	A 124.2	BOOL	Motor-Bargraf-Anzeige U > 5500 mV
14		Motor-LED_3	A 124.3	BOOL	Motor-Bargraf-Anzeige U > 4500 mV
15		Motor-LED_4	A 124.4	BOOL	Motor-Bargraf-Anzeige U > 3500 mV
16		Motor-LED_5	A 124.5	BOOL	Motor-Bargraf-Anzeige U > 2500 mV
17		Motor-LED_6	A 124.6	BOOL	Motor-Bargraf-Anzeige U > 1500 mV
18		Motor-LED_7	A 124.7	BOOL	Motor-Bargraf-Anzeige U > 500 mV
19		Generator-LED_0	A 125.0	BOOL	Generator-Bargraf-Anzeige U > 7500 mV
20		Generator-LED_1	A 125.1	BOOL	Generator-Bargraf-Anzeige U > 6500 mV
21		Generator-LED_2	A 125.2	BOOL	Generator-Bargraf-Anzeige U > 5500 mV
22		Generator-LED_3	A 125.3	BOOL	Generator-Bargraf-Anzeige U > 4500 mV
23		Generator-LED_4	A 125.4	BOOL	Generator-Bargraf-Anzeige U > 3500 mV
24		Generator-LED_5	A 125.5	BOOL	Generator-Bargraf-Anzeige U > 2500 mV
25		Generator-LED_6	A 125.6	BOOL	Generator-Bargraf-Anzeige U > 1500 mV
26		Generator-LED_7	A 125.7	BOOL	Generator-Bargraf-Anzeige U > 500 mV

C2.2 Die Funktion FC35 „Skalieren“ programmieren

Die Generatorspannung wird als Eingangsspannung (0...10V) an den analogen Eingang der SPS angeschlossen. Die Analog-Digitalkarte der SPS wandelt diese Spannung in einen digitalen Wert um. Die Höhe des digitalen Wertes ist abhängig von den Einstellungen des analogen Kanals und beträgt bei unipolarem Betrieb und bei einem Spannungsbereich von 0 - 10V zwischen **0 und 27648**. Der digitale Wandlerwert 27648 ist ein festgelegter Wert und gilt als 100% - Wert. Der Wertebereich zwischen 27648 und 32767 entsteht bei Spannungen zwischen +10V und +11,85V. Dieser Zwischenbereich dient als Sicherheitszone zu den negativen Werten und sollte nicht benutzt werden. Für die Spannungen von -0 ... -10V im bipolarem Betrieb gelten die Werte 65535 bis 37888.

Der digitale Wert **27648** gilt für einen analogen Eingangswert von **100%**!

Analoger Eingangswert	0 ... 100%
Analoge Eingangsspannung	0 ... 10 V
Digitaler Zahlenwert	0 ... 27648

Aus wie vielen einzelnen Stufen der digitale Bereichsumfang von 27648 besteht ist hardwareabhängig. Im unipolaren Betrieb ergeben sich bei einer 8-Bit Analog-Digital-Karte insgesamt 216 nutzbare Stufen. Die Stufenhöhe beträgt 128. Das ergibt bei 10V eine Auflösung von 46,3mV/Bit. Bis zum Digitalwert von 32768 wären es maximal 256 Stufen.

8-Bit	unipolar	Stufenhöhe: 128	nutzbare Stufen: 216 (von 256)	Auflösung: 46,3mV/Stufe
11-Bit	unipolar	Stufenhöhe: 16	nutzbare Stufen: 1728 (von 2048)	Auflösung: 5,78mV /Stufe
12-Bit	bipolar	Stufenhöhe: 16	nutzbare Stufen: 2x1728 (von 4096)	Auflösung: 5,78mV /Stufe

Bits der Integerzahl	15	14	13	12	11	10	9	8	7	6	5	4	3	2	1	0
Unipolare 8-Bit-Wandlung	-	8	7	6	5	4	3	2	1	Stufenhöhe 128						
	-	256 Stufen bzw. Einzelbereiche														
Unipolare 11-Bit-Wandlung	-	11	10	9	8	7	6	5	4	3	2	1	Stufenhöhe 16			
	-	2048 Stufen bzw. Einzelbereiche														
Bipolare 12-Bit-Wandlung	12	11	10	9	8	7	6	5	4	3	2	1	Stufenhöhe 16			
	VZ	2048 positive und negative Stufen bzw. Einzelbereiche														

Analog-Digital-Wandlung

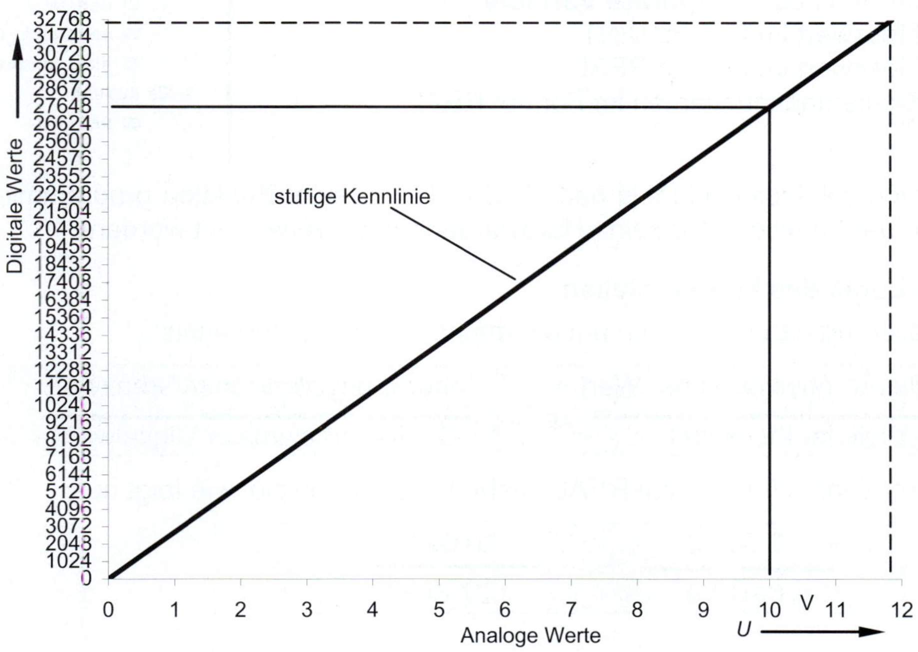

Die von der AD-Karte erzeugten digitalen Festpunktzahlen (Ganzzahlen im 16-Bit-Integer-Format, INT) eignen sich nur schlecht zur Weiterverarbeitung in einem Programm. Es sind Ganzzahlen ohne physikalischen Prozessbezug. Bei mathematischen Operationen (z.B. beim Dividieren) entstehen Rundungsfehler. Es ist daher sinnvoll, diese Werte zu skalieren. Sie werden dabei umgewandelt in Gleitpunktzahlen (Zahlenumfang 32-Bit im Format REAL). Durch die Skalierung erhalten die gewandelten Analogwerte wieder einen physikalischen Bezug.

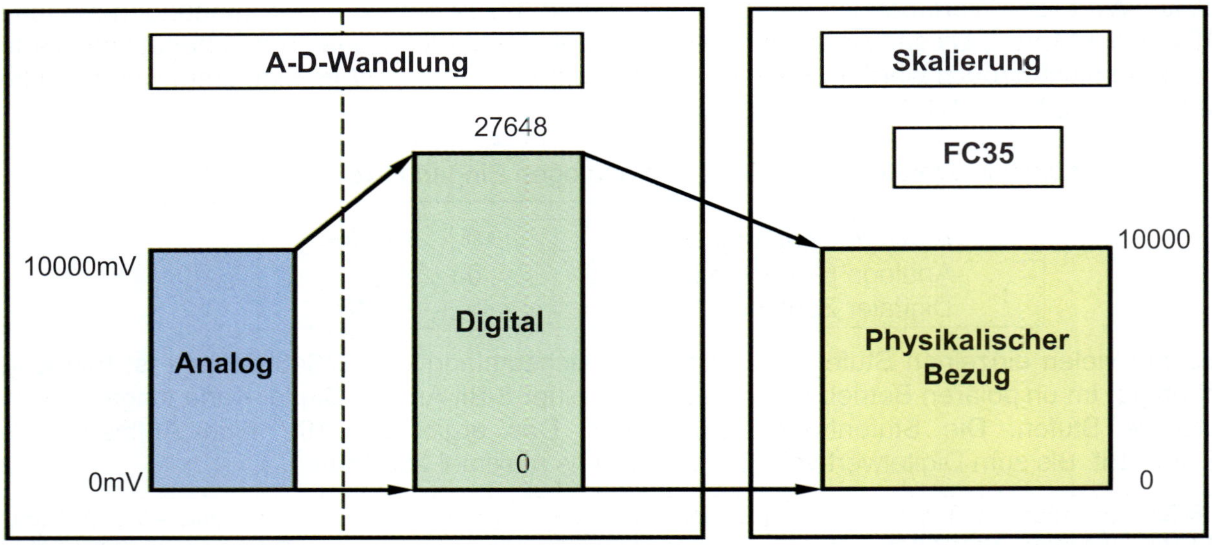

Datentyp	Bits	Zahlen	Wertebereich	Beispiel
INT	16	Festpunktzahl	-32768 bis 32767	27648
DINT	32	Festpunktzahl	-2147483648 bis 2147483647	1648
REAL	32	Gleitpunktzahl	+/-3,402823e+38 bis +/-1,175495e-38	+ 1.00e+4

Die Skalierung soll in der Funktion **„Skalieren" (FC35)** programmiert werden!

S7-Baustein: Funktion	**Nummer: FC35**	**Name: Skalieren**

Die Variablen des FC35 deklarieren

Der Baustein benötigt Informationen (**IN-Variablen**):
- Den aktuellen Messwert im Format INT
- Den oberen Grenzwert im Format REAL

Der Baustein liefert Informationen (**OUT-Variablen**):
- Den skalierten Wert im Format REAL

Erforderlich sind noch **temporäre Variable**:
- Den Messwert im Format DINT
- Den Messwert im Format REAL
- Den Skalierungsquotienten im Format REAL

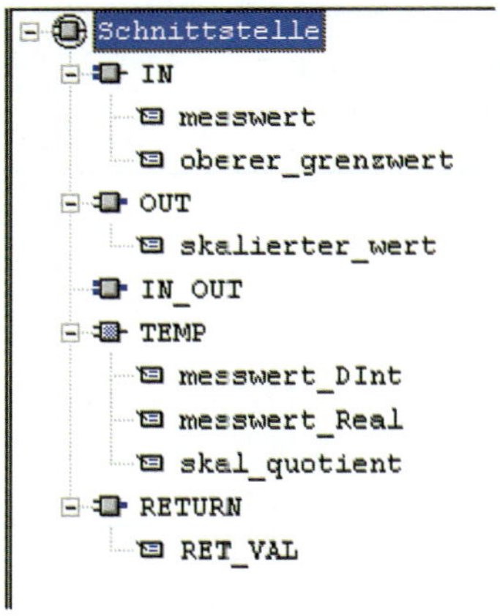

Die Skalierung soll bibliothekfähig nach IEC 61131 in einer Funktion programmiert werden. Es dürfen in der Funktion also keine Hardwareadressen verwendet werden!

Die Programm-Logik des FC35 erstellen

Bei der Skalierung handelt es sich um ein mathematisches Verhältnis:

$$\frac{\text{Skalierter physikalischer Wert}}{\text{Digitaler Messwert}} = \frac{\text{oberer physikalischer Grenzwert}}{\text{27 648 (maximaler Digitalwert)}}$$

Mit konkreten Zahlen (im Format REAL) sieht das zum Beispiel wie folgt aus:

$$\frac{2\,500.0}{6\,912.0} = \frac{10\,000.0}{27\,648.0}$$

Der aktuelle AD-Karten-Messwert in Höhe von 6912 (2,5V) wird zurückgewandelt in eine physikalische Größe im Format REAL von jetzt 2500mV.

Für die Berechnung im FC35 wird aus dem mathematischen Verhältnis eine mathematische Gleichung. Diese Gleichung ist auf den skalierten Wert umgestellt:

$$\text{Skalierter Wert} = \frac{\text{oberer Grenzwert}}{27\,648} \times \text{Messwert}$$

Die Netzwerke des FC35 zum Berechnen des skalierten Wertes:

Netzwerk 1: Den aktuellen #messwert im Format INT in das Format DINT umwandeln. Aus der 16-Bit-Integer-Ganzzahl wird eine 32-Bit-Doppel-Integer-Ganzzahl.

Baustein I_DI (Umwandler)

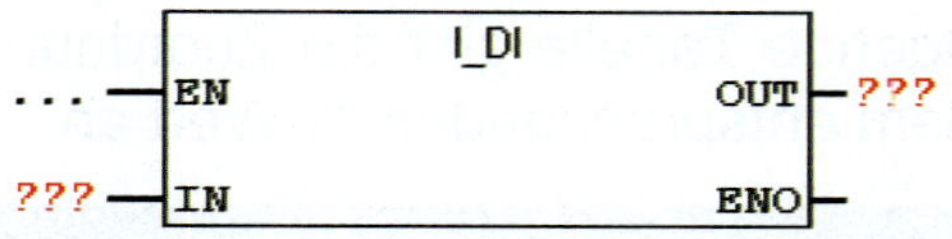

IN: #messwert OUT: #messwert_DInt

Netzwerk 2: Den #messwert_DInt (32-Bit) in eine 32-Bit-Gleitpunktzahl im Format REAL umwandeln.

Baustein DI_R (Umwandler)

IN: #messwert_DInt OUT: #messwert_Real

Netzwerk 3: Den Skalierungsbereich nach oben begrenzen! Es sollen keine größeren Werte als 10V zugelassen werden. Es wird ein Vergleich auf > (größer als) zwischen dem #messwert_Real und dem Wert für den oberen digitalen Grenzbereich (27648,0) durchgeführt. Ist der #messwert_Real größer als 27648,0, dann wird der MOVE-Befehl freigeschaltet (enable) und der Wert 2.7648e+004 (Potenzschreibweise REAL) wird auf den #messwert_Real geschoben!

Baustein CMP>R (Vergleicher) und Baustein MOVE (Verschieben)

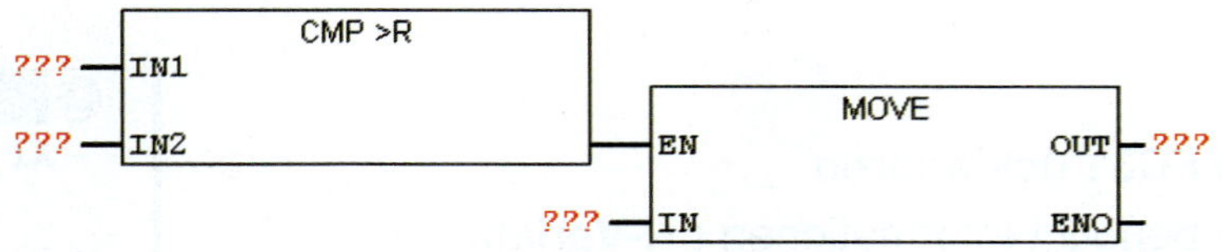

CMP >R: IN1: #messwert_Real IN2: #2.764800e+004
MOVE: EN: CMP-Ergebnis IN: #2.764800e+004 OUT: #messwert_Real

Netzwerk 4: Den Skalierungsquotienten berechnen. Der obere physikalische Grenzwert wird durch den Wert 27648,0 geteilt!

Baustein DIV_R (Gleitpunktfunktion bzw. Gleitpunktarithmetik)

IN1: #oberer_grenzwert IN2: #2.764800e+004 OUT: #skal_quotient

Netzwerk 5: Den skalierten Wert berechnen.

Baustein MUL_R (Gleitpunktfunktion bzw. Gleitpunktarithmetik)

IN1: #skal_quotient IN2:#messwert_Real OUT: #skalierter_wert

Den Baustein speichern und schließen. Die Funktion FC35 steht jetzt als Skalierungsbaustein zur Verfügung.

C2.3 Die Funktion FC31 „Bargrafanzeige-Generator“ programmieren

Der Skalierungsbaustein FC35 stellt die aktuelle Spannung des Generators als Wert im Format REAL im Bereich von 0 … 10 000mV zur Verfügung. Eine Bargrafanzeige soll den Spannungswert optisch in Abhängigkeit der Höhe anzeigen. In einer Stufung von 1000mV -beginnend bei 500mV- soll eine zusätzliche LED leuchten. Bei der senkrechten Anordnung von LEDs als Anzeige einzelner Bits an Simatic-Baugruppen hat das Bit „0“ die oberste und das Bit „7“ die unterste Position. Für eine aufsteigende Bargrafanzeige muss deshalb die Zuordnung der Bits zu den Spannungswerten gegenläufig angeordnet werden.
In der Aufgabe 5 und in der Aufgabe 6 des Projektes steht die Generatorspannung nach der Skalierung nicht als realer Spannungswert zur Verfügung, sondern als ein normierter Wert im Bereich von 0 … 100%. Aus diesem Grunde soll bereits jetzt diese Werteform in der Funktion mit verarbeitet werden.
Die folgende Tabelle gibt die Zuordnung der Anzeige LEDs zu der Generatorspannung bzw. dem entsprechenden %-Wert an:

Bit	Anzeige	Generatorspannung	Normierte Werte
0	Generator-LED-0	U ≥ 7 500mV	75 %
1	Generator-LED-1	U ≥ 6 500mV	65 %
2	Generator-LED-2	U ≥ 5 500mV	55 %
3	Generator-LED-3	U ≥ 4 500mV	45 %
4	Generator-LED-4	U ≥ 3 500mV	35 %
5	Generator-LED-5	U ≥ 2 500mV	25 %
6	Generator-LED-6	U ≥ 1 500mV	15 %
7	Generator-LED-7	U ≥ 500mV	5 %

Die Bargrafanzeige soll in der Funktion **„Bargraf-Anzeige“ (FC31)** programmiert werden.

S7-Baustein: Funktion	**Nummer: FC31**	**Name: Bargraf-Anzeige**

Die Variablen des FC31 deklarieren

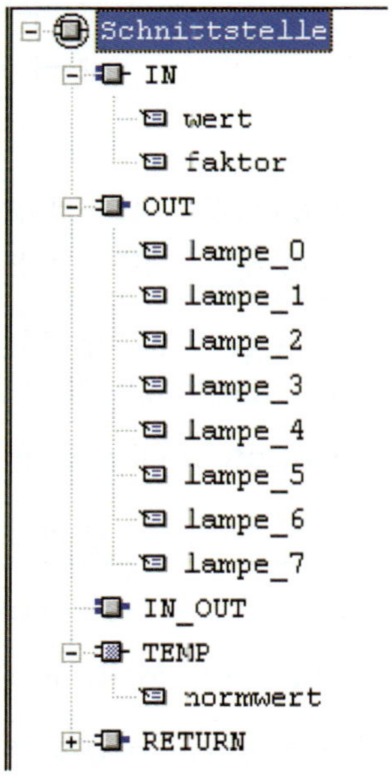

Der Baustein benötigt Informationen (**IN-Variablen**):
- Den skalierten Wert im Format REAL
- Einen Faktor im Format REAL, damit die skalierten Werte als mV- Werte oder als %-Werte verarbeitet werden können.

Der Baustein liefert Informationen (**OUT-Variablen**):
- Die Lampen eines Bytes im Format BOOL für eine optische Anzeige (Bargrafanzeige)

Erforderlich ist noch eine **temporäre Variable**:
- #normwert ist der mit dem #faktor multiplizierte #wert Format: REAL

Die Programm-Logik des FC31 erstellen

Netzwerk 1: Der aktuelle Eingangswert #wert steht im Format REAL als Spannungswert von 0…10000mV (Aufgaben 1 bis 4) oder als %-Wert von 0 … 100% (Aufgabe 5 und 6) zur Verfügung. Nach einer Faktoranpassung mit den Faktorwerten 1 (Aufgaben 1 bis 4) oder 100 (Aufgabe 5 und 6) steht mit #normwert ein allgemein gültiger Eingangswert für die einzelnen Vergleichsabfragen zur Verfügung.

Baustein MUL_R (Gleitpunktfunktion bzw. Gleitpunktarithmetik)

IN1: #wert	IN2:#faktor	OUT: #normwert

Netzwerk 2: Zum Einschalten der einzelnen Lampen bzw. LEDs wird der #normwert mit der vorgegebenen Schaltschwelle verglichen. Da die Lampen bei einem höheren Wert nicht ausgehen sollen, muss auf >= (≥ Größer gleich) verglichen werden.

Baustein CMP>=R (Vergleicher) und eine Zuweisung

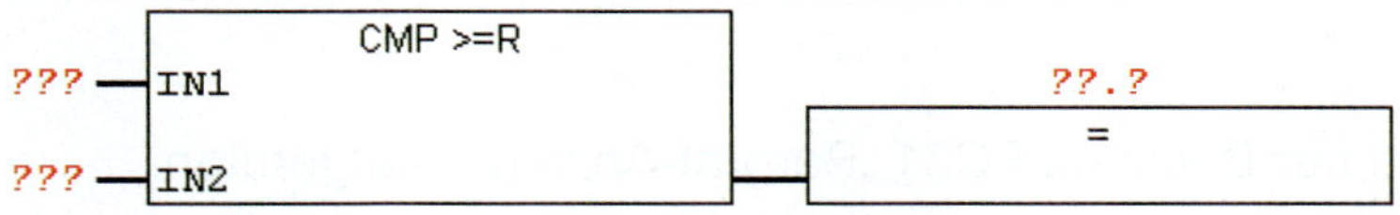

CMP >=R: IN1: #normwert	IN2: #5.00e+002
Zuweisung: #lampe_7	

Netzwerk 3 bis Netzwerk 9: Wie im Netzwerk 2 erfolgt hier der Vergleich auf die weiteren Schaltschwellen.

Den Baustein speichern und schließen. Die Funktion FC31 steht jetzt als Bargrafanzeige-Generatorspannung zur Verfügung.

C2.4 Der Organisationsbaustein OB1 „Analoge Eingangswerte skalieren“

Im OB1 werden im **Netzwerk 1** der Visualisierungsbaustein FB 63 „Motor-Visualisierung“ mit dem DB63 „Daten Visualisierung“ aufgerufen.

Prozessabbild der Ausgänge PAA:	AW124 (Bargrafanzeige von Motor und Generator)
Nummer der Aufgabe:	1
Analoges Eingangswort:	„Analog_In“ (EW 752)

Netzwerk 1 : Aufruf des Visualisierungs-Funktionsbaustein FB63, DB63

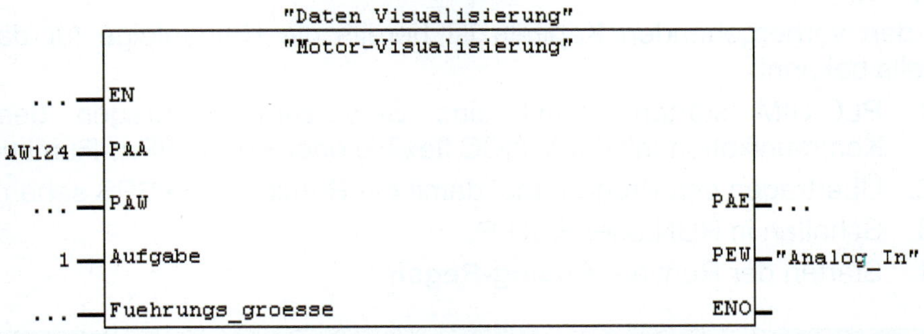

Im **Netzwerk 2** wird der Baustein FC35 „Skalieren“ aufgerufen.

Messwert:	„Analog_In“ (EW 752)
Oberer Grenzwert:	1.0000e+004 (10 000.0)
Skalierter Wert:	#Generator_x_Groesse

Der Wert der Variablen **#Generator_x_Groesse** wird an den Baustein FC 31 weitergereicht. Er muss deshalb als temporäre Variable in die Deklarationstabelle des OB1 eingetragen werden. Weil der skalierte Wert in den weiteren Aufgaben als Regelgröße dient, hat er hier schon den entsprechenden Namen erhalten.

Netzwerk 2 : Analoge Eingangswerte einlesen

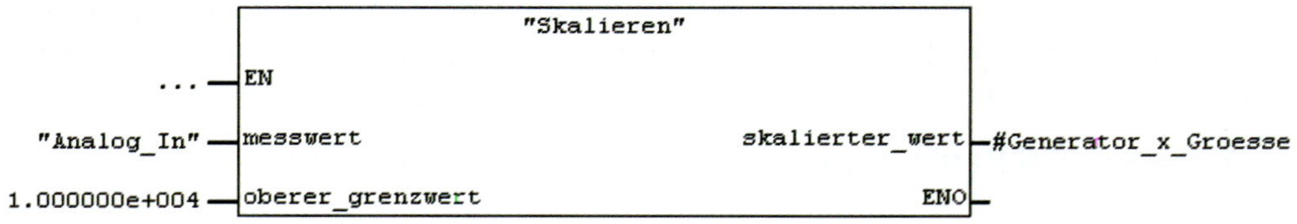

Im **Netzwerk 3** wird der Baustein FC31 „Bargraf-Anzeige“ aufgerufen.

Wert:	#Generator_x_Groesse	(skalierter Wert)
Faktor:	1.000e+000	(1.0, weil im Bereich bis 10000mV)
Lampe_0 bis Lampe_7:	Bits 125.0 bis 125.7	(„Generator_LED_0” bis _7)

Netzwerk 3 : Bargrafanzeige der Generatorspannung

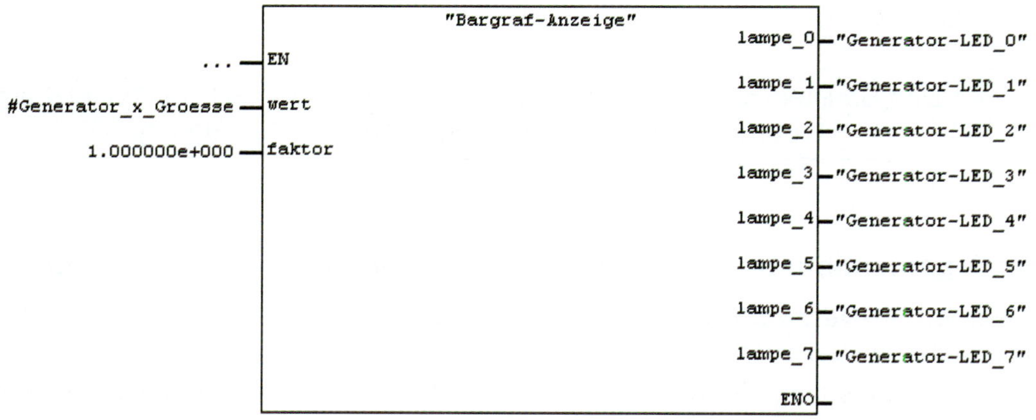

Achtung: Hier im OB1 ist die Schnittstelle zwischen der Programmlogik und der Hardware. Die real vorhandene Sensorik wird an dieser Stelle an die Programmlogik angepasst. Bei einer späteren Hardwareveränderung muss nur diese Schnittstelle korrigiert werden. Bibliotheksfähige und damit IEC-konforme Programmbausteine sind grundsätzlich hardwarefrei.

Programmtest mit dem virtuellen Modell:

Aus den vorhergehenden Kapiteln ist bereits die Reihenfolge für das Starten des virtuellen Modells bekannt:

1. PLC-SIM starten, damit eine SPS zum Übertragen des Programms und zur Kommunikation mit der WinCC flexible oder ProTool/Pro-Runtime zur Verfügung steht.
2. Übertragen des Programms, damit die Runtime eine SPS sehen kann.
3. Schalten in RUN oder RUN-P.
4. Starten der Runtime **Analog-Regeln**.

Und nun viel Erfolg bei der Inbetriebnahme der Aufgabe 1
„Analoge Eingangswerte skalieren“!

C3 Gleichstromgenerator steuern

Das Projekt „Analogwertverarbeitung mit einer Motor-Generator-Anlage“ hat einen DC-Antriebsmotor und einen DC-Gleichstromgenerator. Mit einem Sollwertsteller wird die Führungsgröße für den Gleichstrommotor erzeugt. Dieser Wert (Stellgröße) wird deskaliert und als analoger Ausgangswert aus der SPS an den Gleichstrommotor ausgegeben. Sowohl die Größe der Motorspannung, als auch die Größe der Generatorspannung werden als Bargraf dargestellt. Zwischen Motorspannung und Generatorspannung besteht eine Spannungsdifferenz. Diese Differenz wird bei Belastung des Generators größer.

In dieser **Aufgabe 2** soll als neue Komponente folgende Funktionalität programmiert werden:

- Die Spannungsvorgabe des Antriebmotors einstellen, diesen Wert im Format REAL in einen Integerwert umwandeln (Deskalieren) und diesen Wert mittels Digital-Analogkarte ausgeben.

Im Organisationsbaustein OB1 erfolgt die Datenübergabe zur Prozessvisualisierung an den FB63 mit seinem DB63, die Datenweiterleitung an die Funktionen „Skalieren“ FC35 und „Bargrafanzeige-Generator“ FC31, an den Funktionsbaustein „Motorsollwerte“ FB32 mit seinem DB32 und an die Funktionen „Deskalieren“ FC36 und „Bargrafanzeige-Motor“ FC31. Die programmierte Logik der Funktion „Bargrafanzeige“ FC31 wird sowohl für den Motor als auch für den Generator genutzt.

Die Programmstruktur zur Aufgabe 2 des Projektes:

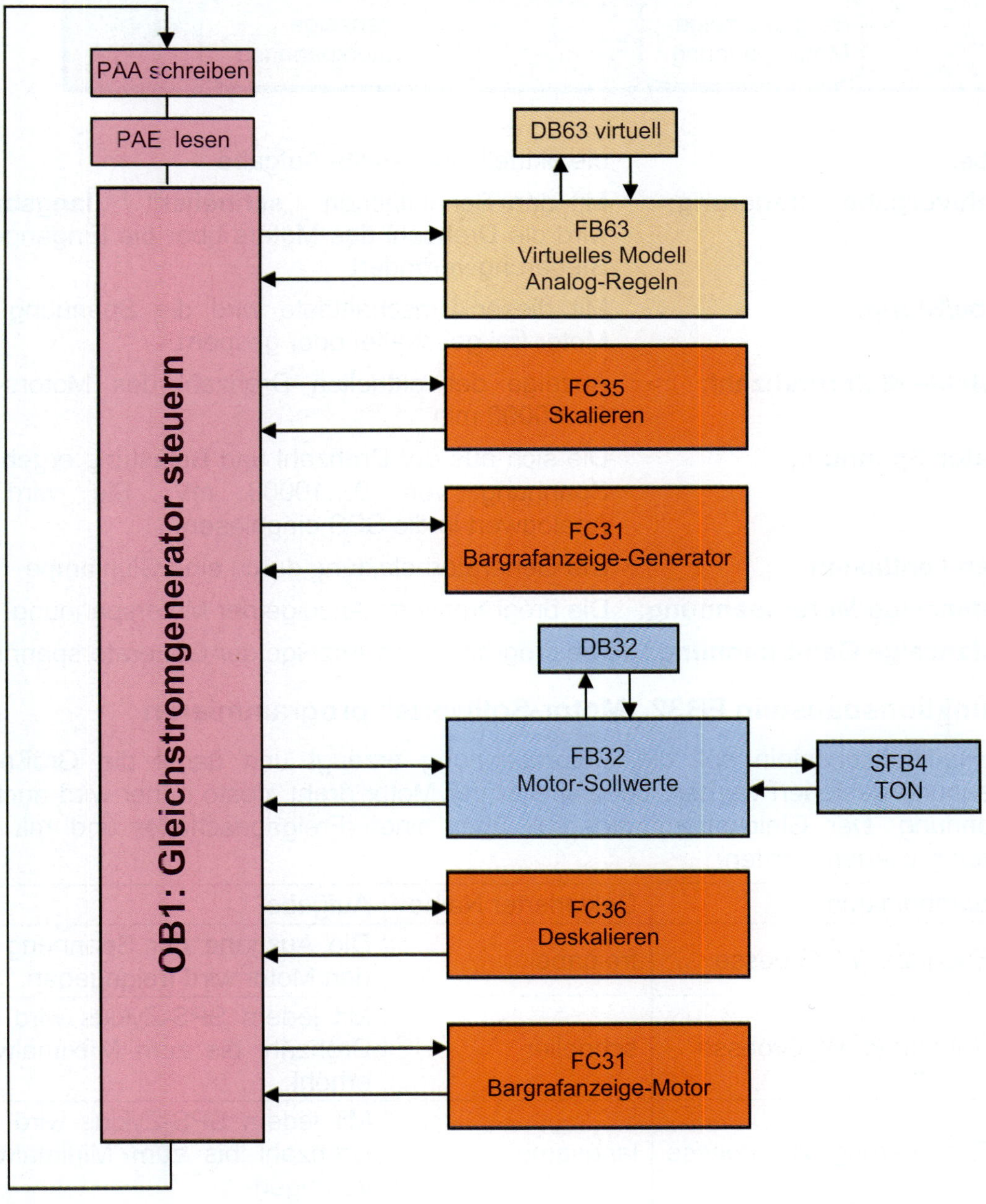

Die Runtimeversion für Aufgabe 2 des Projektes:

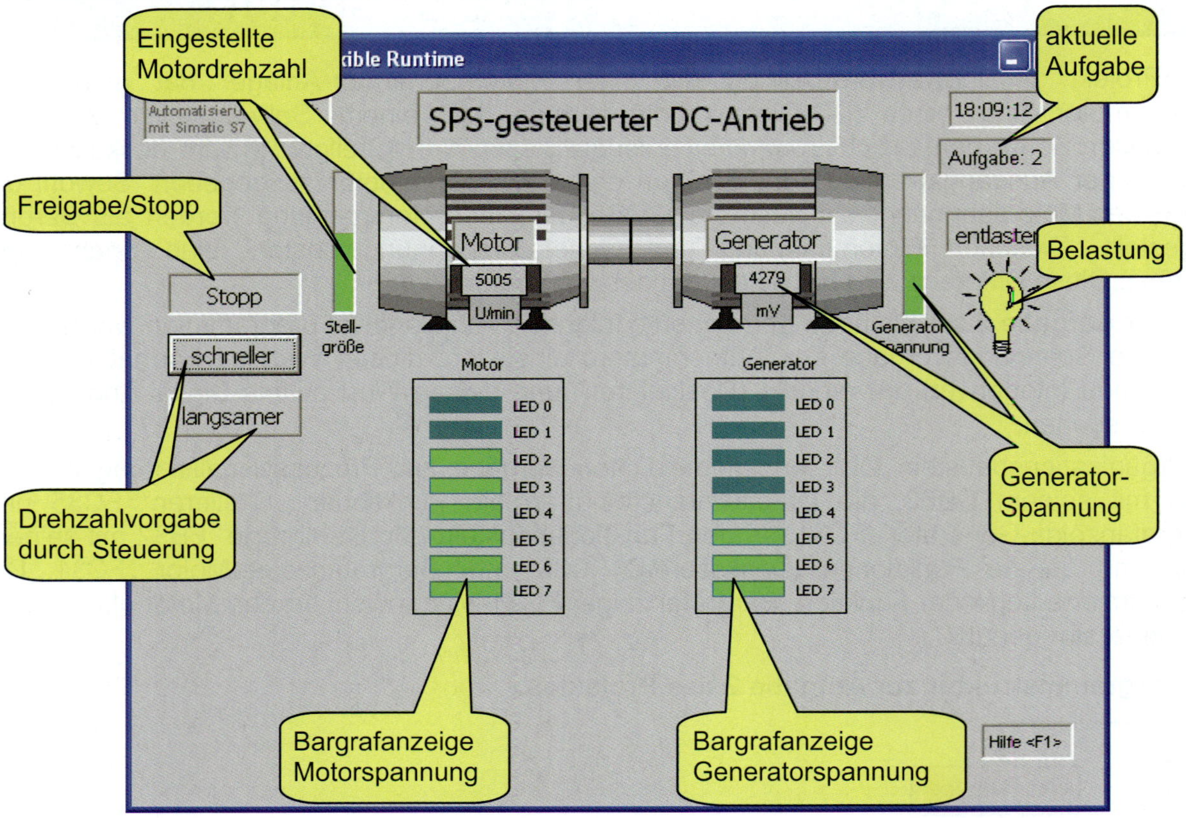

Erklärungen:

- **Aufgabe:** die aktuell eingestellte Aufgabe
- **Drehzahlvorgabe - Steuerung:** Mit den Schaltflächen **„schneller“** / **„langsamer“** wird die Drehzahl des Motors über die Eingänge der Steuerung verändert.
- **Freigabe/Stopp:** Mit dieser Umschalttaste wird die Spannung zum Motor frei geschaltet oder gesperrt.
- **Eingestellte Motordrehzahl:** Anzeige der aktuellen Drehzahl des Motors von 0…10000 min^{-1}.
- **Generator-Spannung:** Die sich aus der Drehzahl und Belastung ergebende Spannung von 0…10000 mV. Sie wird als Analogwert in die SPS eingelesen.
- **belasten / entlasten:** Die Generatorbelastung durch eine Glühlampe
- **Bargrafanzeige Motorspannung:** Die programmierte Anzeige der Motorspannung
- **Bargrafanzeige Gen-Spannung:** Die programmierte Anzeige der Generatorspannung

C3.1 Den Funktionsbaustein FB32 „Motor-Sollwerte“ programmieren

Mit diesem Funktionsbaustein soll die Motorspannung erzeugt und damit die Größe der Generatorspannung gesteuert werden. Je schneller der Motor dreht, desto höher wird auch die Generatorspannung. Der Gleichstrommotor soll über einen Freigabeschalter und mit zwei Funktionstasten gesteuert werden:

Adresse	Symbolname	Deklarierter Name	Aufgabe
E124.0	Freigabe_W_Groesse	freigabe	Die Ausgabe der Spannung an den Motor wird freigegeben.
E124.1	Anhebung_W_Groesse	schneller	Mit jedem SPS-Zyklus wird die Drehzahl bis zum Maximalwert erhöht.
E124.2	Reduzierung_W_Groesse	langsamer	Mit jedem SPS-Zyklus wird die Drehzahl bis zum Minimalwert verringert.

Die Schrittweite, also die Größe der Veränderung mit jedem SPS-Zyklus, und der Maximalwert sollen parametrierbar sein. Der vorgegebene Wert der Schrittweite soll sich im Funktionsbaustein zeitabhängig verzehnfachen. Werden die Tasten „schneller" oder „langsamer" länger als 1 Sekunde dauerhaft betätigt, verzehnfacht sich die Änderungsgeschwindigkeit. Im Tippbetrieb der Tasten ist wieder die einfache Geschwindigkeit gegeben.
Der Funktionsbaustein gibt zwei Werte im Format REAL aus:

Deklarierter Name	Aufgabe
w_groesse	Die Ausgabe der Spannung an den Motor erfolgt nur bei vorhandener Freigabe. Ist keine Freigabe gegeben ist dieser Wert gleich 0.
w_vorwahl	Auf der Bargrafanzeige des Motor soll der gesteuerte Wert unabhängig von einer Spannungsfreigabe sichtbar sein. Bei vorhandener Freigabe springt der Spannungswert dann gleich auf diesen vorgewählten Wert.

Die Steuerung Motorspannung soll in dem Funktionsbaustein **„Motor-Sollwerte" (FB32)** programmiert werden.

S7-Baustein: Funktionsbaustein Nummer: FB32 Name: Motor_Sollwerte

Die Variablen des FB32 deklarieren

Der Baustein benötigt Informationen (**IN-Variablen**):
- Das Freigabe-Signal (BOOL)
- Das Taster-Signal für schneller (BOOL)
- Das Taster-Signal für langsamer (BOOL)
- Die Schrittweite im Format REAL
- Den maximalen Drehzahlwert im Format REAL

Der Baustein liefert Informationen (**OUT-Variablen**):
- Den Ausgabewert bei Freigabe im Format REAL
- Den Ausgabewert ohne Freigabe im Format REAL

Erforderlich sind noch **statische Variable**:
- Den aktuell erzeugten Wert im Format REAL
- Den Faktor für das neue Tempo im Format REAL

Automatisch generiert wird die **statische Variable**:
- TON_Tempo als Multiinstanz

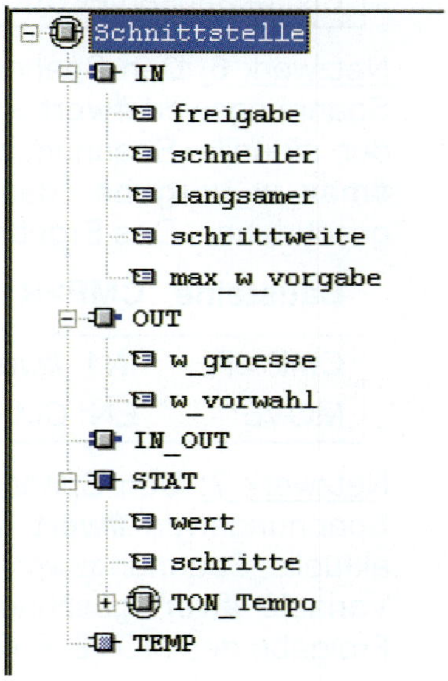

Dieser Funktionsbaustein soll bibliothekfähig nach IEC 61131-3 programmiert werden. Es dürfen in diesem Funktionsbaustein keine Hardwareadressen verwendet werden!

Die Programm-Logik des FB32 erstellen

Netzwerk 1: Im ersten Netzwerk steht der IEC-Zeitgeber TON mit dem Namen **#TON_Tempo**, der die Steuerungsgeschwindigkeit umschaltet.

IN: (#langsamer **oder** #schneller)	PT: T#1s

Der Ausgang Q des IEC-Timers muss nicht beschaltet werden. Als Ausgangssignal wird der automatisch generierte, interne Ausgang des IEC-Timers mit dem Namen **#TON_Tempo.Q** benutzt.

Netzwerk 2: Die konstante **Eingangsvariable #schrittweite** wird mit dem **Move-Befehl** auf die **statische Variable #schritte** geschoben. Eine statische Variable kann im Gegensatz zu einer Eingangsvariablen im Programm verändert werden. Sie ist damit eine universell einsetzbare Variable.

Baustein MOVE

IN:#schrittweite	OUT: #schritte

<u>Netzwerk 3:</u> Die Schrittweite wird zeitabhängig verzehnfacht. Ist der IEC-Timer-Wert erreicht, wird die Multiplikation freigegeben und der Wert **#schrittweite** wird mit dem Wert 10 Multipliziert.

Baustein MUL_R

EN:#TON_Tempo.Q	IN1:#schrittweite	IN2:1.000e+001	OUT: #schritte

<u>Netzwerk 4:</u> Der Spannungswert **#wert** soll in jedem SPS-Zyklus um den Wert **#schritte** erhöht werden. Die Variable **#wert** als Eingangswert der Addition wird nach der Addition zur vergrößerten Variablen **#wert**!

Baustein ADD_R

EN: (#schneller **und** $\overline{\text{\#langsamer}}$)	IN1: #wert	IN2: #schritte	OUT: #wert

<u>Netzwerk 5:</u> Der Spannungswert **#wert** soll in jedem SPS-Zyklus um den Wert **#schritte** reduziert werden. Die Variable **#wert** als Eingangswert der Subtraktion wird nach der Subtraktion zur reduzierten Variablen **#wert**!

Baustein SUB_R

EN: (#langsamer **und** # $\overline{\text{schneller}}$)	IN1: #wert	IN2: #schritte	OUT: #wert

<u>Netzwerk 6:</u> Den Spannungswert auf den Maximalwert begrenzen. Der zuvor berechnete Spannungswert **#wert** wird mit dem vorgegebenen maximalen Drehzahlwert verglichen. Ist der aktuelle Spannungswert **#wert** größer als (CMP > R) der maximale Vorgabewert **#max_w_vorgabe**, dann wird der maximale Vorgabewert auf die Variablen **#wert** geschrieben. Das Ergebnis des Compare-Befehl steuert die Freigabe des MOVE-Befehls.

Bausteine CMP>R und **MOVE**

CMP >R:	IN1: #wert	IN2: #max_w_vorgabe	
MOVE:	EN: CMP-Ergebnis	IN: #max_w_vorgabe	OUT: #wert

<u>Netzwerk 7:</u> Den Spannungswert auf den Minimalwert begrenzen. Der zuvor berechnete Spannungswert **#wert** wird mit dem minimalen Drehzahlwert auf „0" verglichen. Ist der aktuelle Spannungswert **#wert** kleiner als (CMP < R) 0, dann wird der Wert 0 auf die Variable **#wert** geschrieben. Das Ergebnis des Compare-Befehls steuert auch hier die Freigabe des MOVE-Befehls.

Bausteine CMP<R und **MOVE**

CMP <R:	IN1: #wert	IN2: #0.000e+000	
MOVE:	EN: CMP-Ergebnis	IN: #0.0000e+000	OUT: #wert

<u>Netzwerk 8:</u> Mit dem MOVE-Befehl die Ausgabe des erzeugten Spannungswertes **#wert** auf 0 setzen, wenn keine Freigabe gegeben ist.

Baustein MOVE

EN: #$\overline{\text{freigabe}}$	IN: #0.000e+000	OUT: #w_groesse

<u>Netzwerk 9:</u> Bei gegebener Freigabe mit dem MOVE-Befehl die Ausgabe des erzeugten Spannungswertes **#wert** auf die Ausgangsvariable #w_groesse setzen.

Baustein MOVE

EN: #freigabe	IN: #wert	OUT: #w_groesse

<u>Netzwerk 10:</u> Unabhängig von einer Freigabe soll der aktuell gesteuerte Spannungswert als Vorwahlwert und damit als optische Bargrafanzeige für den Motor zur Verfügung stehen. Mit dem MOVE-Befehl wird die Variable **#wert** auf die Ausgangsvariable #w_vorwahl gesetzt.

Baustein MOVE

IN: #wert	OUT: #w_vorwahl

Den Baustein speichern und schließen. Der Funktionsbaustein FB32 steht nun als Steuerungsbaustein zur Verfügung.

C3.2 Die Funktion FC36 „Deskalieren“ programmieren

Der Spannungswert für den Motor wird im Format REAL als physikalische Größe im Bereich von 0…10000mV mit dem Funktionsbaustein FB32 Motor_Sollwerte eingestellt. Die Digital-Analogkarte am analogen Ausgang der SPS kann aber nur einen digitalen Wert im Format Integer in einen Spannungswert von 0-10V umwandeln. Die Höhe der analogen Ausgangsspannung ist abhängig von den Einstellungen des analogen Kanals. Bei unipolarem Betrieb und bei digitalen Werten zwischen **0 und 27648** wird eine Spannung zwischen 0 bis 10V ausgegeben.

Der digitale Wert **27648** erzeugt einen analogen Ausgangswert von **100%**!

Digitaler Zahlenwert	0 … 27648
Analoge Ausgangsspannung	0 … 10 V
Analoger Ausgangswert	0 … 100%

Bei der DA-Wandlung ist die Auflösung und damit die Stufung hardwareabhängig. Im unipolaren Betrieb ergeben sich bei einer 8-Bit Digital-Analog-Karte insgesamt 216 nutzbare Stufen. Die Stufenhöhe beträgt 128. Bis zum Digitalwert von 32768 sind es maximal 256 Stufen.

8-Bit unipolar	Stufenhöhe: 128	nutzbare Stufen: 216 (von 256)	Auflösung: 46,3mV/Stufe
11-Bit unipolar	Stufenhöhe: 16	nutzbare Stufen: 1728 (von 2048)	Auflösung: 5,78mV /Stufe
12-Bit bipolar	Stufenhöhe: 16	nutzbare Stufen: 2x1728 (von 2048)	Auflösung: 5,78mV /Stufe

Damit die DA-Karte eine analoge Spannung erzeugen kann, muss ihr ein digitaler Wert im Format INT zugewiesen werden. Die im Programm vom FB32 eingestellten physikalischen Spannungswerte müssen deskaliert, also auf digitale Werte umgerechnet werden. Erst mit diesen Integer-Werten erfolgt in der DA-Karte die Umwandlung auf analoge Werte.

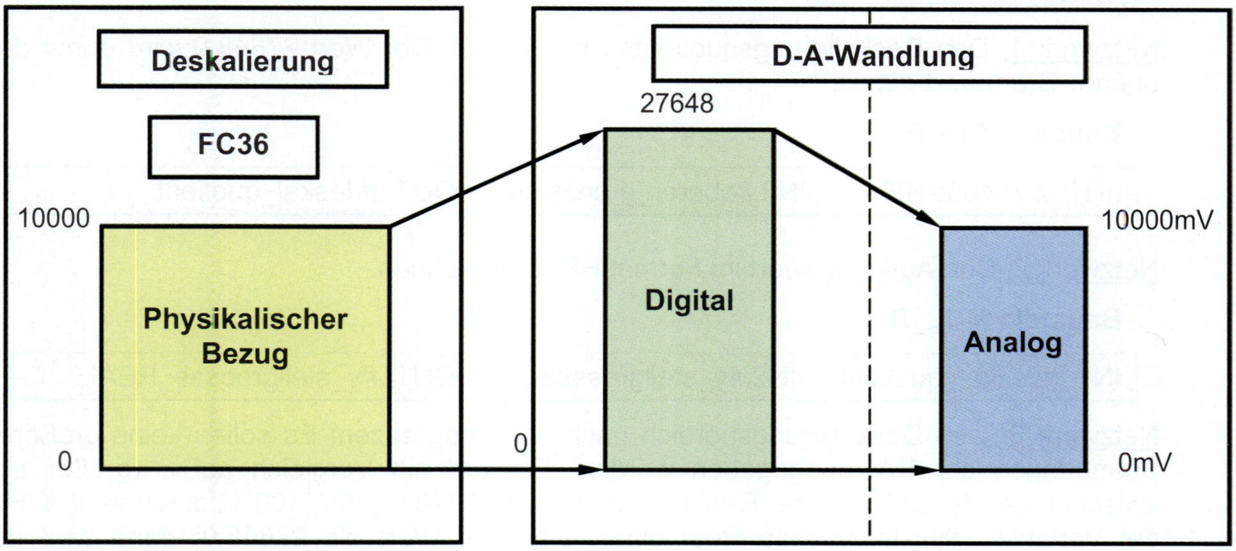

Die Deskalierung soll in der Funktion **„Deskalieren“ (FC36)** programmiert werden.

S7-Baustein: Funktion	**Nummer: FC36**	**Name: Deskalieren**

Die Variablen des FC36 deklarieren

Der Baustein benötigt Informationen (**IN-Variablen**):
- Die zu wandelnde Größe im Format REAL
- Den oberen Grenzwert im Format REAL

Der Baustein liefert Informationen (**OUT-Variablen**):
- Den deskalierten Wert im Format INT

Erforderlich sind noch **temporäre Variable**:
- Der Deskalierungsquotient im Format REAL
- Die Ausgangsgröße im Format REAL
- Die Ausgangsgröße im Format DINT

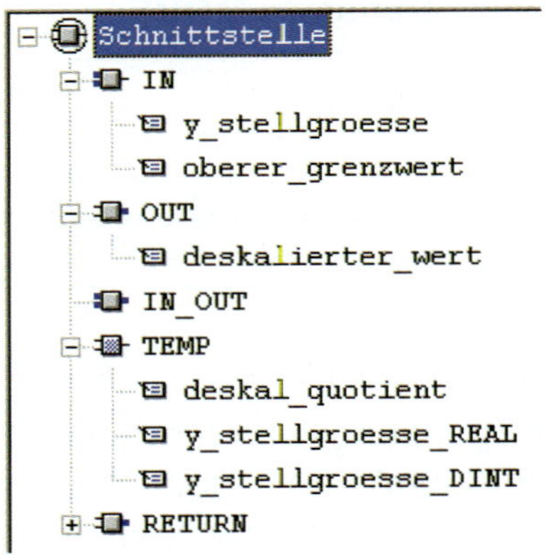

Die Deskalierung soll bibliothekfähig nach IEC 61131 in einer Funktion programmiert werden. Es dürfen in der Funktion keine Hardwareadressen verwendet werden!

Die Programm-Logik des FC36 erstellen

Bei der Deskalierung handelt es sich um ein mathematisches Verhältnis:

$$\frac{\text{deskalierter digitaler Wert}}{\text{physikalischer Ausgabewert}} = \frac{\text{27 648 (maximaler Digitalwert)}}{\text{oberer physikalischer Grenzwert}}$$

Mit konkreten Zahlen (im Format REAL) sieht das zum Beispiel wie folgt aus:

$$\frac{6\,912.0}{2\,500.0} = \frac{27\,648.0}{10\,000.0}$$

Die DA-Karte der SPS muss den Digitalwert 6912 im Format INT erhalten. Dann erfolgt in der Hardware die Wandlung auf den analogen Spannungswert von 2500mV.

Für die Berechnung im FC36 wird aus dem mathematischen Verhältnis eine mathematische Gleichung. Diese Gleichung ist auf den deskalierten Wert umgestellt:

$$\text{deskalierter Wert} = \frac{27\,648}{\text{oberer Grenzwert}} \text{ X physikalischer Ausgabewert}$$

Die Netzwerke des FC36:

Netzwerk 1: Den Deskalierungsquotienten berechnen. Der Wert 27648,0 wird durch den oberen Grenzwert geteilt!

Baustein DIV_R

IN1: 2.76480e+004 IN2:#oberer_grenzwert OUT: #deskal_quotient

Netzwerk 2: Den Ausgangswert im Format REAL berechnen.

Baustein MUL_R

IN1: #deskal_quotient IN2:#y_stellgroesse OUT: #y_stellgroesse_REAL

Netzwerk 3: Den Deskalierungsbereich nach oben begrenzen! Es sollen keine größeren Spannungen als 10V ausgegeben werden. Es wird ein Vergleich auf > (größer als) zwischen der #y_stellgroesse_Real und dem Wert 27648,0 (10V, 100%) durchgeführt. Hat die Variable #y_stellgroesse_Real einen größeren Wert als 27648,0, dann wird der MOVE-Befehl freigeschaltet (enable) und der Wert 2.7648e+004 (Potenz-Format) auf die Variable #y_stellgroesse_Real geschoben!

Bausteine CMP>R und **MOVE**

CMP >R: IN1: #y_stellgroesse_Real IN2: #2.76480e+004
MOVE: EN: CMP-Ergebnis IN: #2.76480e+004 OUT: #y_stellgroesse_REAL

Netzwerk 4: Den Deskalierungsbereich auf den Minimalwert begrenzen. Es sollen keine kleineren Spannungen als 0V ausgegeben werden. Es wird ein Vergleich auf < (kleiner als) zwischen der #y_stellgroesse_Real und dem Wert 0,0 (0V, 0%) durchgeführt. Hat die Variable #y_stellgroesse_Real einen kleineren Wert als 0,0, dann wird der MOVE-Befehl freigeschaltet (enable) und der Wert 0.0e+000 (Potenz-Format) auf die Variable #y_stellgroesse_Real geschoben!

Bausteine CMP<R und **MOVE**

CMP <R:	IN1: #y_stellgroesse_Real	IN2: #0.000e+000	
MOVE:	EN: CMP-Ergebnis	IN: #0.000e+000	OUT: #y_stellgroesse_REAL

Netzwerk 5: Die Ausgangsgröße ist jetzt gewandelt und nach oben und unten begrenzt. Sie hat aber noch das Format REAL. Zahlen im Format REAL sind Gleitpunktzahlen mit einer Datenbreite von 32-Bit. Im ersten Schritt wird die Gleitpunktzahl in eine Festpunktzahl mit gleicher Datenbreite von 32 Bit gewandelt (REAL auf DINT). Mit dem ROUND-Befehl wird diese Wandlung realisiert.

Baustein ROUND

IN: #y_stellgroesse_REAL	OUT: #y_stellgroesse_DINT

Netzwerk 6: In einem zweiten Schritt wird jetzt die Ausgangsgröße auf das 16-Bit Integer Format gebracht. (DINT auf INT).

Achtung: Bei dieser Umformung wird zur besonderen Vorsicht gemahnt! Alle Werte, die größer als 65536 sind, werden bei dieser Umformung verfälscht.

Da in der vorliegenden Programmierlogik nur ein Werteumfang bis 27648 auftritt, kann die Umwandlung mit dem MOVE-Befehl korrekt realisiert werden. Die Deskalierung ist damit beendet.

Baustein MOVE

IN: #y_stellgroesse_DINT	OUT: #deskalierter_wert

Den Baustein speichern und schließen. Die Funktion FC36 steht jetzt als Deskalierungsfunktion zur Verfügung.

C3.3 Der Organisationsbaustein OB1 „Gleichstromgenerator steuern“

Im OB1 werden im **Netzwerk 1** der Visualisierungsbaustein FB 63 „Motor-Visualisierung“ mit dem Instanzdatenbaustein DB63 „Daten Visualisierung“ aufgerufen.

Prozessabbild der Ausgänge PAA:	AW124	(Bargrafanzeige von Motor und Generator)
Analoges Ausgangswort PAW:	„Analog_OUT“	(AW 752)
Nummer der Aufgabe:	2	
Prozessabbild der Eingänge PAE:	EB124	(Eingangs-Steuerelemente)
Analoges Eingangswort:	„Analog_In“	(EW 752)

Netzwerk 1 : Prozess-Visualisierung einbinden

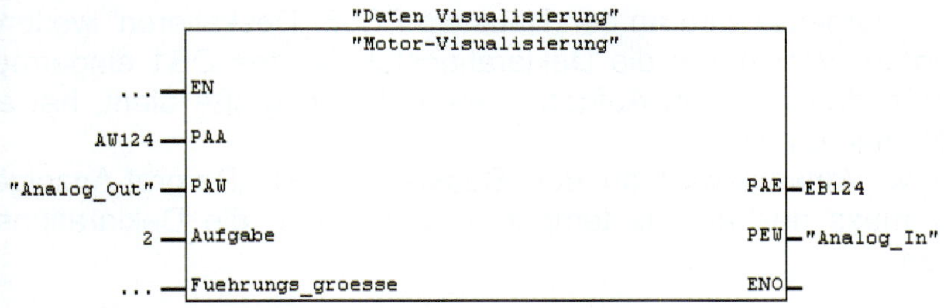

Im **Netzwerk 2** wird der Baustein FC35 „Skalieren“ aufgerufen.

Messwert:	„Analog_In“	(EW 752)
Oberer Grenzwert:	1.000e+004	(10 000.0)
Skalierter Wert:	#Generator_x_Groesse	temporäre Variable des OB1

Der Wert #Generator_x_Groesse wird an den Baustein FC 31 „Bargraf-Anzeige“ für den Generator weitergereicht. Er muss deshalb als temporäre Variable in die Deklarationstabelle des OB1 eingetragen werden. Weil der skalierte Wert in den weiteren Aufgaben als Regelgröße dient, hat er hier schon den entsprechenden Namen erhalten.

Netzwerk 2 : Analoge Eingangswerte einlesen

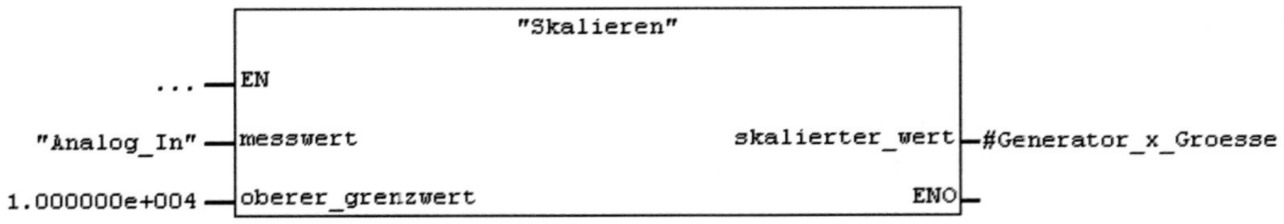

Im **Netzwerk 3** wird der Baustein FC31 „Bargraf-Anzeige“ aufgerufen.

Wert:	#Generator_x_Groesse	(skalierter Wert)
Faktor:	1.00e+000	(1.0, weil im Bereich bis 10000mV)
Lampe_0 bis Lampe_7:	Bits 125.0 bis 125.7	(„Generator_LED_0” bis _7)

Netzwerk 3 : Bargraf-Anzeige der Generatorwerte

Im **Netzwerk 4** werden der Baustein FB32 „Motor_Sollwerte“ mit dem Instanzdatenbaustein DB32 „Daten_Motor_Sollwerte“ aufgerufen.

freigabe:	„Freigabe_W_Groesse“	(E 124.0)
schneller:	„Anhebung_W_Groesse“	(E 124.1)
langsamer:	„Reduzierung_W_Groesse“	(E 124.2)
schrittweite:	1.000e+000	(1.0)
max_w_vorgabe:	1.000e+004	(10 000.0)
w_groesse:	#Motor_w_Groesse	temporäre Variable des OB1
w_vorwahl:	#Motor_w_Vorwahl	temporäre Variable des OB1

Der Wert #Motor_w_Groesse wird an den Baustein FC36 „Deskalieren“ weitergereicht. Er muss deshalb als temporäre Variable in die Deklarationstabelle des OB1 eingetragen werden. Weil der skalierte Wert in den weiteren Aufgaben als Führungsgröße dient, hat er hier schon den entsprechenden Namen erhalten.

Der Wert #Motor_w_Vorwahl wird an den Baustein FC31 „Bargraf-Anzeige“ für den Motor weitergereicht. Er muss deshalb als temporäre Variable in die Deklarationstabelle des OB1 eingetragen werden.

Netzwerk 4 : Motor-Sollwerte steuern

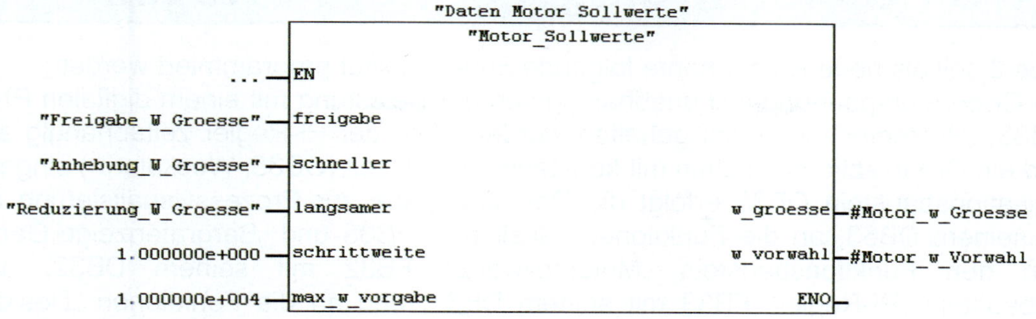

Im **Netzwerk 5** wird der Baustein FC36 „Deskalieren“ aufgerufen.

y_stellgroesse:	#Motor_w_Groesse	temporäre Variable des OB1
Oberer Grenzwert:	1.000e+004	(10 000.0)
deskalierter_wert:	„Analog_OUT“	(EW 752)

Netzwerk 5 : Analoge Ausgangswerte ausgeben

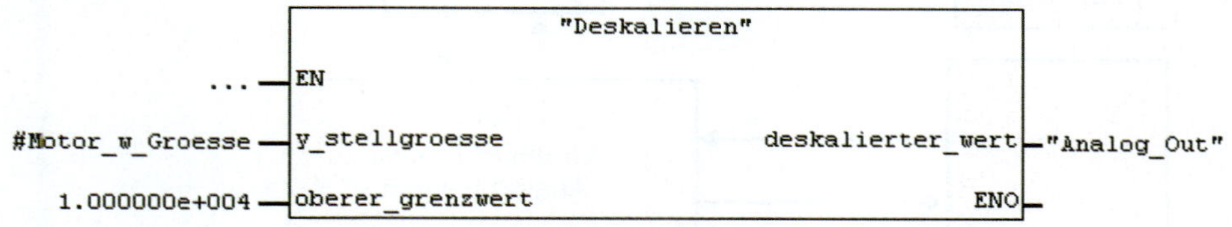

Im **Netzwerk 6** wird der Baustein FC31 „Bargraf-Anzeige“ aufgerufen.

Wert:	#Motor_w_Vorwahl	temporäre Variable des OB1
Faktor:	1.00e+000	(1.0, weil im Bereich bis 10000mV)
Lampe_0 bis Lampe_7:	Bits 124.0 bis 124.7	(„Motor_LED_0” bis _7)

Netzwerk 6 : Bargraf-Anzeige der Motorwerte

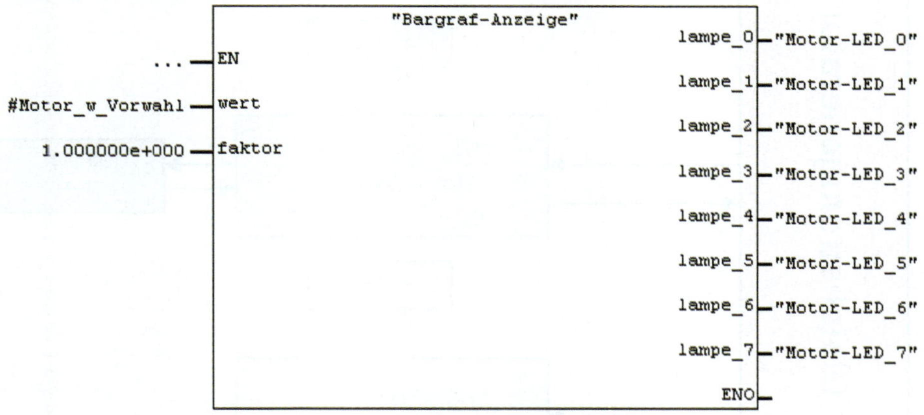

Achtung: Hier im OB1 ist die Schnittstelle zwischen der Programmlogik und der Hardware. Die real vorhandene Sensorik wird an dieser Stelle an die Programmlogik angepasst. Bei einer späteren Hardwareveränderung muss nur diese Schnittstelle korrigiert werden. Bibliotheksfähige und damit IEC-konforme Programmbausteine sind grundsätzlich hardwarefrei.

Und nun viel Erfolg bei der Inbetriebnahme der Aufgabe 2 „Gleichstromgenerator steuern“!

C4 Gleichstromgenerator PI-Regeln

In **Aufgabe 3** soll als neue Komponente folgende Funktionalität programmiert werden:

- Die Generatorspannung soll unabhängig von der Belastung mit einem digitalen PI-Regler (FB33, „PI-Regler") konstant gehalten werden. Weil der PI-Regler zeitabhängig arbeitet, wird ein Organisationsbaustein mit konstanter Zykluszeit (OB35, Weckalarm) eingesetzt.

Im Organisationsbaustein OB35 erfolgt die Datenübergabe zur Prozessvisualisierung an den FB63 mit seinem DB63, an die Funktionen „Skalieren" FC35 und „Bargrafanzeige-Generator" FC31, an den Funktionsbaustein „Motorsollwerte" FB32 mit seinem DB32, an den Funktionsbaustein „PI-Regler" FB33 mit seinem DB33, und an die Funktionen „Deskalieren" FC36 und „Bargrafanzeige-Motor" FC31. Die programmierte Logik der Funktion „Bargrafanzeige" FC31 wird sowohl für den Motor als auch für den Generator genutzt.

Die Programmstruktur zur Aufgabe 3 des Projektes:

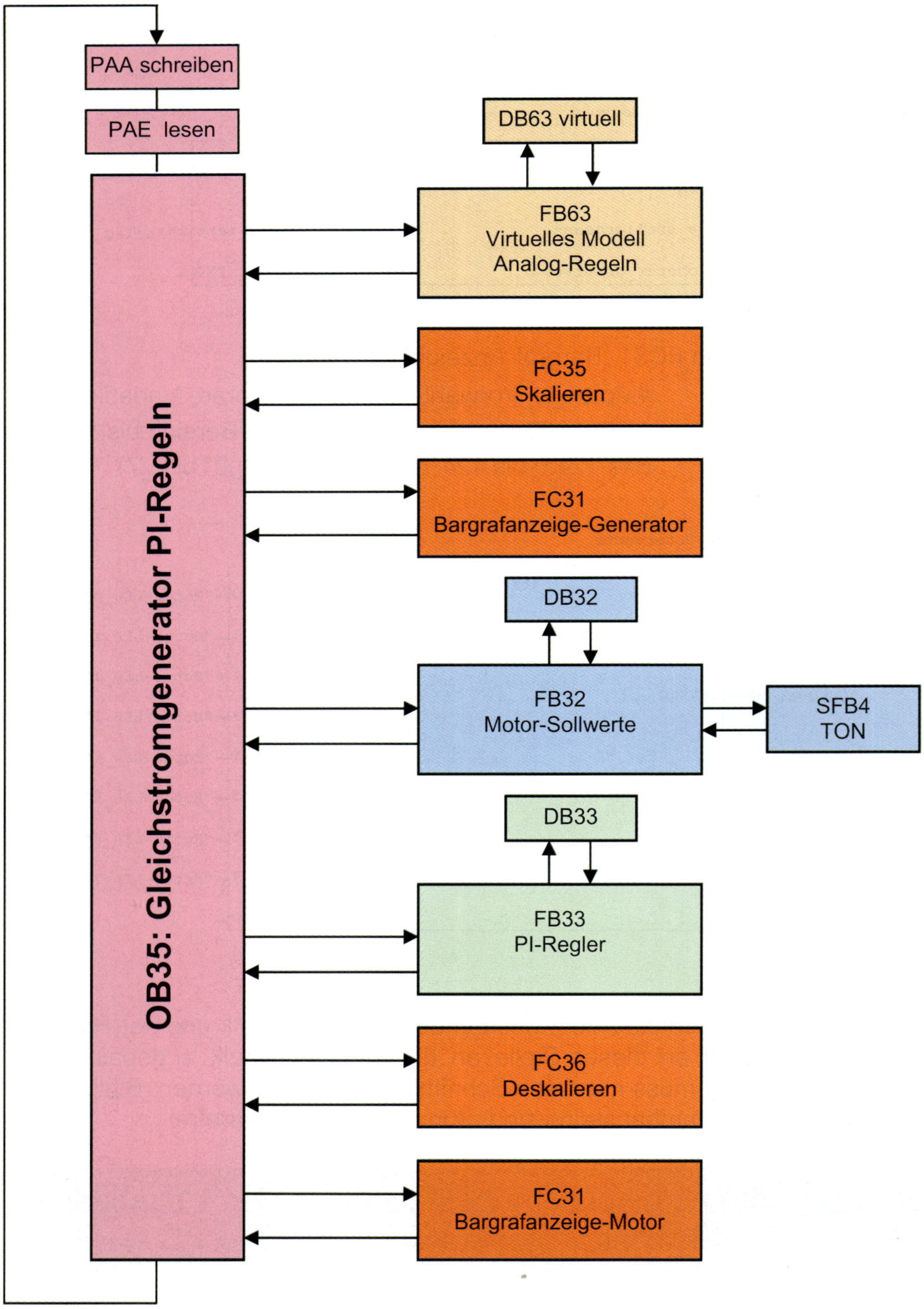

Die aktuelle Generatorspannung ist die **Regelgröße x.** Sie wird über die AD-Karte eingelesen und mit dem FC35 skaliert. Mit dem FB32 „Motor-Sollwerte" wird die **Führungsgröße w** erzeugt. Der FB33 „PI-Regler" berechnet aus der **Regeldifferenz e** (e = w - x) und seinen Regelparametern K_p und T_N die **Stellgröße y**. Dieser Wert wird mit dem FC36 deskaliert und über die DA-Karte an den Gleichstrommotor ausgegeben. Sowohl die Höhe der Motorspannung, als auch die Höhe der Generatorspannung werden als Bargraf dargestellt. Zwischen der Motorspannung und der Generatorspannung besteht eine Spannungsdifferenz. Diese Differenz wird bei Belastung des Generators größer, bei Entlastung des Generators kleiner. Der PI-Regler erhöht oder reduziert die Stellgröße y und regelt damit auf eine konstante Generatorspannung.

Die Runtimeversion für Aufgabe 3 des Projektes:

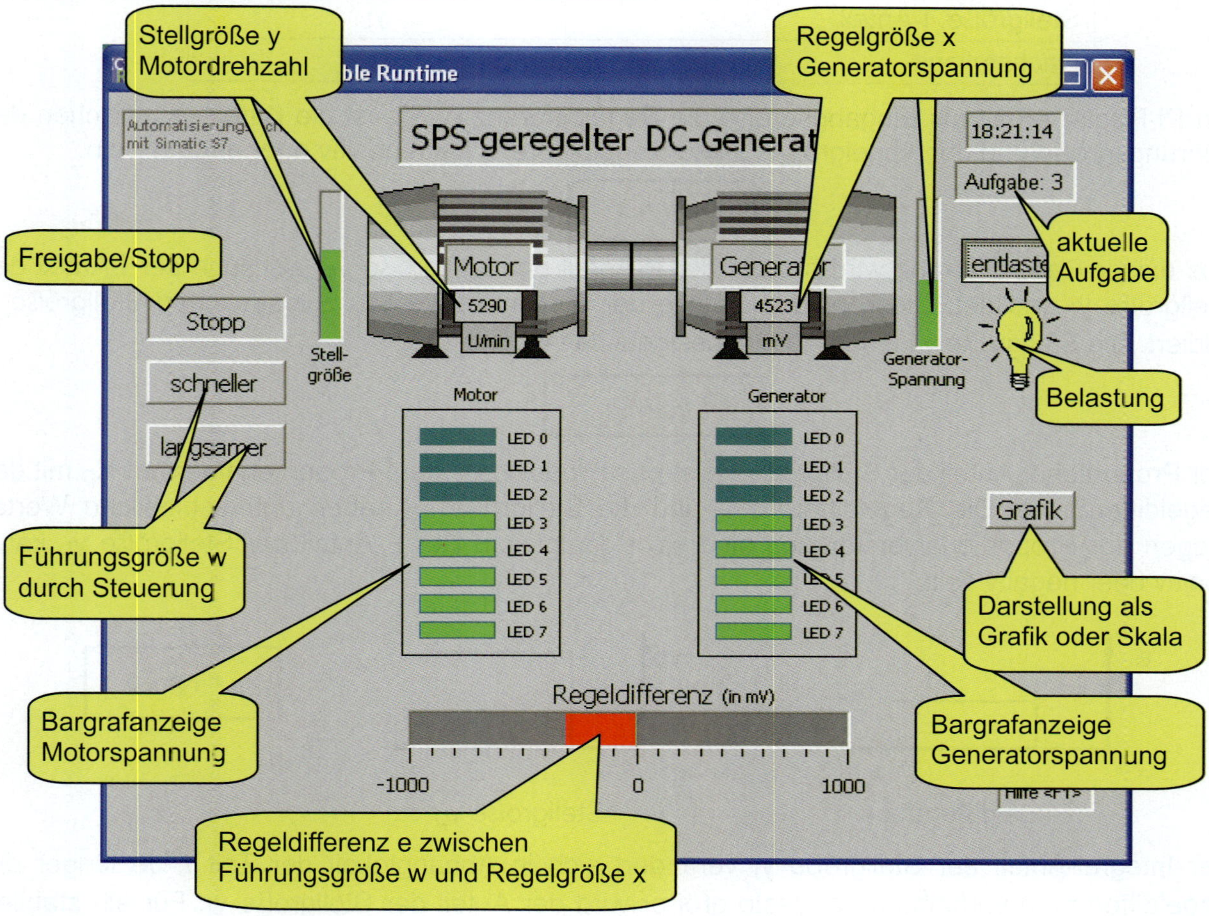

Erklärungen:

- **Aufgabe:** die aktuell eingestellte Aufgabe
- **Führungsgröße w:** Mit den Schaltflächen **„schneller"** / **„langsamer"** wird die Führungsgröße w vorgegeben.
- **Freigabe/Stopp:** Mit dieser Umschalttaste wird die Stellgröße y zum Gleichstrommotor frei geschaltet oder gesperrt. Sie wird über die DA-Karte aus der SPS ausgegeben.
- **Stellgröße y Motordrehzahl:** Anzeige der aktuellen Drehzahl des Motors von 0…10000 min^{-1}.
- **Regelgröße x Gen.-Spannung:** Die sich aus der Drehzahl und Belastung ergebende Spannung von 0…10000 mV. Sie wird über die AD-Karte in die SPS eingelesen.
- **Regeldifferenz e:** Abweichung zwischen Führungsgröße w und Regelgröße x
- **belasten / entlasten:** Die Generatorbelastung durch eine Glühlampe
- **Grafik/Balken:** Darstellung der Regeldifferenz als Grafik oder Skala
- **Bargrafanzeige Motorspannung:** Die programmierte Anzeige der Motorspannung
- **Bargrafanzeige Gen-Spannung:** Die programmierte Anzeige der Generatorspannung

C4.1 Die mathematische Logik eines PI-Reglers

Folgende Regelungstechnische Begriffe werden in dieser Aufgabe verwendet:

Begriff	Abkürzung
Regelgröße	x
Führungsgröße	w
Regeldifferenz	e
Stellgröße	y
Stellgröße, P-Anteil	y_P
Proportionalbeiwert	K_P
Stellgröße, I-Anteil	y_I
Nachstellzeit	T_N

Ein PI-Regler erhält als Eingangsgröße die Regeldifferenz e. Sie ist die Differenz zwischen der Führungsgröße und der Regelgröße. Diese Regeldifferenz kann positiv oder negativ sein.

$$e = w - x$$

Aus dieser Regeldifferenz wird sowohl der P-Anteil der Stellgröße y_P, als auch der I-Anteil der Stellgröße y_I gebildet. Diese beiden Anteile der Stellgröße werden zur gesamten Stellgröße y addiert. Die Stellgröße y ist das Ausgangssignal des Reglers.

$$y = y_P + y_I$$

Der Proportional-Anteil der Stellgröße y_P ist das Produkt aus dem Proportionalbeiwert K_P mit der Regeldifferenz e. Die Regeldifferenz e und die Stellgröße y_P haben unterschiedliche Werte. Wegen der Proportionalverstärkung sind sie signalgleich. Der P-Anteil der Stellgröße y_P kann positiv oder negativ sein.

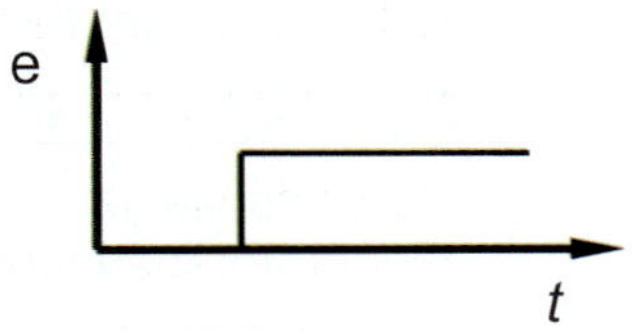

Regeldifferenz e

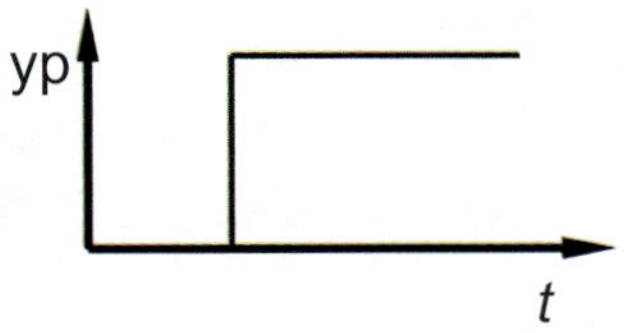

Stellgröße y_P

$$y_P = K_P \bullet e$$

Der Integral-Anteil der Stellgröße y_I verändert sich in Abhängigkeit der Zeit *t*. Je länger die Regeldifferenz e vorhanden ist, desto größer wird der Anteil der Stellgröße y_I. Für ein stabiles Regeln wird die Stellgröße y_I auf einen maximal zulässigen Stellgrößenwert begrenzt. Auch der I-Anteil der Stellgröße y_I kann positiv oder negativ sein.

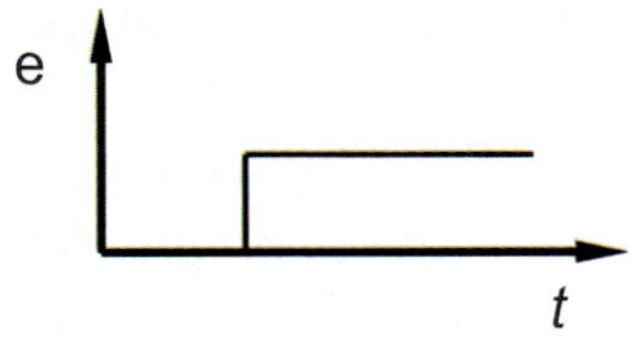

Regeldifferenz e

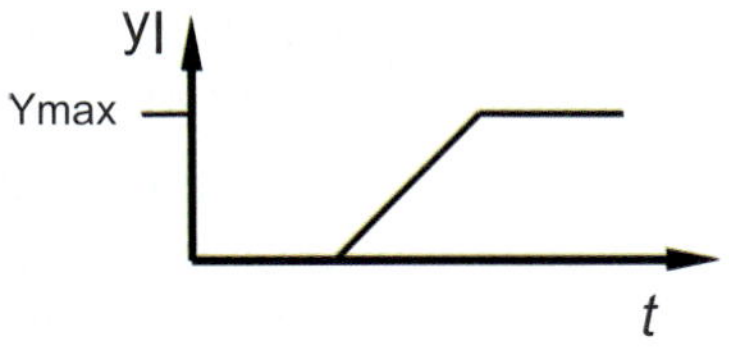

Stellgröße y_I

$$y_I = \frac{K_P}{T_N} \bullet \int e \bullet dt$$

Ein direktes Integrieren ist mit digitalen Reglern wie z.B. mit einer SPS nicht möglich. Deshalb wird in genau festgelegten zeitlichen Intervallen (Δt) der integrale Zuwachs berechnet und zum bisherigen y_I- Anteil addiert.

$$y_I = y_I + \frac{K_P}{T_N} \bullet e \bullet \Delta t$$

mit dem Quotienten $\frac{\Delta t}{T_N}$

$$y_I = y_I + K_P \bullet e \bullet \frac{\Delta t}{T_N}$$

Nach Ablauf der Nachstellzeit T_N ist der y_I-Anteil genauso groß wie der y_P-Anteil geworden!

Wird die Berechnung von y_P ($y_P = K_P \bullet e$) in die letzte Gleichung eingesetzt, ergibt sich:

$$y_I = y_I + y_P \bullet \frac{\Delta t}{T_N}$$ oder $$y_I = y_I + y_{integral}$$ mit $$y_{integral} = y_P \bullet \frac{\Delta t}{T_N}$$

Mit jedem zeitlichen Intervall Δt wird der integrale Zuwachs von y_I berechnet und zum bisherigen integralen Anteil von y_I addiert!

Der Organisationsbaustein OB35 liefert als Weckalarm mit seiner voreingestellten Interruptzeit von 100ms ein konstantes zeitliches Intervall.

Die gesamte Stellgröße y setzt sich aus den beiden Stellgrößen-Anteilen y_P und y_I zusammen. Auch der gesamte Anteil der Stellgröße y verändert sich in Abhängigkeit der Zeit *t*. Je länger eine Regeldifferenz e vorhanden ist, desto größer wird die gesamte Stellgröße y.
Für ein stabiles Regeln muss auch die gesamte Stellgröße begrenzt werden: Nach oben auf den maximal zulässigen positiven Stellgrößenwert und nach unten auf den Wert 0. Der Generator wird nur in einer Drehrichtung betrieben. Bei Reversierbetrieb müsste für die untere Grenze der maximal zulässige negative Stellgrößenwert gewählt werden.

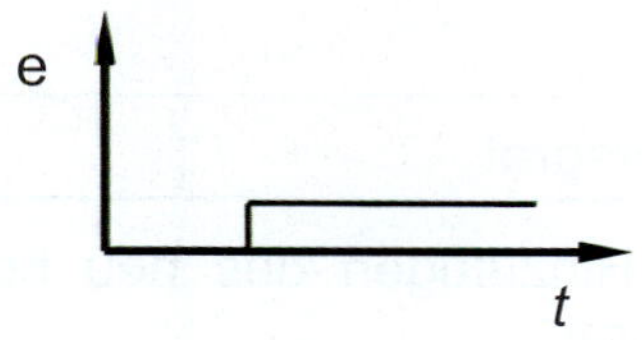

Regeldifferenz e

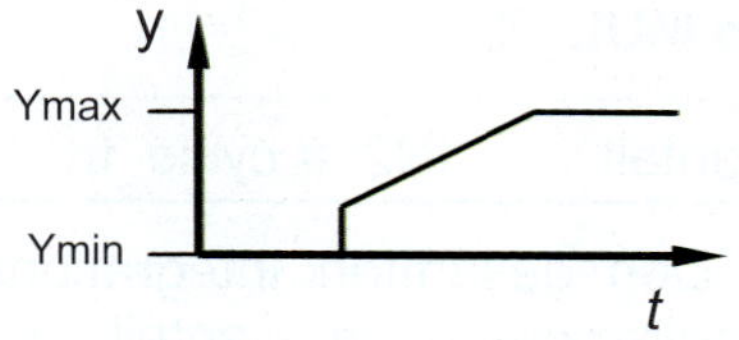

gesamte Stellgröße y

C4.2 Den Funktionsbaustein FB33 „PI-Regler" programmieren

Die PI-Regelung soll in dem Funktionsbaustein **„PI-Regler" (FB33)** programmiert werden.

S7-Baustein: Funktionsbaustein Nummer: FB33 Name: PI_Regler

Die Variablen des FB33 deklarieren

Der Baustein benötigt Informationen (**IN-Variablen**):
- Die Führungsgröße w (REAL)
- Die Regelgröße x (REAL)
- Den maximalen Wert der Stellgröße (REAL)
- Den Proportionalbeiwert Kp (REAL)
- Den Wert für die Nachstellzeit TN (REAL)
- Den Wert für die Zykluszeit Δt (REAL)

Der Baustein liefert Informationen (**OUT-Variablen**):
- Die Stellgröße y (REAL)

Erforderlich ist eine **statische Variable**:
- Der gesamte Integrations-Anteil (REAL)

Erforderlich sind noch **temporäre Variable**:
- Die Regeldifferenz e (REAL)
- Der berechnete Proportional-Anteil (REAL)
- Der berechnete Integrations-Anteil (REAL)
- Der berechnete Stellgrößen-Anteil (REAL)
- Der zyklische Quotient Δt / TN (REAL)
- Die negative maximale Stellgröße (REAL)

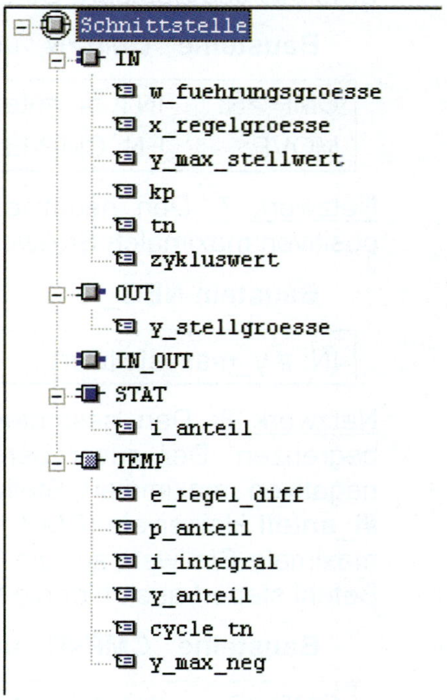

Dieser Funktionsbaustein soll bibliothekfähig nach IEC 61131 programmiert werden. Es dürfen in diesem Funktionsbaustein keine Hardwareadressen verwendet werden!

Die Programm-Logik des FB33 erstellen

Netzwerk 1: Im ersten Netzwerk wird die Regeldifferenz (e = w – x) berechnet.

Baustein SUB_R

IN1: #w_fuehrungsgroesse	IN2: #x_regelgroesse	OUT: #e_regel_diff

Netzwerk 2: Berechnung des Proportional-Anteils: $y_P = K_P \bullet e$

Baustein MUL_R

IN1:#kp	IN2:#e_regel_diff	OUT: #p_anteil

Netzwerk 3: Zur Berechnung des Integrations-Anteils sind einige Zwischenwerte erforderlich. Zunächst wird der zyklische Quotient bestimmt: cycle_tn = $\Delta t / T_N$.

Baustein DIV_R

IN1:#zykluswert	IN2:#tn	OUT: #cycle_tn

Netzwerk 4: Den neuen integralen Anteil für jeden SPS-Zyklus berechnen:

Baustein MUL_R

IN1: #p_anteil	IN2: # cycle_tn	OUT: #i_integral

Netzwerk 5: Den gesamten Integrationsanteil durch Hinzufügen des neu berechneten integralen Anteils berechnen: i_anteil = i_anteil + i_integral

Baustein ADD_R

IN1: #i_anteil	IN2: # i_integral	OUT: # i_anteil

Netzwerk 6: Den gesamten Integrationsanteil auf den positiven Maximalwert begrenzen. Der zuvor berechnete gesamte Integrationsanteil **#i_anteil** wird mit dem vorgegebenen positiven maximalen Stellwert verglichen. Ist der aktuelle gesamte Integrationsanteil **#i_anteil** größer als (CMP > R) der maximale positive stellwert **#y_max_stellwert**, dann wird der maximale positive Vorgabewert auf die Variablen **#i_anteil** geschrieben. Das Ergebnis des Compare-Befehls steuert die Freigabe des MOVE-Befehls.

Bausteine CMP>R und **MOVE**

CMP >R:	IN1: #i_anteil	IN2: #y_max_stellwert	
MOVE:	EN: CMP-Ergebnis	IN: #y_max_stellwert	OUT: # i_anteil

Netzwerk 7: Den negativen maximalen Stellwert durch eine Vorzeichen-Umkehr des positiven maximalen Stellwerts erzeugen.

Baustein NEG_R **Umwandler**

IN: # y_max_stellwert	OUT: # y_max_neg

Netzwerk 8: Den gesamten Integrationsanteil auf den negativen maximalen Stellwert begrenzen. Der zuvor berechnete gesamte Integrationsanteil **#i_anteil** wird mit dem negativen maximalen Stellwert verglichen. Ist der aktuelle gesamte Integrationsanteil **#i_anteil** kleiner als (CMP < R) der negative maximale Stellwert, dann wird der negative maximale Stellwert auf die Variable **#i_anteil** geschrieben. Das Ergebnis des Compare-Befehl steuert auch hier die Freigabe des MOVE-Befehls.

Bausteine CMP<R und **MOVE**

CMP <R:	IN1: # i_anteil	IN2: #y_max_neg	
MOVE:	EN: CMP-Ergebnis	IN: #y_max_neg	OUT: # i_anteil

Netzwerk 9: Den Stellgrößen-Anteil durch Addition der p- und i-Anteile berechnen:

Baustein ADD_R

IN1: #p_anteil	IN2: # i_anteil	OUT: #y_anteil

Netzwerk 10: Den zuvor berechneten Stellgrößen-Anteil auf den positiven Stellgrößenbereich begrenzen. Der zuvor berechnete **#y_anteil** wird mit dem vorgegebenen maximalen Stellgrößenbereich verglichen. Ist der zuvor berechnete Stellgrößen-Anteil **#y_anteil** größer als (CMP > R) der maximale positive Stellgrößenbereich **#y_max_stellwert**, dann wird der maximale Stellgrößenbereich auf die Variable **#y_anteil** geschrieben. Das Ergebnis des Compare-Befehls steuert die Freigabe des MOVE-Befehls.

Bausteine CMP>R und **MOVE**

CMP >R:	IN1: #y_anteil	IN2: #y_max_stellwert	
MOVE:	EN: CMP-Ergebnis	IN: #y_max_stellwert	OUT: #y_anteil

Netzwerk 11: Den zuvor berechneten Stellgrößen-Anteil auf den unteren Stellgrößenwert 0.0 begrenzen. Der zuvor berechnete gesamte Stellgrößen-Anteil **#y_anteil** wird mit dem unteren Stellgrößenwert verglichen. Ist der Stellgrößen-Anteil **#y_anteil** kleiner als (CMP < R) 0.0, dann wird der Wert 0.0 auf die Variable **#y_anteil** geschrieben. Das Ergebnis des Compare-Befehl steuert auch hier die Freigabe des MOVE-Befehls.

Bausteine CMP<R und **MOVE**

CMP <R:	IN1: #y_anteil	IN2: #0.000e+000	
MOVE:	EN: CMP-Ergebnis	IN: #0.000e+000	OUT: #y_anteil

Netzwerk 12: Den Stellgrößen-Anteil **#y_anteil** als Stellgröße **#y_stellgroesse** ausgeben.

Baustein MOVE

IN: # y_anteil	OUT: #y_stellgroesse

Den Baustein speichern und schließen. Der Funktionsbaustein FB33 steht nun als PI-Regelungsbaustein zur Verfügung.

C4.3 Der Weckalarm OB35 „Gleichstromgenerator PI-Regeln“

Der PI-Regler ist ein zeitabhängiger Baustein, der nur in einem definierten Zeitraster (Zyklus) aufgerufen werden darf. Deshalb wird in diesem Programm der OB35 als Weckalarm mit einer konstanten Aufrufzeit (standardmäßig 100ms) verwendet.
Der OB1 arbeitet je nach Programmlänge so schnell wie möglich. Jeweils zu Beginn eines SPS-Durchlaufs werden das Betriebssystem und das Prozessabbild aktualisiert. Danach wird das strukturierte Programm aus dem OB1 abgearbeitet. Alle 100ms unterbricht der OB35 den OB1 und arbeitet sein Programm ab. Danach wird das Programm aus dem OB1 weiter abgearbeitet.

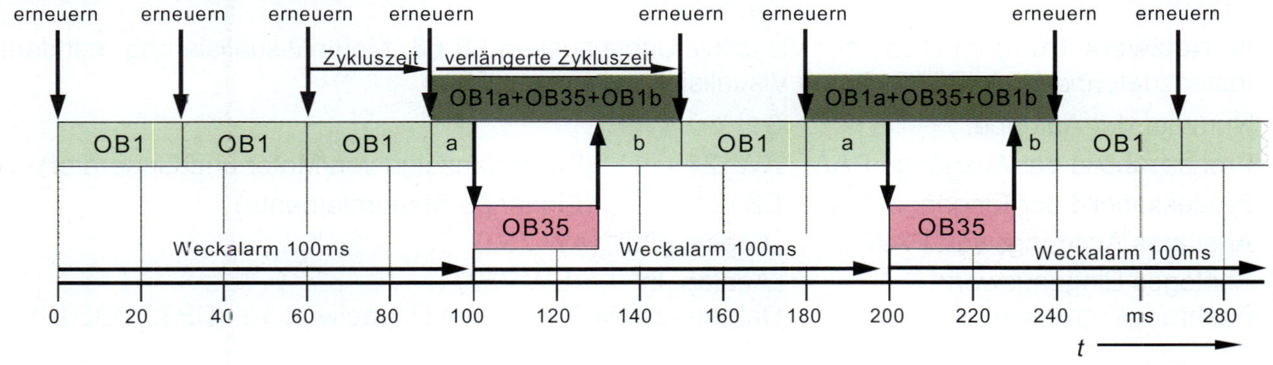

Zwischen der zyklischen Aktualisierung der Prozessabbilder jeweils am Anfang eines SPS-Durchlaufs und der Berechnung der neuen Daten innerhalb der OB35-Laufzeit liegt eine zeitliche Verschiebung. Ist diese Zeitspanne zu lang, wird die digitale Regelbarkeit stark beeinträchtigt. Der Zugriff auf die peripheren Daten hingegen erfolgt ohne zeitlichen Versatz.

Die Weckalarmzeit des OB35 lässt sich in den CPU-Eigenschaften verändern. Diese Zeit muss aber auf jeden Fall länger sein, als die erforderliche Zeit für die Programmbearbeitung. Ist die Weckalarmzeit zu klein eingestellt, dann geht die CPU in den Modus Stop!

Die Schwankungsbreite der Zykluszeit des OB1 wird im „Online-Modus" angezeigt unter:

Zielsystem - Diagnose/Einstellung – Baugruppenzustand - Zykluszeit

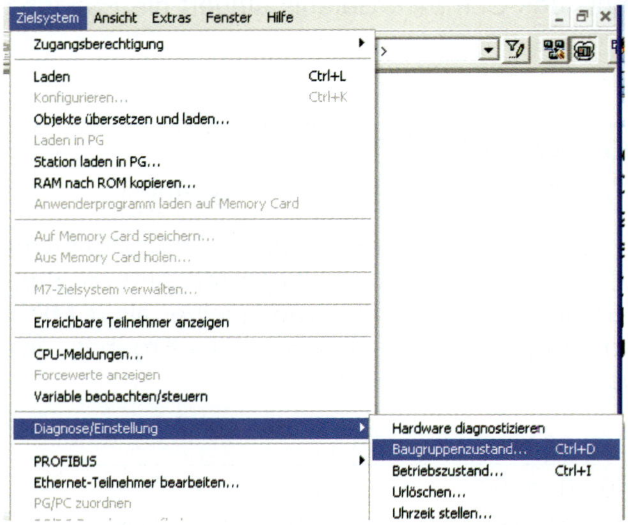

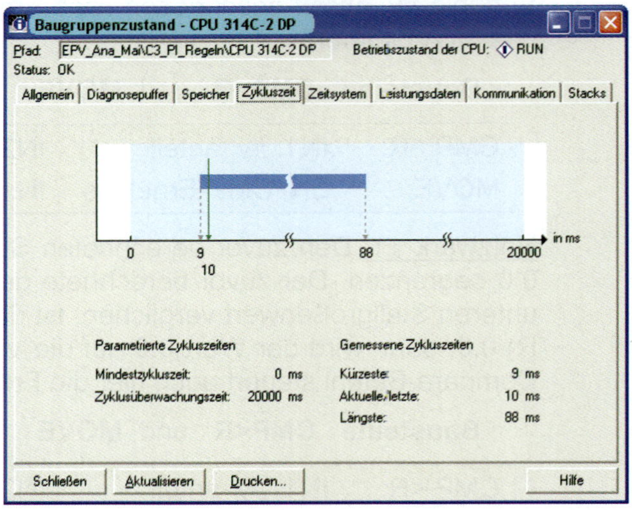

Der OB35 wird ganz normal wie jeder andere S7-Baustein erstellt und in das Programm eingefügt. Im OB35 werden alle Programmbausteine aufgerufen.

Wichtig!!

Der OB1 wird weiterhin als Standard-OB abgearbeitet. Damit keine Fehlfunktionen entstehen, sollte der OB1 als **leerer Baustein** mit übertragen werden.

Zunächst werden im OB35 noch temporäre Variablen zum Weiterleiten von Daten angelegt.

Schnittstelle – TEMP

Name	Datentyp	Adresse	Kommentar
OB35_EV_CLASS	Byte	0.0	Bits 0-3 = 1 (Coming event), Bits 4-7 = 1 (Ev
OB35_STRT_INF	Byte	1.0	16#36 (OB 35 has started)
OB35_PRIORITY	Byte	2.0	Priority of OB Execution
OB35_OB_NUMBR	Byte	3.0	35 (Organization block 35, OB35)
OB35_RESERVED_1	Byte	4.0	Reserved for system
OB35_RESERVED_2	Byte	5.0	Reserved for system
OB35_PHASE_OFFSET	Word	6.0	Phase offset (msec)
OB35_RESERVED_3	Int	8.0	Reserved for system
OB35_EXC_FREQ	Int	10.0	Frequency of execution (msec)
OB35_DATE_TIME	Date_...	12.0	Date and time OB35 started
Generator_x_Groesse	Real	20.0	Generatorspannung ist die Regelgroesse x
Motor_w_Groesse	Real	24.0	Motorspannung ist die Führungsgröße w
Motor_w_Vorwahl	Real	28.0	vorgewählte Führungsgroesse w (ohne Freigabe)
Motor_y_Groesse	Real	32.0	geregelte Stellgroesse y für den Motor

Im **Netzwerk 1** wird im OB35 der Visualisierungsbaustein FB 63 „Motor-Visualisierung" mit dem Instanzdatenbaustein DB63 „Daten Visualisierung" aufgerufen.

Nummer der Aufgabe:	3	
Prozessabbild der Ausgänge PAA:	AW124	(Bargrafanzeige von Motor und Generator)
Prozessabbild der Eingänge PAE:	EB124	(Eingangs-Steuerelemente)
Analoges Ausgangswort PAW:	„Analog_Out" (AW 752)	
Analoges Eingangswort:	„Analog_In" (EW 752)	
Fuehrungs_groesse:	Datenbaustein 32 mit dem Doppelwort 10 (DB32.DBD10)	

Wichtig!!

Die Führungsgröße wird im Funktionsbaustein FB32 (Netzwerk 4) erzeugt und als OUT-Variable ausgegeben. Damit der Wert hier im Netzwerk 1 gesichert zur Verfügung steht, wird er aus dem Instanzdatenbaustein DB32 (DB32-Symbolname: **„Daten Motor steuern“**) entnommen. Im DB32 ist die Führungsgröße unter dem Variablennamen **#w_groesse** als Doppelwort vom Typ REAL an der Adresse 10 eingetragen.

Die Kombination aus dem Symbolnamen mit dem Variablennamen führt zur Bezeichnung:

„Daten Motor steuern“.w_groesse bzw. DB32.DBD10

Der Instanzdatenbaustein DB32:

DB32 - Adresse:10 - Name: w_groesse

	Adresse	aratio	Name	yp	Anfangswert	Aktualwert	Kommentar
1	0.(		freigabe	BOOL	FALSE	FALSE	1 = EIN // 0 = AUS
2	0	n	schneller	BOOL	FALSE	FALSE	solange =1 immer schneller, bis max_wert
3		in	langsamer	BOOL	FALSE	FALSE	solange =1 immer langsamer, bis 0.0
4	.0	in	schrittweite	REAL	1.000000e+000	1.000000e+000	Veränderung pro Zyklus
5	6.0	in	max_w_vorg e	REAL	1.000000e+004	1.000000e+004	maximaler Vorgabewert der Führungsgröße
6	10.0	out	w_groesse	REAL	0.000000e+000	0.000000e+000	Führungsgröße (nur bei Freigabe)
7	14.0	out	w_vorwahl	REAL	0.000000e+000	0.000000e+000	vorgewählte Führungsgröße (unabhängig von der Freigabe)
8	18.0	stat	wert	REAL	0.000000e+000	0.000000e+000	aktueller Wert
9	22.0	stat	schritte	REAL	0.000000e+000	0.000000e+000	Schrittweite mit Faktor 1 oder 10
10	26.0	stat:in	TON_Tempo.IN	BOOL	FALSE	FALSE	
11	28.0	stat:in	TON_Tempo.PT	TIME	T#0MS	T#0MS	
12	32.0	stat:out	TON_Tempo.Q	BOOL	FALSE	FALSE	
13	34.0	stat:out	TON_Tempo.ET	TIME	T#0MS	T#0MS	
14	38.0	stat	TON_Tempo.STATE	BYTE	B#16#0	B#16#0	
15	40.0	stat	TON_Tempo.STIME	TIME	T#0MS	T#0MS	
16	44.0	stat	TON_Tempo.ATIME	TIME	T#0MS	T#0MS	

OB35 : "Cyclic Interrupt"

Netzwerk 1: Prozess-Visualisierung einbinden

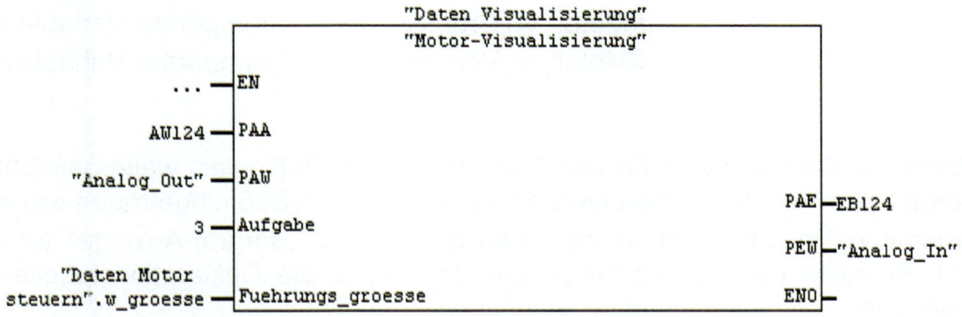

Im **Netzwerk 2** wird der Baustein FC35 „Skalieren“ aufgerufen.

Messwert:	„Analog_In“ (EW 752)	
Oberer Grenzwert:	1.000e+004 (10 000.0)	
Skalierter Wert:	#Generator_x_Groesse	temporäre Variable des OB35

Der Wert #Generator_x_Groesse wird an den Baustein FC 31 „Bargraf-Anzeige“ für den Generator und an den FB33 „PI-Regler“ weitergereicht. Er muss deshalb als temporäre Variable in die Deklarationstabelle des OB35 eingetragen werden.

Netzwerk 2: Analoge Eingangswerte einlesen

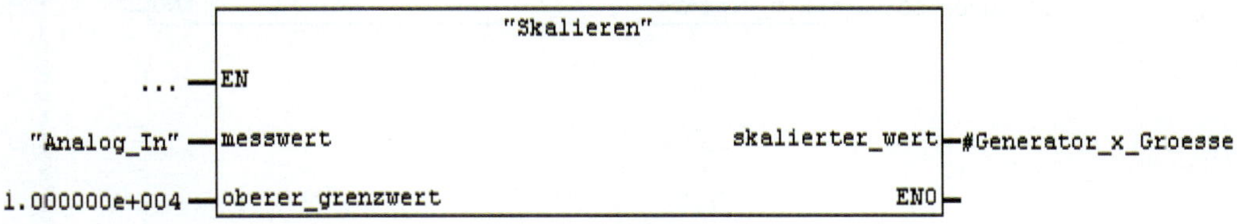

Im **Netzwerk 3** wird der Baustein FC31 „Bargraf-Anzeige“ aufgerufen.

Wert:	#Generator_x_Groesse	(skalierter Wert)
Faktor:	1.00e+000	(1.0, weil im Bereich bis 10000mV)
Lampe_0 bis Lampe_7:	Bits 125.0 bis 125.7	(„Generator_LED_0” bis _7)

Netzwerk 3: Bargraf-Anzeige der Generatorwerte

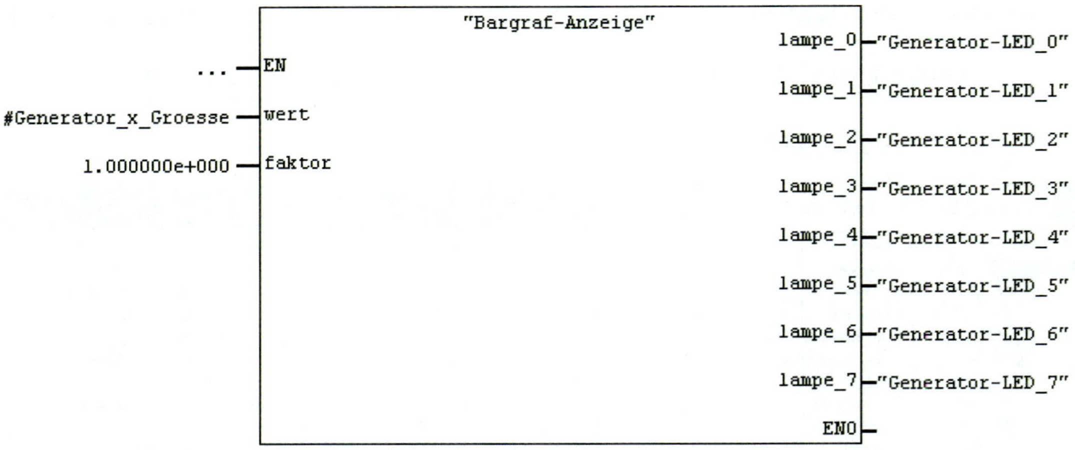

Im **Netzwerk 4** werden der Baustein FB32 „Motor_Sollwerte“ mit dem Instanzdatenbaustein DB32 „Daten_Motor_Sollwerte“ aufgerufen.

freigabe:	„Freigabe_W_Groesse“	(E 124.0)
schneller:	„Anhebung_W_Groesse“	(E 124.1)
langsamer:	„Reduzierung_W_Groesse“	(E 124.2)
schrittweite:	1.000e+000	(1.0)
max_w_vorgabe:	1.000e+004	(10 000.0)
w_groesse:	#Motor_w_Groesse	temporäre Variable des OB35
w_vorwahl:	#Motor_w_Vorwahl	temporäre Variable des OB35

Der Wert #Motor_w_Groesse wird an den Baustein FB33 „PI-Regler“ weitergereicht. Er muss deshalb als temporäre Variable in die Deklarationstabelle des OB35 eingetragen werden.

Der Wert #Motor_w_Vorwahl wird an den Baustein FC 31 „Bargraf-Anzeige“ für den Motor weitergereicht. Er muss deshalb als temporäre Variable in die Deklarationstabelle des OB35 eingetragen werden.

Netzwerk 4 : Motor-Sollwerte steuern

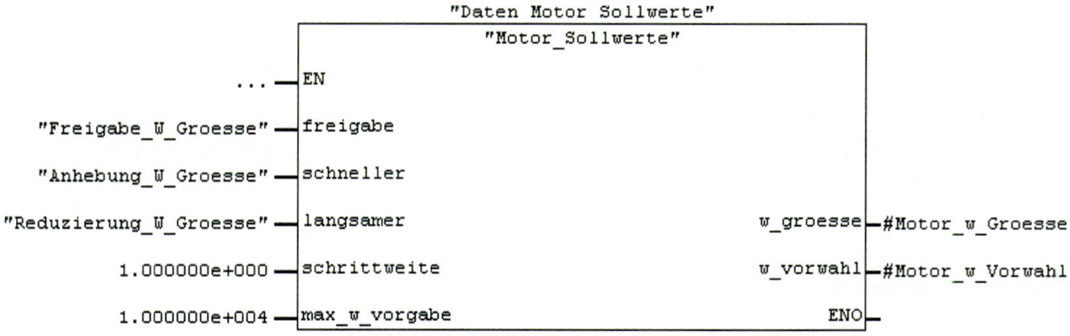

Im **Netzwerk 5** wird der Baustein FB33 „PI-Regler“ mit dem Instanzdatenbaustein DB33 „Daten_PI-Regler“ aufgerufen.

w_fuehrungsgroesse:	#Motor_w_Groesse	temporäre Variable des OB35
x_regelgroesse:	#Generator_x_Groesse	temporäre Variable des OB35
y_max_stellwert:	1.000e+004	(10 000.0)
kp:	2.000e+000	(2.0)
tn:	4.000e+003	(4 000.0)
zykluswert:	1.000e+002	(100.0)
y_stellgroesse:	#Motor_y_Groesse	temporäre Variable des OB35

Netzwerk 5: Digitaler PI-Regler

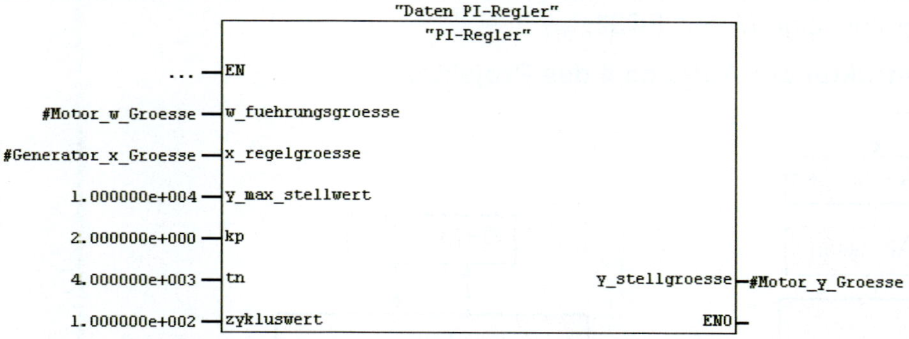

Im **Netzwerk 6** wird der Baustein FC36 „Deskalieren“ aufgerufen.

y_stellgroesse:	#Motor_y_Groesse	temporäre Variable des OB35
oberer Grenzwert:	1.000e+004	(10 000.0)
deskalierter_wert:	„Analog_Out“	(AW 752)

Netzwerk 6 : Analoge Ausgangswerte ausgeben

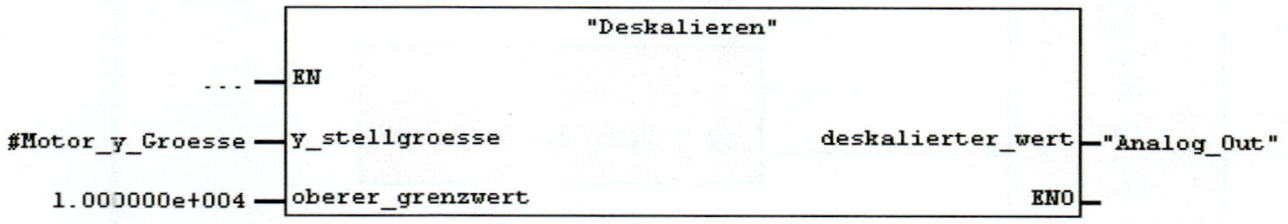

Im **Netzwerk 7** wird der Baustein FC31 „Bargraf-Anzeige“ aufgerufen.

Wert:	#Motor_w_Vorwahl	temporäre Variable des OB35
Faktor:	1.00e+000	(1.0, weil im Bereich bis 10000mV)
Lampe_0 bis Lampe_7:	Bits 124.0 bis 124.7	(„Motor_LED_0” bis _7)

Netzwerk 7: Bargraf-Anzeige der Motorwerte

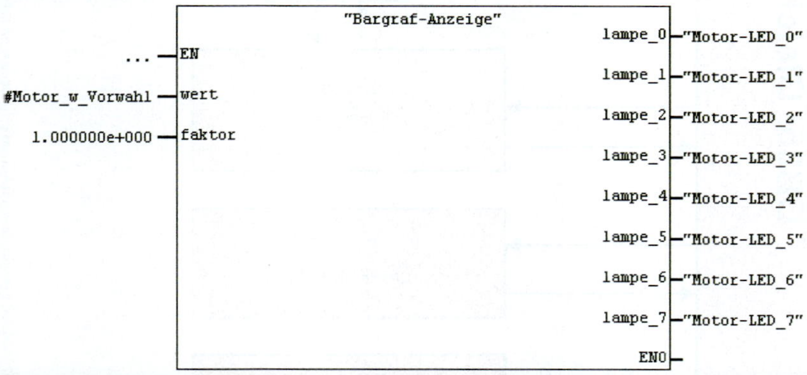

Und nun viel Erfolg bei der Inbetriebnahme der Aufgabe 3
„Gleichstromgenerator PI-Regeln“!

C5 Gleichstromgenerator PID-Regeln

In **Aufgabe 4** soll als neue Komponente folgende Funktionalität programmiert werden:

- Die Generatorspannung soll mit einem digitalen PID-Regler (FB34, „PID-Regler") konstant gehalten werden. Als Organisationsbaustein wird der OB35 (Weckalarm) mit einer konstanten Zykluszeit von *t* =30 ms eingesetzt.
- Der digitale PID-Regler soll umschaltbar für die Betriebszustände „Handsteuerung" und „Regeln" sein.

Im Organisationsbaustein OB35 erfolgt die Datenübergabe zur Prozessvisualisierung an den FB63 mit seinem DB63, an die Funktionen „Skalieren" FC35 und „Bargrafanzeige-Generator" FC31, an den Funktionsbaustein „Motorsollwerte" FB32 mit seinem DB32, an den Funktionsbaustein „PID-Regler" FB34 mit seinem DB34, und an die Funktionen „Deskalieren" FC36 und „Bargrafanzeige-Motor" FC31.

Die Programmstruktur zur Aufgabe 4 des Projektes:

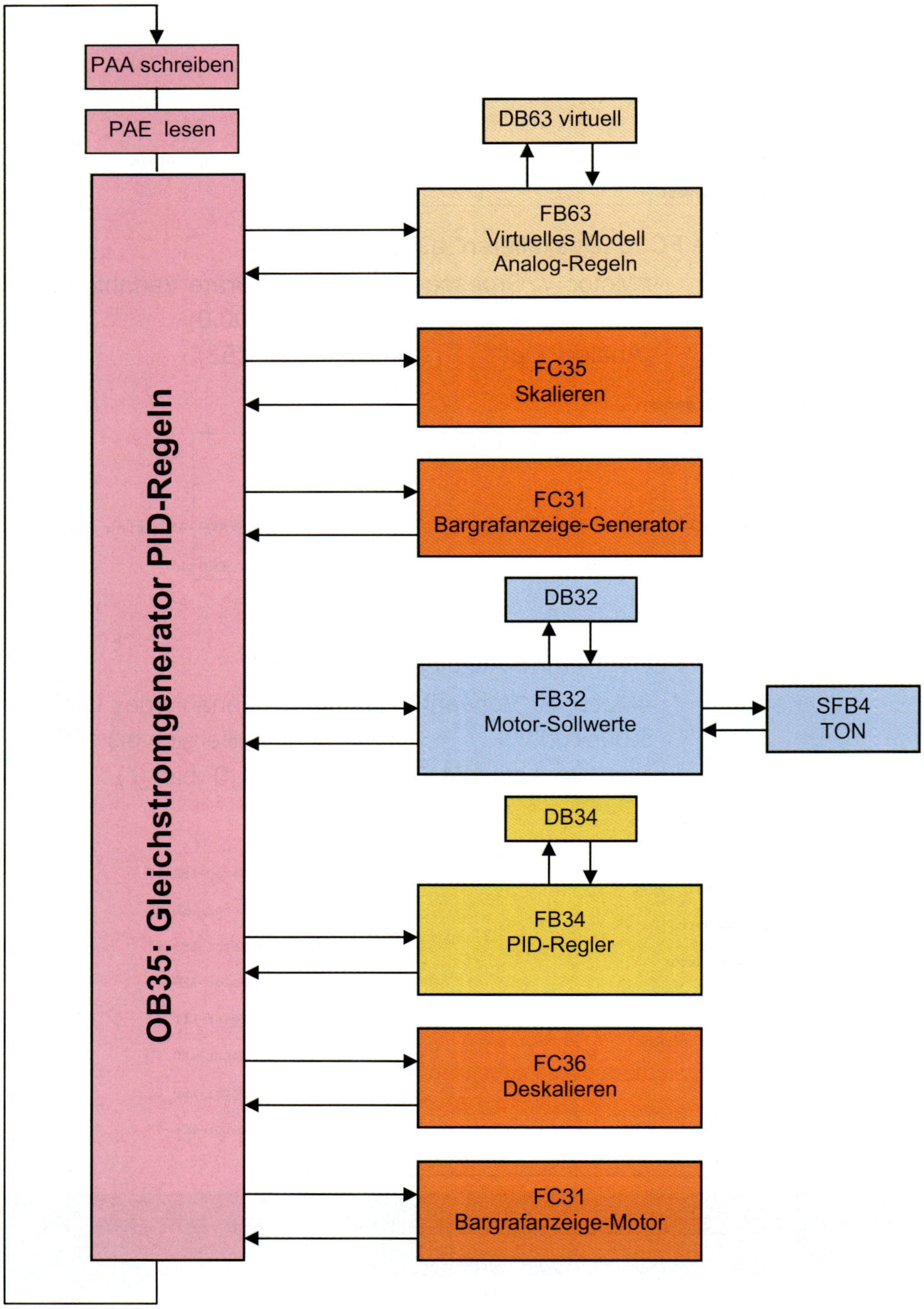

Die aktuelle Generatorspannung ist die **Regelgröße x.** Sie wird über die AD-Karte eingelesen und mit dem FC35 skaliert. Mit dem FB32 „Motor-Sollwerte“ wird die **Führungsgröße w** erzeugt. Der FB34 „PID-Regler“ berechnet aus der **Regeldifferenz e** (e = w - x) und seinen Regelparametern Kp und Tn die **Stellgröße y**. Dieser Wert wird mit dem FC36 deskaliert und über die DA-Karte an den Gleichstrommotor ausgegeben. Sowohl die Höhe der Motorspannung, als auch die Höhe der Generatorspannung werden als Bargraf dargestellt. Zwischen der Motorspannung und der Generatorspannung besteht eine Spannungsdifferenz. Diese Differenz wird bei Belastung des Generators größer, bei Entlastung des Generators kleiner. Der PID-Regler erhöht oder reduziert die Stellgröße y und regelt damit die Differenz aus.

Die Runtimeversion für Aufgabe 4 des Projektes:

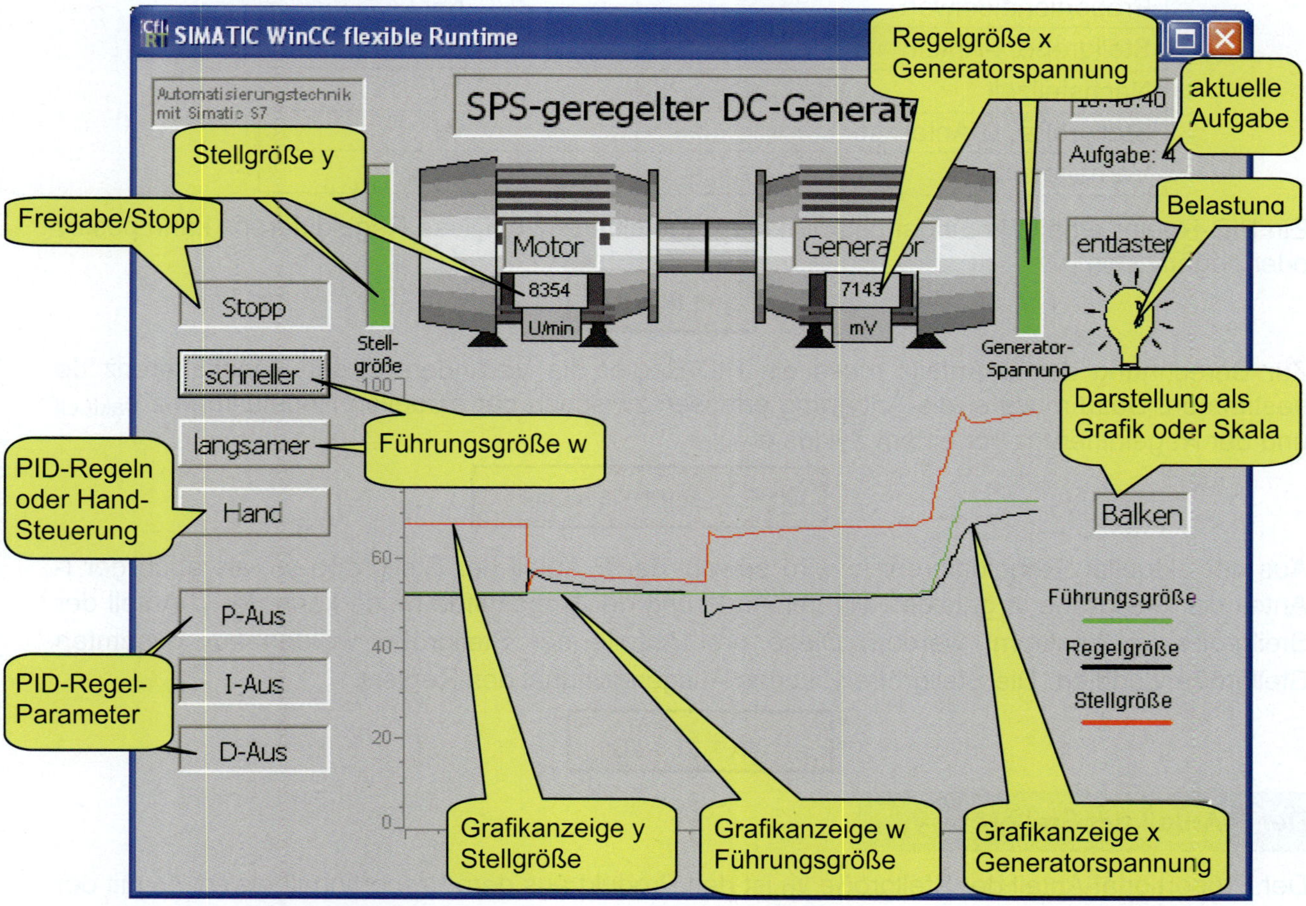

Erklärungen:

- **Aufgabe:** Die aktuell eingestellte Aufgabe
- **Freigabe/Stopp:** Mit dieser Umschalttaste wird die Stellgröße y zum Gleichstrommotor frei geschaltet oder gesperrt.
- **Führungsgröße w:** Mit den Schaltflächen **„schneller“** / **„langsamer“** wird die Führungsgröße w vorgegeben.
- **Hand/Automatik:** Umschalttaste für Handsteuerung oder automatische PID-Regelung.
- **Stellgröße y Motordrehzahl:** Anzeige der aktuellen Drehzahl des Motors von 0…10000 min^{-1}.
- **Regelgröße x Gen.-Spannung:** Die sich aus der Drehzahl und Belastung ergebende Spannung von 0…10000 mV.
- **PID-Regel-Parameter:** Aufschaltung der einzelnen Regel-Parameter
- **Belasten / entlasten:** Die Generatorbelastung durch eine Glühlampe
- **Grafik/Balken:** Darstellung der Regeldifferenz als Grafik oder Skala
- **Grafikanzeigen:** Der zeitliche Verlauf der Führungsgröße, der Regelgröße und der Stellgröße

C5.1 Die mathematische Logik eines PID-Reglers

Folgende regelungstechnische Begriffe werden in dieser Aufgabe verwendet:

Begriff	Abkürzung
Regelgröße	x
Führungsgröße	w
Regeldifferenz	e
Änderung der Regeldifferenz	de
Stellgröße	y
Stellgröße, P-Anteil	y_P
Proportionalbeiwert	K_P
Stellgröße, I-Anteil	y_I
Nachstellzeit	T_N
Stellgröße, D-Anteil	y_d
Vorhaltezeit	T_V

Ein PID-Regler erhält als Eingangsgröße die Regeldifferenz e. Diese Regeldifferenz kann positiv oder negativ sein.

$$e = w - x$$

Zur Berechnung des D-Anteils muss ein PID-Regler die Veränderung der Regeldifferenz de bestimmen. Dazu muss er die Änderung erfassen zwischen der aktuellen Regeldifferenz $e_{aktuell}$ und der Regeldifferenz vor einem Zyklus e_{vorher}.

$$de = e_{aktuell} - e_{vorher}$$

Aus der aktuellen Regeldifferenz e wird sowohl der P-Anteil der Stellgröße y_P, als auch der I-Anteil der Stellgröße y_I gebildet. Mit der Änderung der Regeldifferenz de kann der D-Anteil der Stellgröße y_D bestimmt werden. Diese drei Anteile der Stellgröße werden zur gesamten Stellgröße y addiert. Die Stellgröße y ist das Ausgangssignal des Reglers.

$$y = y_P + y_I + y_D$$

Der P-Anteil der Stellgröße y_P

Der Proportional-Anteil der Stellgröße y_P ist das Produkt aus dem Proportionalbeiwert K_P mit der Regeldifferenz e. Die Regeldifferenz e und die Stellgröße y_P haben unterschiedliche Werte. Wegen der Proportionalverstärkung sind sie signalgleich. Der P-Anteil der Stellgröße y_P kann positiv oder negativ sein.

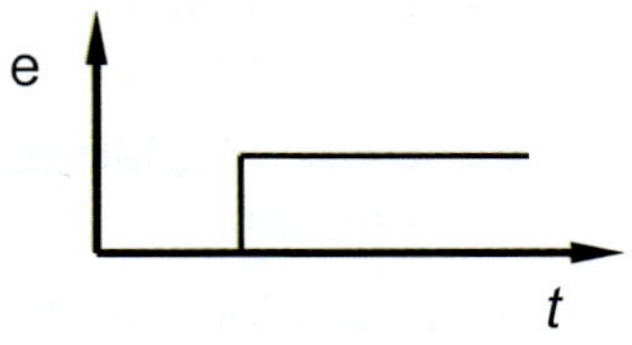

Regeldifferenz e

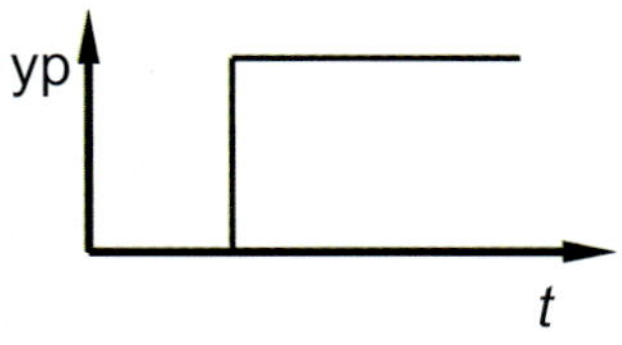

Stellgröße y_P

$$y_P = K_P \bullet e$$

Der I-Anteil der Stellgröße y_I

Der Integral-Anteil der Stellgröße y_I verändert sich in Abhängigkeit der Zeit *t*. Je länger die Regeldifferenz e vorhanden ist, desto größer wird der Anteil der Stellgröße y_I. Für ein stabiles Regeln wird die Stellgröße y_I auf einen maximal zulässigen Stellgrößenwert begrenzt. Auch der I-Anteil der Stellgröße y_I kann positiv oder negativ sein.

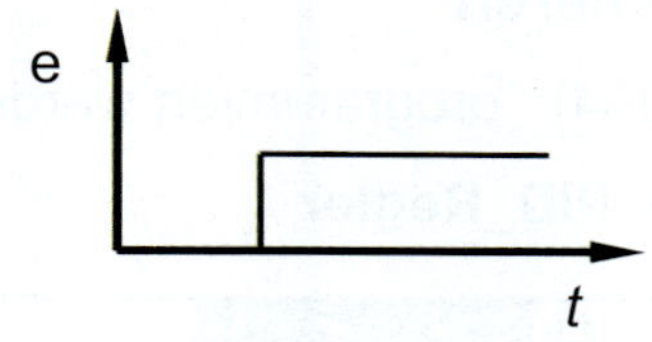

Regeldifferenz e

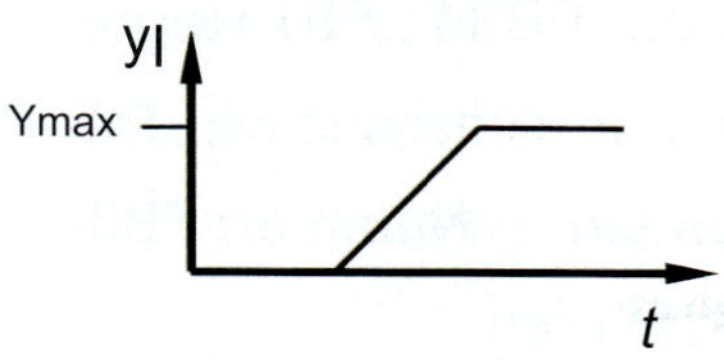

Stellgröße y_I

$$y_I = \frac{Kp}{T_N} \bullet \int e \bullet dt$$

Ein direktes Integrieren ist mit digitalen Reglern wie z.B. mit einer SPS nicht möglich. Deshalb wird in genau festgelegten zeitlichen Intervallen (Δt) der integrale Zuwachs berechnet und zum bisherigen y_I- Anteil addiert.

$$y_I = y_I + \frac{Kp}{T_N} \bullet e \bullet \Delta t$$

Mit dem Quotienten $\frac{\Delta t}{T_N}$

$$y_I = y_I + Kp \bullet e \bullet \frac{\Delta t}{T_N}$$

Nach Ablauf der Nachstellzeit T_N ist der y_I-Anteil genauso groß wie der y_P-Anteil geworden!
Wird die Berechnung von y_P ($y_P = Kp \bullet e$) in die letzte Gleichung eingesetzt, ergibt sich:

$$y_I = y_I + y_P \bullet \frac{\Delta t}{T_N}$$

oder

$$y_I = y_I + y_{integral}$$

mit

$$y_{integral} = y_P \bullet \frac{\Delta t}{T_N}$$

Mit jedem zeitlichen Intervall Δt wird der integrale Zuwachs von y_I berechnet und zum bisherigen integralen Anteil von y_I addiert!

Der D-Anteil der Stellgröße y_d

Der Differenzial-Anteil der Stellgröße y_d verändert sich in Abhängigkeit der Änderung der Regeldifferenz e (Steigung der Kennlinie). Je größer die Änderung der Regeldifferenz e ist, desto größer wird der Anteil der Stellgröße y_d. Ändert sich die Regeldifferenz nicht (e = konstant), dann ist der D-Anteil = 0. Für ein stabiles Regeln wird die Stellgröße y_d auf einen maximal zulässigen Stellgrößenwert begrenzt. Auch der D-Anteil der Stellgröße y_d kann positiv oder negativ sein.

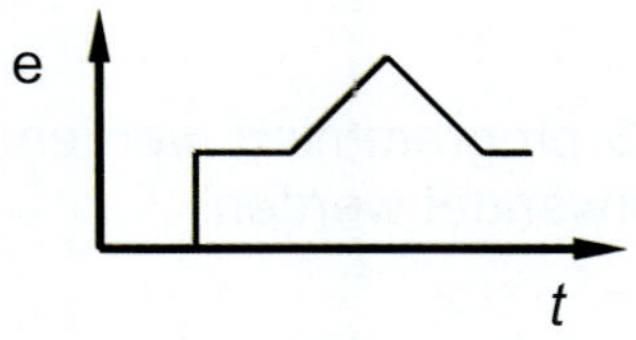

Regeldifferenz e

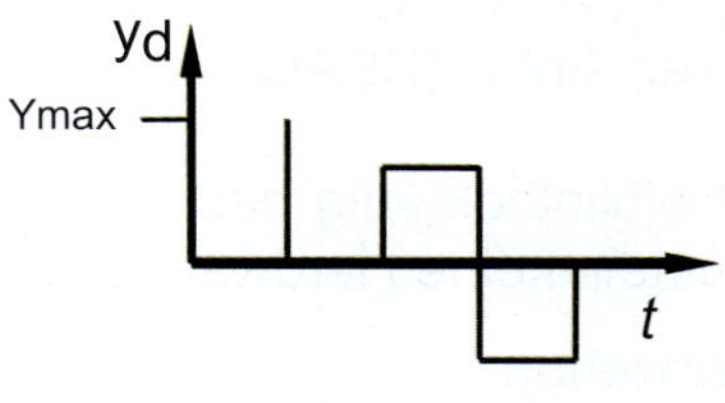

Stellgröße y_d

$$y_d = Kp \bullet T_V \bullet \frac{de}{dt}$$

Ein direktes Differenzieren ist mit digitalen Reglern wie z.B. mit einer SPS nicht möglich. Deshalb wird in genau festgelegten zeitlichen Intervallen (Δt) mit der Änderung der Regeldifferenz Δe der D-Anteil berechnet.

$$y_d = Kp \bullet T_V \bullet \frac{\Delta e}{\Delta t}$$

Bei einem linearen Anstieg der Regeldifferenz e gibt es sofort einen konstanten Wert für y_d. Nach Ablauf der **Vorhaltezeit T_V** ist der y_P-Anteil genauso groß wie der sofort vorhandene y_d-Anteil geworden!

Die gesamte Stellgröße y setzt sich aus den drei Stellgrößen-Anteilen y_P, y_I und y_d zusammen.

Für ein stabiles Regeln muss auch die gesamte Stellgröße begrenzt werden. Nach oben auf den maximal zulässigen positiven Stellgrößenwert und nach unten auf den Wert 0. Der Generator wird nur in einer Drehrichtung betrieben. Bei Reversierbetrieb müsste für die untere Grenze der maximal zulässige negative Stellgrößenwert gewählt werden.

Umschaltung zwischen automatischer PID-Regelung und manueller Steuerung

Bei der manuellen Steuerung wird die Führungsgröße w direkt auf die Stellgröße y gelegt.

C5.2 Den Funktionsbaustein FB34 „PID-Regler“ programmieren

Die PID-Regelung soll in dem Funktionsbaustein **„PID-Regler“ (FB34)** programmiert werden.

S7-Baustein: Funktionsbaustein   Nummer: FB34   Name: PID_Regler

Die Variablen des FB34 deklarieren

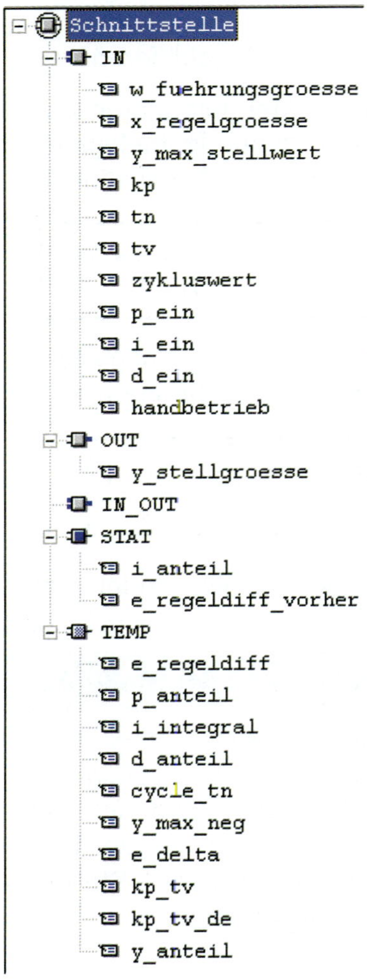

Der Baustein benötigt Informationen (**IN-Variablen**):
- Die Führungsgröße w (REAL)
- Die Regelgröße x (REAL)
- Den maximalen Wert des Stellwertes (REAL)
- Den Proportionalbeiwert Kp (REAL)
- Den Wert für die Nachstellzeit TN (REAL)
- Den Wert für die Vorhaltezeit TV (REAL)
- Den Wert für die Zykluszeit Δt (REAL)
- Die Freigabe für den P-Anteil (BOOL)
- Die Freigabe für den I-Anteil (BOOL)
- Die Freigabe für den D-Anteil (BOOL)
- Die Hand-Automatik-Umschaltung (BOOL,Hand =1)

Der Baustein liefert Informationen (**OUT-Variablen**):
- Die Stellgröße y (REAL)

Erforderlich sind noch **statische Variablen**:
- Den gesamten Integrations-Anteil (REAL)
- Die Regeldifferenz im vorherigen Zyklus (REAL)

Erforderlich sind noch **temporäre Variablen**:
- Die aktuelle Regeldifferenz e (REAL)
- Der berechnete Proportional-Anteil (REAL)
- Der berechnete Integrations-Anteil (REAL)
- Der berechnete Differential-Anteil (REAL)
- Der zyklische Quotient Δt / TN (REAL)
- Die negative maximale Stellgröße (REAL)
- Die Änderung der Regeldifferenz (REAL)
- Der Zwischenwert kp x tv (REAL)
- Der Zwischenwert kp x tv x de (REAL)
- Der berechnete Stellgrößen-Anteil (REAL)

Dieser Funktionsbaustein soll bibliothekfähig nach IEC 61131-3 programmiert werden. Es dürfen in diesem Funktionsbaustein keine Hardwareadressen verwendet werden!

Die Programm-Logik des FB34 erstellen

Netzwerk 1: Im ersten Netzwerk wird die Regeldifferenz (e = w – x) berechnet.

Baustein SUB_R

IN1: #w_fuehrungsgroesse	IN2: #x_regelgroesse	OUT: #e_regel_diff

Netzwerk 2: Berechnung des Proportional-Anteils: $y_P = K_P \bullet e$

Baustein MUL_R

IN1:#kp	IN2:#e_regel_diff	OUT: #p_anteil

Netzwerk 3: Zur Berechnung des Integrations-Anteils sind einige Zwischenwerte erforderlich. Zunächst wird der zyklische Quotient bestimmt: cycle_tn = $\Delta t / T_N$.

Baustein DIV_R

IN1:#zykluswert	IN2:#tn	OUT: #cycle_tn

Netzwerk 4: Den neuen integralen Anteil für jeden Weckalarm-Zyklus berechnen:

Baustein MUL_R

IN1: #p_anteil	IN2: # cycle_tn	OUT: #i_integral

Netzwerk 5: Den gesamten Integrationsanteil durch Hinzufügen des neu berechneten integralen Anteils berechnen: i_anteil = i_anteil + i_integral

Baustein ADD_R

IN1: #i_anteil	IN2: # i_integral	OUT: # i_anteil

Netzwerk 6: Den gesamten Integrationsanteil auf den positiven Maximalwert begrenzen. Der zuvor berechnete gesamte Integrationsanteil **#i_anteil** wird mit dem vorgegebenen positiven maximalen Stellwert verglichen. Ist der aktuelle gesamte Integrationsanteil **#i_anteil** größer als (CMP > R) der maximale positive Stellwert **#y_max_stellwert**, dann wird der maximale positive Vorgabewert auf die Variable **#i_anteil** geschrieben. Das Ergebnis des Compare-Befehls steuert die Freigabe des MOVE-Befehls.

Bausteine CMP>R und **MOVE**

CMP >R:	IN1: #i_anteil	IN2: #y_max_stellwert	
MOVE:	EN: CMP-Ergebnis	IN: #y_max_stellwert	OUT: # i_anteil

Netzwerk 7: Den negativen maximalen Stellwert durch eine Vorzeichen-Umkehr des positiven maximalen Stellwerts erzeugen.

Baustein NEG_R **Umwandler**

IN: # y_max_stellwert	OUT: # y_max_neg

Netzwerk 8: Den gesamten Integrationsanteil auf den negativen maximalen Stellwert begrenzen. Der zuvor berechnete gesamte Integrationsanteil **#i_anteil** wird mit dem negativen maximalen Stellwert verglichen. Ist der aktuelle gesamte Integrationsanteil **#i_anteil** kleiner als (CMP < R) der negative maximale Stellwert, dann wird der negative maximale Stellwert auf die Variable **#i_anteil** geschrieben. Das Ergebnis des Compare-Befehls steuert auch hier die Freigabe des MOVE-Befehls.

Bausteine CMP<R und **MOVE**

CMP <R:	IN1: # i_anteil	IN2: #y_max_neg	
MOVE:	EN: CMP-Ergebnis	IN: #y_max_neg	OUT: # i_anteil

Netzwerk 9: Die Änderung der Regeldifferenz berechnen ($\Delta e = e_{aktuell} - e_{vorher}$).

Baustein SUB_R

IN1: #e_regeldiff	IN2: #e_regeldiff_vorher	OUT: #e_delta

Netzwerk 10: Berechnung des Zwischenwertes: Kp • tv

Baustein MUL_R

IN1: #kp	IN2: # tv	OUT: #kp_tv

Netzwerk 11: Berechnung des Zwischenwertes: (Kp • tv) • e-delta

Baustein MUL_R

IN1: # kp_tv	IN2: # e_delta	OUT: #kp_tv_de

Netzwerk 12: Berechnung des Differenzial-Anteils: yd = (Kp • tv • e-delta) / Zykluszeit

Baustein DIV_R

IN1:# kp_tv_de	IN2:#zykluswert	OUT: #d_anteil

Netzwerk 13: Den Differenzialanteil auf den positiven Maximalwert begrenzen. Der zuvor berechnete **#d_anteil** wird mit dem vorgegebenen positiven maximalen Stellwert verglichen. Ist der Differenzialanteil **#d_anteil** größer als (CMP > R) der maximale positive stellwert **#y_max_stellwert**, dann wird der maximale positive Vorgabewert auf die Variablen **#d_anteil** geschrieben. Das Ergebnis des Compare-Befehls steuert die Freigabe des MOVE-Befehls.

Bausteine CMP>R und **MOVE**

CMP >R:	IN1: #d_anteil	IN2: #y_max_stellwert	
MOVE:	EN: CMP-Ergebnis	IN: #y_max_stellwert	OUT: # d_anteil

Netzwerk 14: Den Differenzialanteil auf den negativen maximalen Stellwert begrenzen. Der zuvor berechnete **#d_anteil** wird mit dem negativen maximalen Stellwert verglichen. Ist der Differenzialanteil **#d_anteil** kleiner als (CMP < R) der negative maximale Stellwert, dann wird der negative maximale Stellwert auf die Variablen **#d_anteil** geschrieben. Das Ergebnis des Compare-Befehls steuert auch hier die Freigabe des MOVE-Befehls.

Bausteine CMP<R und **MOVE**

CMP <R:	IN1: # d_anteil	IN2: #y_max_neg	
MOVE:	EN: CMP-Ergebnis	IN: #y_max_neg	OUT: # d_anteil

Netzwerk 15: Den P-Anteil auf den Wert „0.0“ setzen (sperren), wenn **kein** Proportionalanteil gewünscht ist.

Baustein MOVE

EN: $\overline{\text{p\_ein}}$	IN: # 0.000e+000	OUT: #p_anteil

Netzwerk 16: Den I-Anteil auf den Wert „0.0“ setzen (sperren), wenn **kein** Integralanteil gewünscht ist.

Baustein MOVE

EN: $\overline{\text{i\_ein}}$	IN: # 0.000e+000	OUT: #i_anteil

Netzwerk 17: Den D-Anteil auf den Wert „0.0“ setzen (sperren), wenn **kein** Differenzialanteil gewünscht ist.

Baustein MOVE

EN: $\overline{\text{d\_ein}}$	IN: # 0.000e+000	OUT: #d_anteil

Netzwerk 18: Die anteilige Stellgröße durch Addition der p- und i-Anteile berechnen.

Baustein ADD_R

IN1: #p_anteil	IN2: #i_anteil	OUT: # y_anteil

Netzwerk 19: Die gesamte Stellgröße durch Addition der p-, i- und d-Anteile berechnen.

Baustein ADD_R

IN1: #y_anteil	IN2: #d_anteil	OUT: # y_anteil

Netzwerk 20: Die zuvor berechnete gesamte Stellgröße auf den positiven Stellgrößenbereich begrenzen. Der zuvor berechnete **#y_anteil** wird mit dem vorgegebenen maximalen Stellgrößenbereich verglichen. Ist der zuvor berechnete Stellgrößen-Anteil **#y_anteil** größer als (CMP > R) der maximale positive Stellgrößenbereich **#y_max_stellwert**, dann wird der maximale Stellgrößenbereich auf die Variable **#y_anteil** geschrieben. Das Ergebnis des Compare-Befehls steuert die Freigabe des MOVE-Befehls.

Bausteine CMP>R und **MOVE**

CMP >R:	IN1: #y_anteil	IN2: #y_max_stellwert	
MOVE:	EN: CMP-Ergebnis	IN: #y_max_stellwert	OUT: #y_anteil

Netzwerk 21: Den zuvor berechneten Stellgrößen-Anteil auf den unteren Stellgrößenwert 0.0 begrenzen. Der zuvor berechnete gesamte Stellgrößen-Anteil **#y_anteil** wird mit dem unteren Stellgrößenwert verglichen. Ist der Stellgrößen-Anteil **#y_anteil** kleiner als (CMP < R) 0.0, dann wird der Wert 0.0 auf die Variable **#y_anteil** geschrieben. Das Ergebnis des Compare-Befehls steuert auch hier die Freigabe des MOVE-Befehls.

Bausteine CMP<R und **MOVE**

CMP <R:	IN1: #y_anteil	IN2: #0.000e+000	
MOVE:	EN: CMP-Ergebnis	IN: #0.000e+000	OUT: #y_anteil

Netzwerk 22: Den Stellgrößen-Anteil **#y_anteil** als Stellgröße **#y_stellgroesse** ausgeben.

Baustein MOVE

IN: # y_anteil	OUT: #y_stellgroesse

Netzwerk 23: Die aktuelle Regeldifferenz speichern, damit sie im nächsten Weckalarm-Zyklus als vorherige Regeldifferenz zur Verfügung steht. Stellgrößen-Anteil **#y_anteil** als Stellgröße **#y_stellgroesse** ausgeben.

Baustein MOVE

IN: # e_regeldiff	OUT: #e_regeldiff_vorher

Netzwerk 24: Bei manueller Handsteuerung die Führungsgröße direkt auf die Stellgröße geben.

Baustein MOVE

EN: #handbetrieb	IN: # w_fuehrungsgroesse	OUT: #y_stellgroesse

Den Baustein speichern und schließen. Der Funktionsbaustein FB34 steht nun als PID-Reglerbaustein zur Verfügung.

C5.3 Der Weckalarm OB35 „Gleichstromgenerator PID-Regeln“

Der PID-Regler ist ein zeitabhängiger Baustein, der nur in einem definierten Zeitraster (Zyklus) aufgerufen werden darf.

Der OB1 arbeitet je nach Programmlänge so schnell wie möglich. Dieses undefinierte Zeitverhalten ist für den PID-Regler völlig ungeeignet.

Der OB35 wird als Weckalarm mit einem konstanten Zeitraster aufgerufen. Standardmäßig ist er auf 100ms eingestellt. Diese Zeit lässt sich in den CPU-Eigenschaften verändern:

Im Simatic-Manager die konfigurierte Hardware öffnen. Die Weckalarm-Eigenschaften der CPU auf die Ausführungszeit von 30ms verändern. Danach muss die Hardware-Konfiguration neu gespeichert und übersetzt werden. Wird die Zeit zu klein eingestellt, dann geht die CPU in den Modus Stop! Die in der CPU eingestellte Zeit muss mit der Zykluszeit des PID-Reglers übereinstimmen.

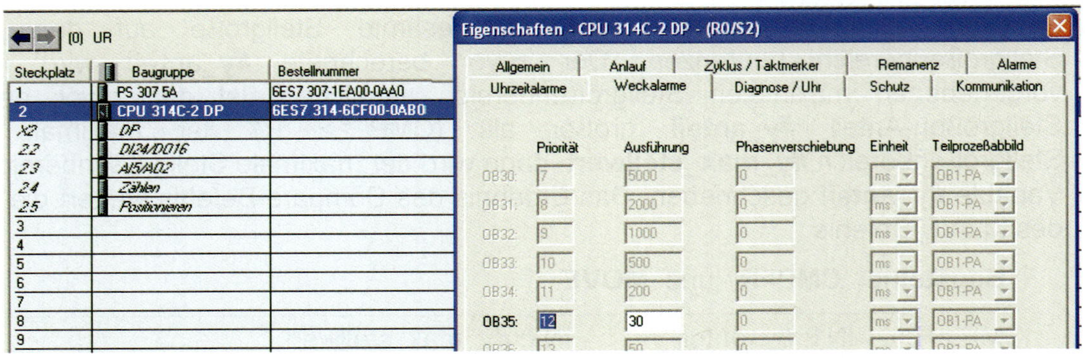

Der OB35 wird ganz normal wie jeder andere S7-Baustein erstellt und in das Programm eingefügt. Im OB35 werden alle Programmbausteine aufgerufen.

Zunächst werden im OB35 noch temporäre Variable zum Weiterleiten von Daten angelegt.

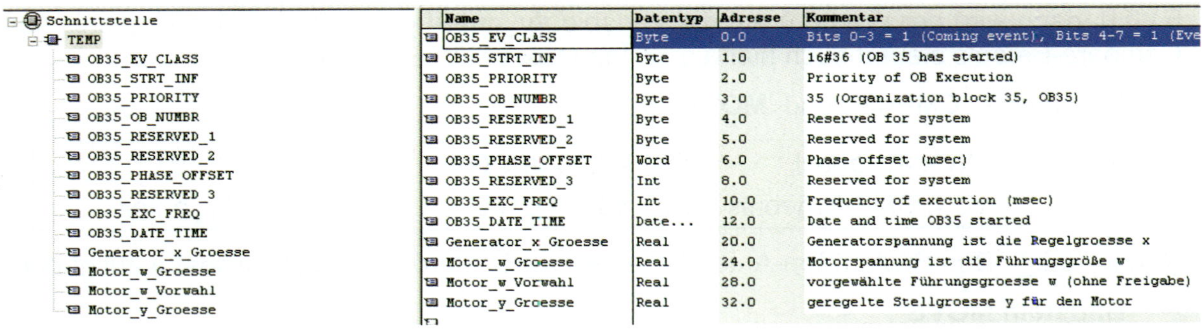

Name	Datentyp	Adresse	Kommentar
OB35_EV_CLASS	Byte	0.0	Bits 0-3 = 1 (Coming event), Bits 4-7 = 1 (Eve
OB35_STRT_INF	Byte	1.0	16#36 (OB 35 has started)
OB35_PRIORITY	Byte	2.0	Priority of OB Execution
OB35_OB_NUMBR	Byte	3.0	35 (Organization block 35, OB35)
OB35_RESERVED_1	Byte	4.0	Reserved for system
OB35_RESERVED_2	Byte	5.0	Reserved for system
OB35_PHASE_OFFSET	Word	6.0	Phase offset (msec)
OB35_RESERVED_3	Int	8.0	Reserved for system
OB35_EXC_FREQ	Int	10.0	Frequency of execution (msec)
OB35_DATE_TIME	Date...	12.0	Date and time OB35 started
Generator_x_Groesse	Real	20.0	Generatorspannung ist die Regelgroesse x
Motor_w_Groesse	Real	24.0	Motorspannung ist die Führungsgröße w
Motor_w_Vorwahl	Real	28.0	vorgewählte Führungsgroesse w (ohne Freigabe)
Motor_y_Groesse	Real	32.0	geregelte Stellgroesse y für den Motor

Im **Netzwerk 1** wird im OB35 der Visualisierungsbaustein FB 63 „Motor-Visualisierung" mit dem Instanzdatenbaustein DB63 „Daten Visualisierung" aufgerufen.

Nummer der Aufgabe:	4	
Prozessabbild der Ausgänge PAA:	AW124	(Bargrafanzeige von Motor und Generator)
Prozessabbild der Eingänge PAE:	EB124	(Eingangs-Steuerelemente)
Analoges Ausgangswort PAW:	„Analog_Out"	(AW 752)
Analoges Eingangswort:	„Analog_In"	(EW 752)
Fuehrungs_groesse:	Datenbaustein 32 mit dem Doppelwort 10	(DB32.DBD10)

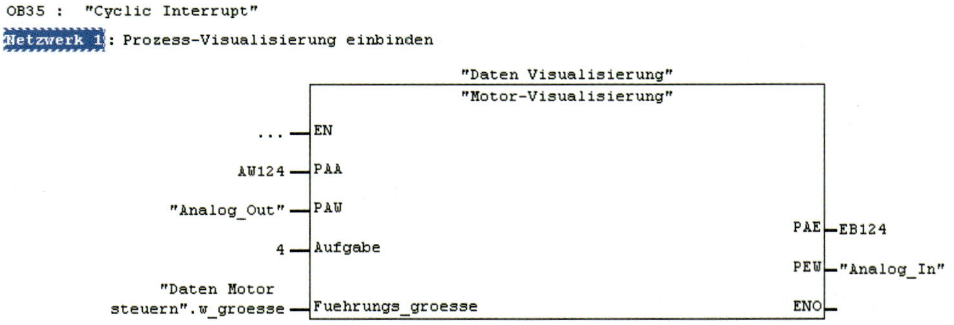

Im **Netzwerk 2** wird der Baustein FC35 „Skalieren" aufgerufen.

Messwert:	„Analog_In" (EW 752)	
Oberer Grenzwert:	1.000e+004 (10 000.0)	
Skalierter Wert:	#Generator_x_Groesse	temporäre Variable des OB35

Der Wert #Generator_x_Groesse wird an den Baustein FC 31 „Bargraf-Anzeige" für den Generator und an den Baustein FB34 „PID-Regler" weitergereicht. Er muss deshalb als temporäre Variable in die Deklarationstabelle des OB35 eingetragen werden.

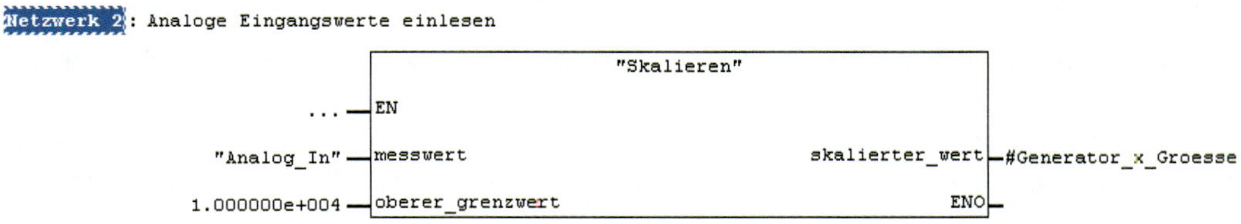

Im **Netzwerk 3** wird der Baustein FC31 „Bargraf-Anzeige“ aufgerufen.

Wert:	#Generator_x_Groesse	(skalierter Wert)
Faktor:	1.00e+000	(1.0, weil im Bereich bis 10000mV)
Lampe_0 bis Lampe_7:	Bits 125.0 bis 125.7	(„Generator_LED_0” bis _7)

Netzwerk 3: Bargraf-Anzeige der Generatorwerte

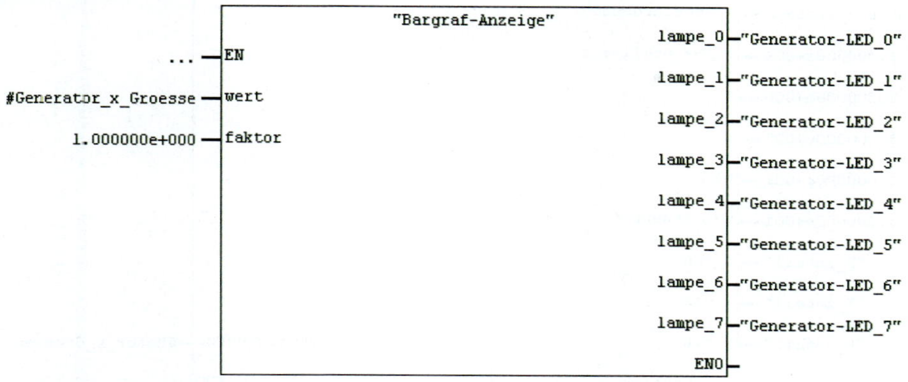

Im **Netzwerk 4** werden der Baustein FB32 „Motor_Sollwerte“ mit dem Instanzdatenbaustein DB32 „Daten_Motor_Sollwerte“ aufgerufen.

freigabe:	„Freigabe_W_Groesse“	(E 124.0)
schneller:	„Anhebung_W_Groesse“	(E 124.1)
langsamer:	„Reduzierung_W_Groesse“	(E 124.2)
schrittweite:	1.000e+000	(1.0)
max_w_vorgabe:	1.000e+004	(10 000.0)
w_groesse:	#Motor_w_Groesse	temporäre Variable des OB35
w_vorwahl:	#Motor_w_Vorwahl	temporäre Variable des OB35

Der Wert #Motor_w_Groesse wird an den Baustein FB34 „PID-Regler“ weitergereicht. Er muss deshalb als temporäre Variable in die Deklarationstabelle des OB35 eingetragen werden.

Der Wert #Motor_w_Vorwahl wird an den Baustein FC 31 „Bargraf-Anzeige“ für den Motor weitergereicht. Er muss deshalb als temporäre Variable in die Deklarationstabelle des OB35 eingetragen werden.

Netzwerk 4 : Motor-Sollwerte steuern

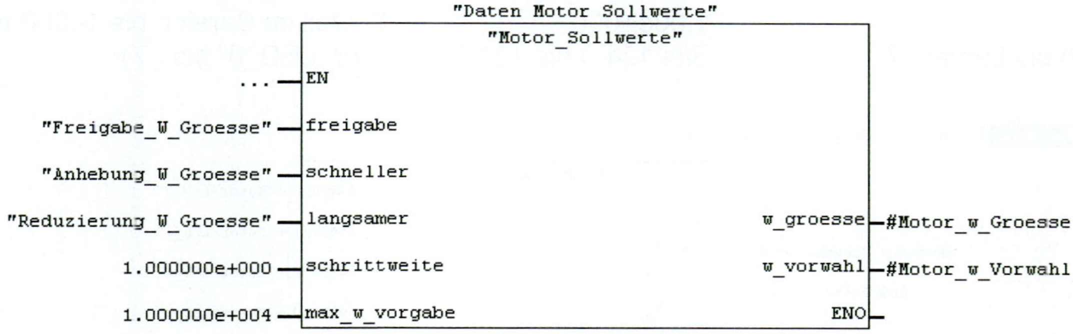

Im **Netzwerk 5** wird der Baustein FB34 „PID-Regler“ mit dem Instanzdatenbaustein DB34 „Daten_PID-Regler“ aufgerufen.

w_fuehrungsgroesse:	#Motor_w_Groesse	temporäre Variable des OB35
x_regelgroesse:	#Generator_x_Groesse	temporäre Variable des OB35
y_max_stellwert:	1.000e+004	(10 000.0)
kp:	2.000e+000	(2.0)
tn:	3.000e+003	(3 000.0)
tv:	1.000e+001	(10.0)
zykluswert:	3.000e+001	(30.0)
p_ein	„P-Anteil“	(E 124.4)
i_ein	„I-Anteil“	(E 124.5)
d_ein	„D-Anteil“	(E 124.6)
handbetrieb	„Handbetrieb“	(E 124.3)
y_stellgroesse:	#Motor_y_Groesse	temporäre Variable des OB35

Netzwerk 5: Aufruf des PID-Reglers

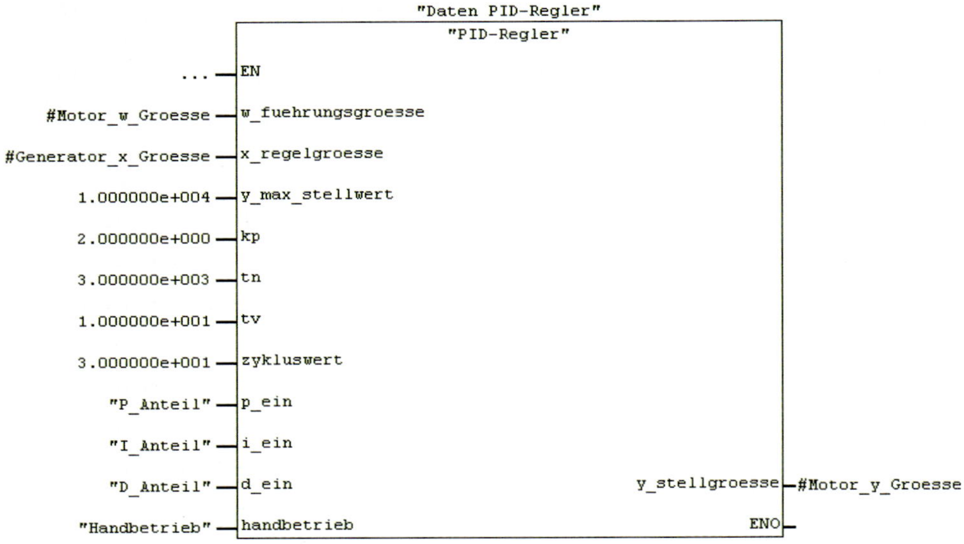

Im **Netzwerk 6** wird der Baustein FC36 „Deskalieren“ aufgerufen.

y_stellgroesse:	#Motor_y_Groesse	temporäre Variable des OB35
oberer Grenzwert:	1.000e+004	(10 000.0)
deskalierter_wert:	„Analog_Out“	(AW 752)

Netzwerk 6 : Analoge Ausgangswerte ausgeben

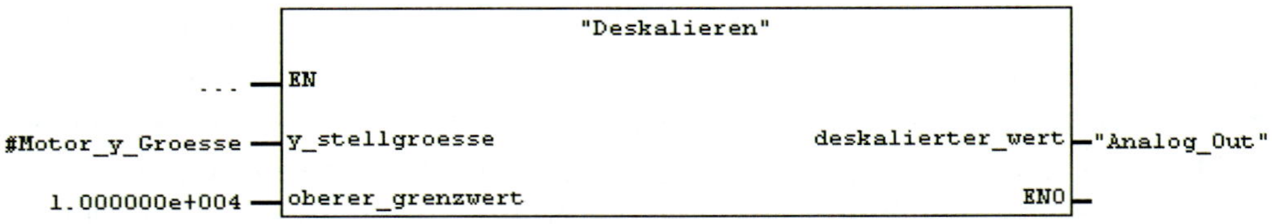

Im **Netzwerk 7** wird der Baustein FC31 „Bargraf-Anzeige“ aufgerufen.

Wert:	#Motor_w_Vorwahl	temporäre Variable des OB35
Faktor:	1.00e+000	(1.0, weil im Bereich bis 10000mV)
Lampe_0 bis Lampe_7:	Bits 124.0 bis 124.7	(„Motor_LED_0” bis _7)

Netzwerk 7: Bargraf-Anzeige der Motorwerte

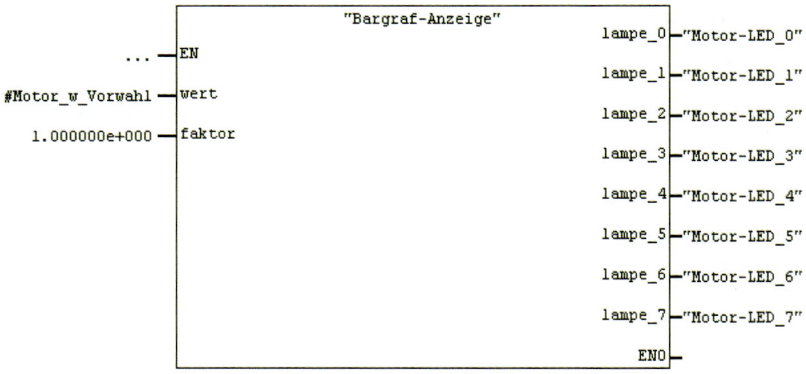

Und nun viel Erfolg bei der Inbetriebnahme der Aufgabe 4 „Gleichstromgenerator PID-Regeln“!

C6 PID-Regeln mit Simatic-Bibliothek-Bausteinen

In **Aufgabe 5** sollen folgende Funktionalitäten neu programmiert werden:

- Die Skalierung der analogen Eingangswerte erfolgt über den Simatic-Baustein FC105 „SCALE“ und die Deskalierung wird über den Simatic-Baustein FC106 „UNSCALE“ realisiert.
- Als digitaler PID-Regler wird der Simatic-Baustein FB41, „CONT_C“ mit dem Instanzdatenbaustein DB41 eingesetzt. Der Organisationsbaustein OB35 (Weckalarm) soll mit einer konstanten Zykluszeit von *t* =100 ms arbeiten.

Im Organisationsbaustein OB35 erfolgt die Datenübergabe zur Prozessvisualisierung an den FB63 mit seinem DB63, an die Funktionen „SCALE“ FC105 und „Bargrafanzeige-Generator“ FC31, an den Funktionsbaustein „Motorsollwerte“ FB32 mit seinem DB32, an den Funktionsbaustein „CONT_C“ FB41 mit seinem DB41, und an die Funktionen „UNSCALE“ FC106 und „Bargrafanzeige-Motor“ FC31.

Die Programmstruktur zur Aufgabe 5 des Projektes:

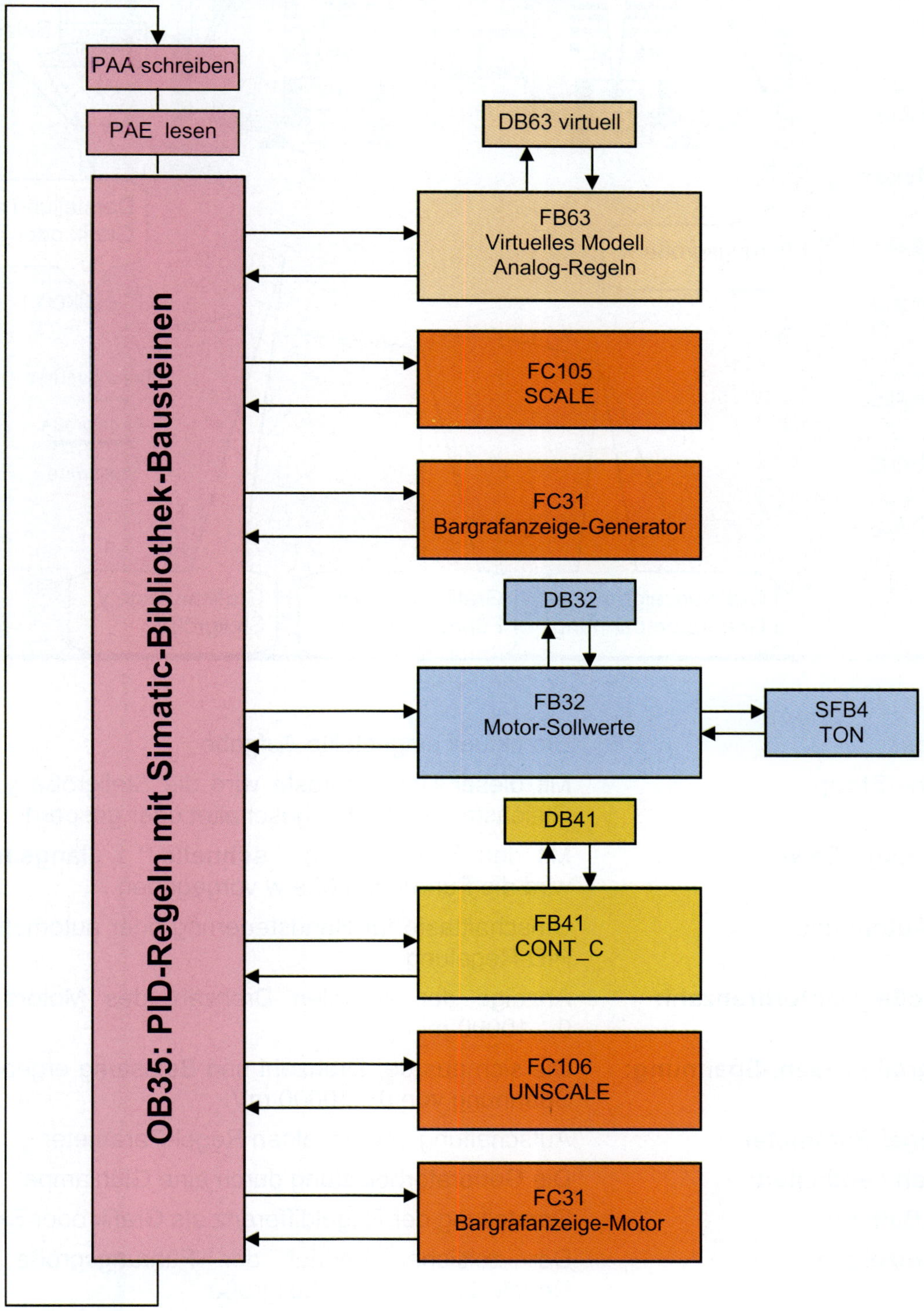

Die aktuelle Generatorspannung ist die **Regelgröße x.** Sie wird über die AD-Karte eingelesen und mit dem FC105 in einem unipolaren Bereich von 0 bis 100% skaliert. Mit dem FB32 „Motor-Sollwerte“ wird die **Führungsgröße w** in einem unipolaren Bereich von 0 bis 100% erzeugt. Der PID-Regler CONT_C FB41 berechnet aus der **Führungsgröße w** (SP_INT) und der **Regelgröße x** (PV_IN) und seinen Regelparametern GAIN, TI und TD die **Stellgröße y** (LMN) in einem Bereich von 0 bis 100%. Dieser Wert wird mit dem FC106 deskaliert und über die DA-Karte an den Gleichstrommotor ausgegeben. Sowohl die Höhe der Motorspannung, als auch die Höhe der Generatorspannung werden als Bargraf dargestellt.

Die Runtimeversion für Aufgabe 5 des Projektes:

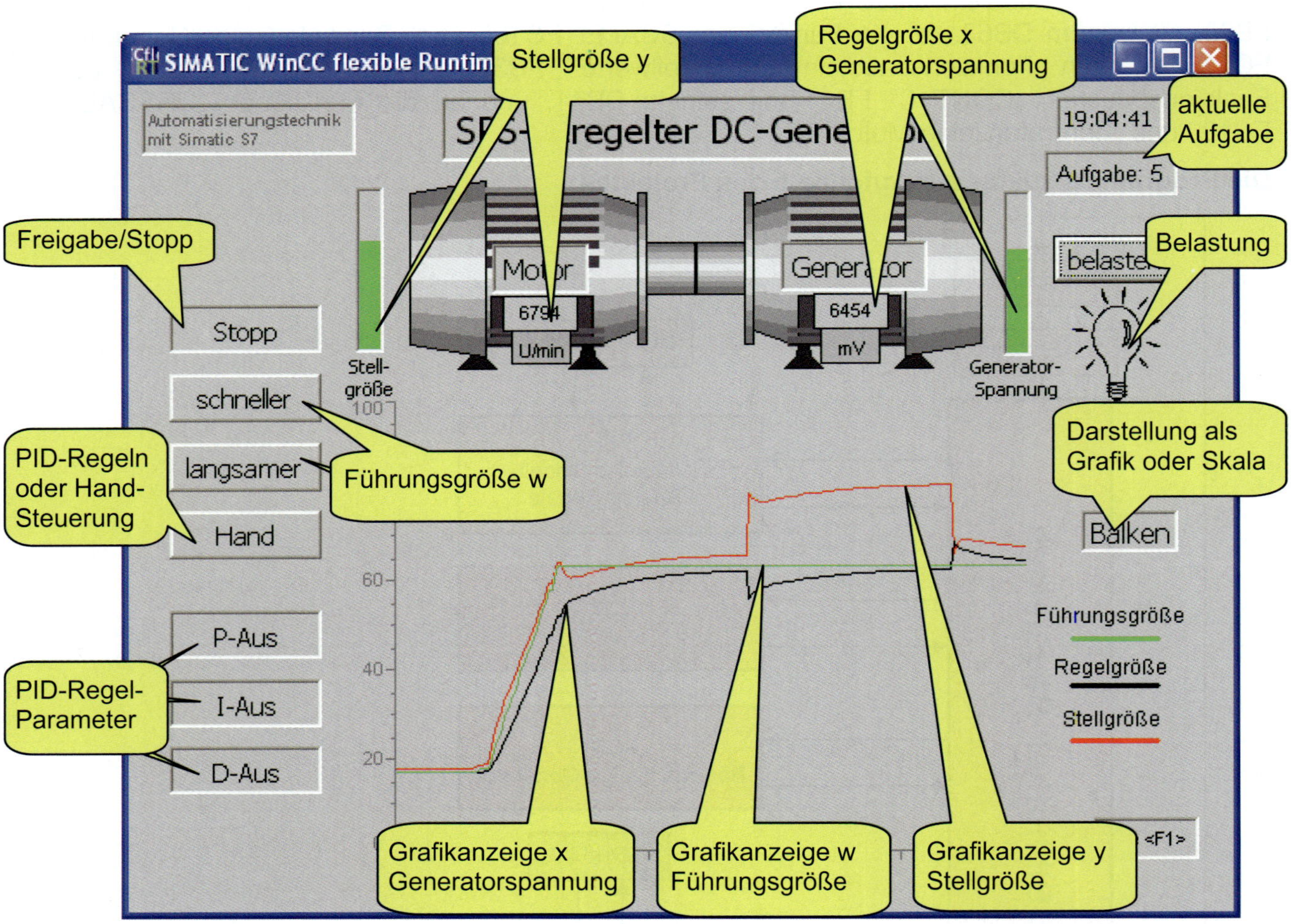

Erklärungen:

- **Aufgabe:** Die aktuell eingestellte Aufgabe
- **Freigabe/Stopp:** Mit dieser Umschalttaste wird die Stellgröße y zum Gleichstrommotor frei geschaltet oder gesperrt.
- **Führungsgröße w:** Mit den Schaltflächen **„schneller“** / **„langsamer“** wird die Führungsgröße w vorgegeben.
- **Hand/Automatik:** Umschalttaste für Handsteuerung oder automatische PID-Regelung.
- **Stellgröße y Motordrehzahl:** Anzeige der aktuellen Drehzahl des Motors von 0…10000 min^{-1}.
- **Regelgröße x Gen.-Spannung:** Die sich aus der Drehzahl und Belastung ergebende Spannung von 0…10000 mV.
- **PID-Regel-Parameter:** Aufschaltung der einzelnen Regel-Parameter
- **Belasten / entlasten:** Die Generatorbelastung durch eine Glühlampe
- **Grafik/Balken:** Darstellung der Regeldifferenz als Grafik oder Skala
- **Grafikanzeigen:** Der zeitlicher Verlauf der Führungsgröße, der Regelgröße und der Stellgröße

C6.1 Die Simatic-Funktion SCALE (FC105)

Die Funktion Werte skalieren (SCALE) wandelt einen ganzzahligen Integerwert (IN) in einen Realzahlenwert um, der in physikalischen Einheiten zwischen einem unteren Grenzwert (LO_LIM) und einem oberen Grenzwert (HI_LIM) skaliert wird. Die Funktion SCALE kann unipolar (BIPOLAR = FALSE) und bipolar (BIPOLAR = TRUE) arbeiten. Das Ergebnis der Wandlung wird an den Ausgang (OUT) geschrieben. Über RET_VAL wird eine Information ausgegeben, ob die Wandlung fehlerfrei (RET_VAL = 0) oder bei Grenzwertverletzung fehlerkorrigiert (RET_VAL = 8) durchgeführt wurde.

Die Funktion „**FC105 SCALE CONVERT**" ist zu finden unter:

Bibliotheken – Standard Library – TI-S7 Converting Blocks

Für diese Aufgabe 5 soll SCALE mit den folgenden Informationen beschrieben werden:

IN:	Analoges Eingangswort	0 27648	(0… 10000mV)
HI_LIM:	oberer Grenzwert	100.0	(100 %)
LO_LIM:	unterer Grenzwert	0.0	(0 %)
OUT:	skalierter Wert	0 … 100.0	(0.0 … 100.0%)
BIPOLAR:	FALSE	unipolarer Betrieb	bipolar = FALSE
RET_VAL:	Variable für Informationen	Signalgebung für eine fehlerfreie und eine fehlerbehaftete Skalierung (Grenzwertverletzung)	

C6.2 Der Simatic-Funktionsbaustein FB41 „CONT_C"

Der Funktionsbaustein kontinuierliches Regeln (continuous controller) dient zum Regeln von technischen Prozessen mit kontinuierlichen Ein- und Ausgangsgrößen. CONT_C ist ein zyklisch arbeitender PID-Regler, der wegen der konstanten Aufrufzeit über den Weckalarm-OB (OB35) aufgerufen wird. Eine Umschaltung auf Handbetrieb ist gegeben.

Der Funktionsbaustein „**FB41 CONT_C ICONT**" ist zu finden unter:

Bibliotheken – Standard Library – PID-Control Blocks

Für diese Aufgabe 5 soll CONT_C mit den folgenden Informationen beschrieben werden:

MAN_ON:	Handbetrieb einschalten	TRUE/FALSE	Handbetrieb = TRUE
P_SEL:	P-Anteil einschalten	TRUE/FALSE	P_Anteil = TRUE
I_SEL:	I-Anteil einschalten	TRUE/FALSE	I_Anteil = TRUE
D_SEL:	D-Anteil einschalten	TRUE/FALSE	D_Anteil = TRUE
CYCLE:	Aufrufzeit des OB35	T#100ms	(100ms)
SP_INT:	Führungsgröße vorgeben	0.0 … 100.0	Führungsgrößen-Variable
PV_IN:	Regelgrößen Eingang	0.0 … 100.0	Regelgrößen-Variable
MAN:	Wert im Handbetrieb	0.0 … 100.0	Handwert-Variable (Sollwert)
GAIN:	P-Wert	z.B. 2.0	Proportionalbeiwert
TI:	I-Wert	z.B. T#3s	Integrationszeit
TD:	D-Wert	z.B. T#30ms	Differenzierzeit
LMN:	Ausgangswert	0.0 … 100.0	Stellwert

C6.3 Die Simatic-Funktion UNSCALE (FC106)

Die Funktion Werte deskalieren (UNSCALE) wandelt einen Realzahlenwert (IN), der in physikalischen Einheiten zwischen einem unteren Grenzwert (LO_LIM) und einem oberen Grenzwert (HI_LIM) skaliert ist, in einen ganzzahligen Integerwert um. Die Funktion UNSCALE kann unipolar (BIPOLAR = FALSE) und bipolar (BIPOLAR = TRUE) arbeiten. Das Ergebnis der Wandlung wird an den Ausgang (OUT) geschrieben. Über RET_VAL wird eine Information ausgegeben, ob die Wandlung fehlerfrei (RET_VAL = 0) oder bei Grenzwertverletzung fehlerkorrigiert (RET_VAL = 8) durchgeführt wurde.

Die Funktion „**FC106 UNSCALE CONVERT**" ist zu finden unter:

Bibliotheken – Standard Library – TI-S7 Converting Blocks

Für diese Aufgabe 5 soll UNSCALE mit den folgenden Informationen beschrieben werden:

IN:	Stellgröße y	0 … 100.0	(0… 100.0%)
HI_LIM:	oberer Grenzwert	100.0	(100 %)
LO_LIM:	unterer Grenzwert	0.0	(0 %)
OUT:	Analoges Ausgangswort	0 …. 27648	(0.0 … 10000mV)
BIPOLAR:	FALSE	unipolarer Betrieb	bipolar = FALSE
RET_VAL:	Variable für Informationen	Signalgebung für eine fehlerfreie und eine fehlerbehaftete Deskalierung (Grenzwertverletzung)	

C6.4 Der Weckalarm OB35 „PID-Regeln mit Simatic-Bibliothek-Bausteinen“

Der Simatic PID-Regler „CONT_C“ (FB41, DB41) ist ein zyklisch arbeitender Baustein, der nur mit einer definierten Abtastzeit (Zyklus) aufgerufen wird. Der OB35 wird als Weckalarm mit einem konstanten Zeitraster aufgerufen. Standardmäßig ist er auf 100ms eingestellt.
Der OB35 wird ganz normal wie jeder andere S7-Baustein erstellt und in das Programm eingefügt. Im OB35 werden alle Programmbausteine aufgerufen.

Zunächst werden im OB35 noch temporäre Variable zum Weiterleiten von Daten angelegt.

- Schnittstelle
  - TEMP
    - OB35_EV_CLASS
    - OB35_STRT_INF
    - OB35_PRIORITY
    - OB35_OB_NUMBR
    - OB35_RESERVED_1
    - OB35_RESERVED_2
    - OB35_PHASE_OFFSET
    - OB35_RESERVED_3
    - OB35_EXC_FREQ
    - OB35_DATE_TIME
    - Generator_x_Groesse
    - Motor_w_Groesse
    - Motor_w_Vorwahl
    - Motor_y_Groesse
    - Scale_ret_val
    - Unscale_ret_val

Inhalt von: 'Umgebung\Schnittstelle\TEMP'

Name	Datentyp	Adresse	Kommentar
OB35_EV_CLASS	Byte	0.0	Bits 0-3 = 1 (Coming event), Bits 4-7 = 1 (Event class 1)
OB35_STRT_INF	Byte	1.0	16#36 (OB 35 has started)
OB35_PRIORITY	Byte	2.0	Priority of OB Execution
OB35_OB_NUMBR	Byte	3.0	35 (Organization block 35, OB35)
OB35_RESERVED_1	Byte	4.0	Reserved for system
OB35_RESERVED_2	Byte	5.0	Reserved for system
OB35_PHASE_OFFSET	Word	6.0	Phase offset (msec)
OB35_RESERVED_3	Int	8.0	Reserved for system
OB35_EXC_FREQ	Int	10.0	Frequency of execution (msec)
OB35_DATE_TIME	Date...	12.0	Date and time OB35 started
Generator_x_Groesse	Real	20.0	Generatorspannung ist die Regelgroesse x
Motor_w_Groesse	Real	24.0	Motorspannung ist die Führungsgröße w
Motor_w_Vorwahl	Real	28.0	vorgewählte Führungsgroesse w (ohne Freigabe)
Motor_y_Groesse	Real	32.0	geregelte Stellgroesse y für den Motor
Scale_ret_val	Word	36.0	Fehlercode beim Skalieren
Unscale_ret_val	Word	38.0	Fehlercode beim Deskalieren

Im OB35 im **Netzwerk 1** wird der Visualisierungsbaustein FB 63 „Motor-Visualisierung“ mit dem Instanzdatenbaustein DB63 „Daten Visualisierung“ aufgerufen.

Nummer der Aufgabe:	5	
Prozessabbild der Ausgänge PAA:	AW124	(Bargrafanzeige von Motor und Generator)
Prozessabbild der Eingänge PAE:	EB124	(Eingangs-Steuerelemente)
Analoges Ausgangswort PAW:	„Analog_Out“ (AW 752)	
Analoges Eingangswort:	„Analog_In“ (EW 752)	
Fuehrungs_groesse:	Datenbaustein 32 mit dem Doppelwort 10 (DB32.DBD10)	

OB35 : "Cyclic Interrupt"

Netzwerk 1: Prozess-Visualisierung einbinden

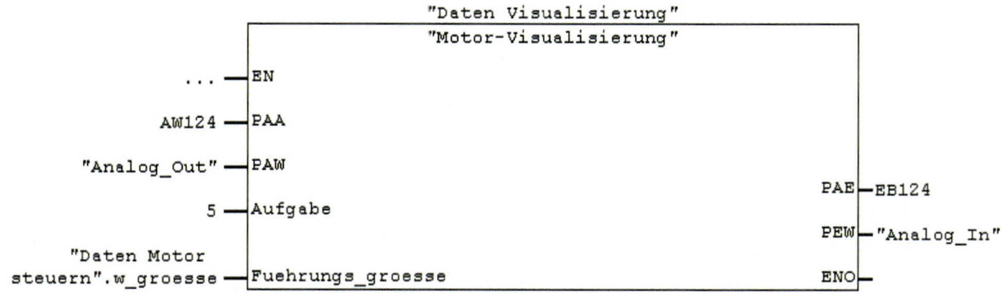

Im **Netzwerk 2** wird der Baustein FC105 „SCALE“ aufgerufen.

In:	„Analog_In“ (EW 752)	
HI_LIM (Oberer Grenzwert):	1.000e+002 (100.0 %)	
LO_LIM (Unterer Grenzwert):	0.000e+000 (0.0 %)	
Bipolar:	„Bipolar“ (E124.7 = 0)	
RET_VAL:	#Scale_ret_val	temporäre Variable des OB35
Skalierter Wert:	#Generator_x_Groesse	temporäre Variable des OB35

Netzwerk 2: Analoge Eingangswerte einlesen

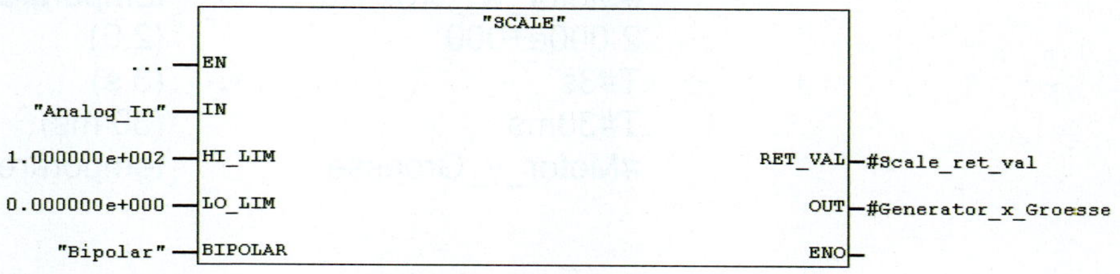

Im **Netzwerk 3** wird der Baustein FC31 „Bargraf-Anzeige“ aufgerufen.

Wert:	#Generator_x_Groesse	(skalierter Wert)
Faktor:	1.00e+002	(100.0, weil im Bereich bis 100%)
Lampe_0 bis Lampe_7:	Bits 125.0 bis 125.7	(„Generator_LED_0” bis _7)

Netzwerk 3: Bargraf-Anzeige der Generatorwerte

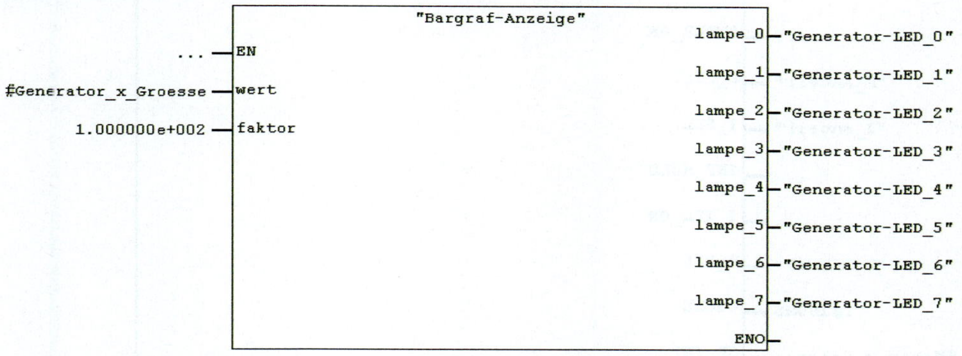

Im **Netzwerk 4** werden der Baustein FB32 „Motor_Sollwerte“ mit dem Instanzdatenbaustein DB32 „Daten_Motor_Sollwerte“ aufgerufen.

freigabe:	„Freigabe_W_Groesse“	(E 124.0)
schneller:	„Anhebung_W_Groesse“	(E 124.1)
langsamer:	„Reduzierung_W_Groesse“	(E 124.2)
schrittweite:	1.000e-001	(0.1)
max_w_vorgabe:	1.000e+002	(100 weil im Bereich bis 100%)
w_groesse:	#Motor_w_Groesse	temporäre Variable des OB35
w_vorwahl:	#Motor_w_Vorwahl	temporäre Variable des OB35

Der Wert #Motor_w_Groesse wird an den Baustein FB 41 „CONT_C“ weitergereicht.

Der Wert #Motor_w_Vorwahl wird an den Baustein FC 31 „Bargraf-Anzeige“ für den Motor weitergereicht.

Netzwerk 4 : Motor-Sollwerte steuern

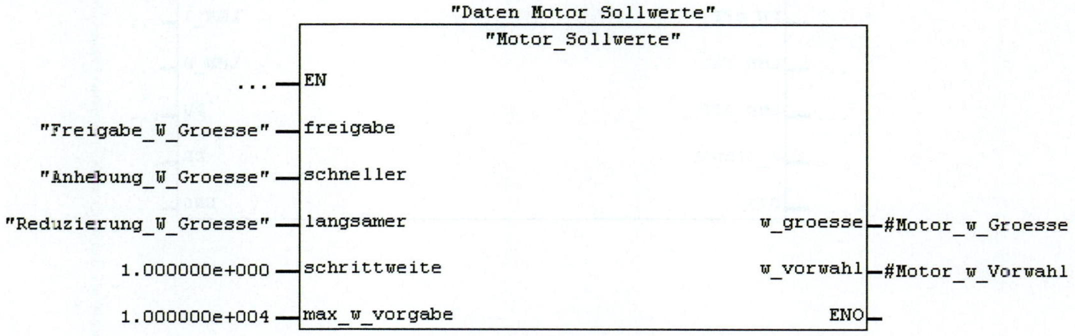

Im **Netzwerk 5** wird der PID-Regler-Baustein FB41„CONT_C“ mit dem Instanzdatenbaustein DB41 aufgerufen.

MAN_ON:	„Handbetrieb“	(E 124.3)
P_SEL:	„P-Anteil“	(E 124.4)
I_SEL:	„I-Anteil“	(E 124.5)
D_SEL:	„D-Anteil“	(E 124.6)
CYCLE:	T#100ms	(100.0ms)
SP_INT:	#Motor_w_Groesse	temporäre Variable des OB35
PV_IN:	#Generator_x_Groesse	temporäre Variable des OB35
MAN:	#Motor_w_Groesse	temporäre Variable des OB35
GAIN:	2.000e+000	(2.0)
TI:	T#3s	(3 s)
TD:	T#30ms	(30 ms)
LMN:	#Motor_y_Groesse	temporäre Variable des OB35

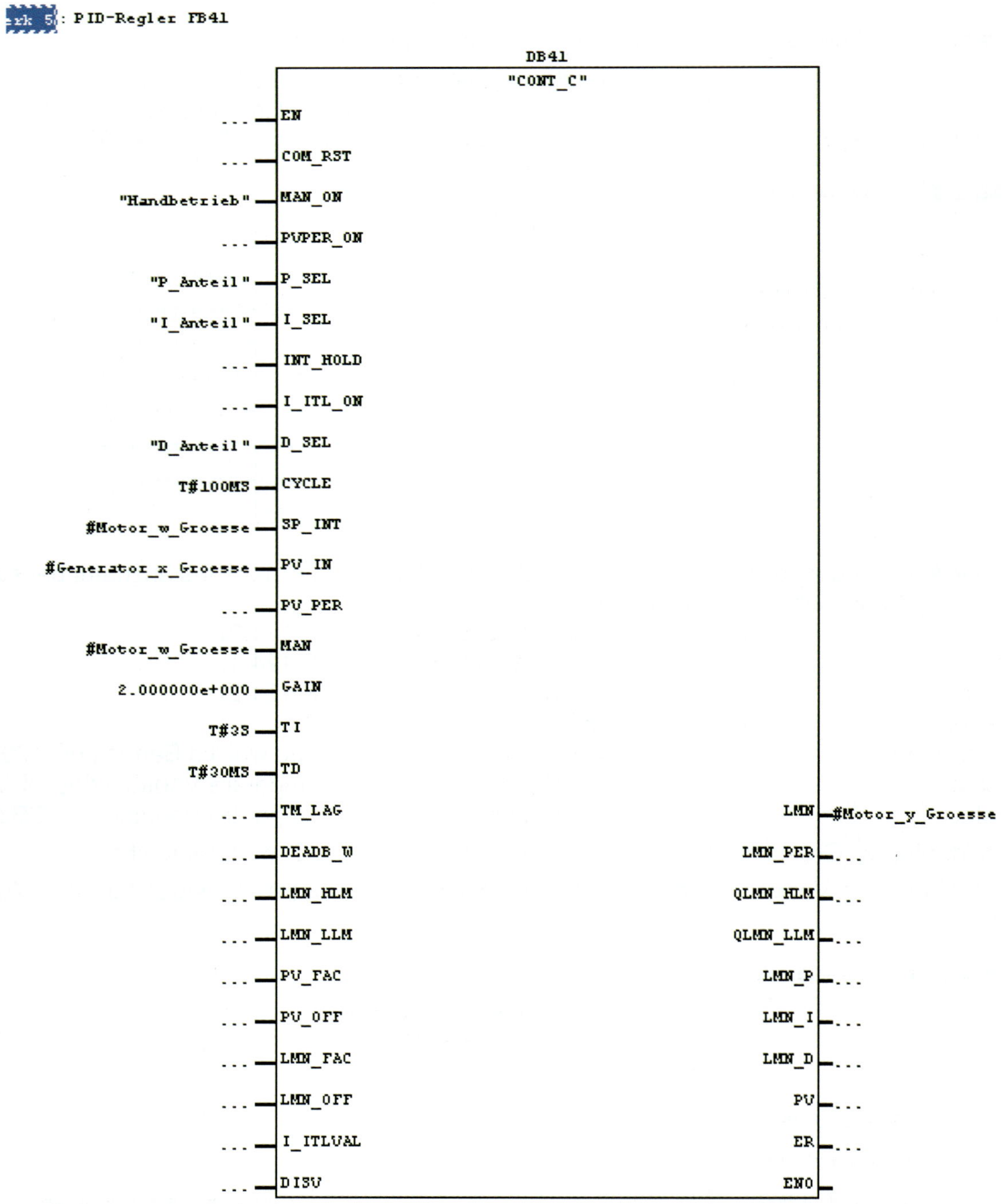

Im **Netzwerk 6** wird der Baustein FC106 „UNSCALE“ aufgerufen.

IN:	#Motor_y_Groesse	temporäre Variable des OB35
HI_LIM (Oberer Grenzwert):	1.000e+002 (100.0 %)	
LO_LIM (Unterer Grenzwert):	0.000e+000 (0.0 %)	
Bipolar:	„Bipolar“ (E124.7 = 0)	
RET_VAL:	#Unscale_ret_val	temporäre Variable des OB35
OUT:	„Analog_Out“	(AW 752)

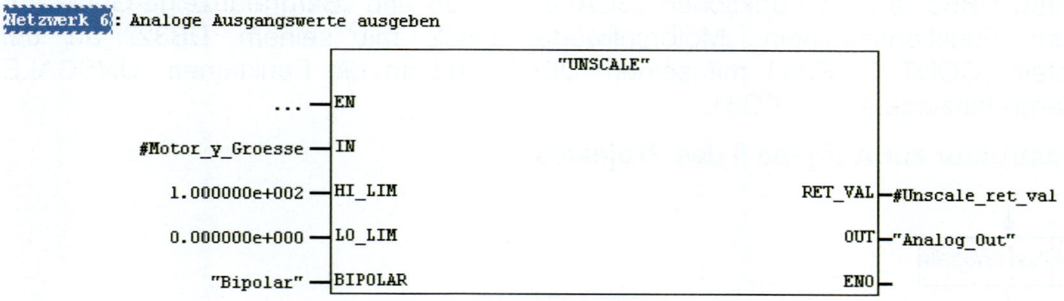

Im **Netzwerk 7** wird der Baustein FC31 „Bargraf-Anzeige“ aufgerufen.

Wert:	#Motor_w_Vorwahl	temporäre Variable des OB35
Faktor:	1.00e+002	(100.0, weil im Bereich bis 100%)
Lampe_0 bis Lampe_7:	Bits 124.0 bis 124.7	(„Motor_LED_0” bis _7)

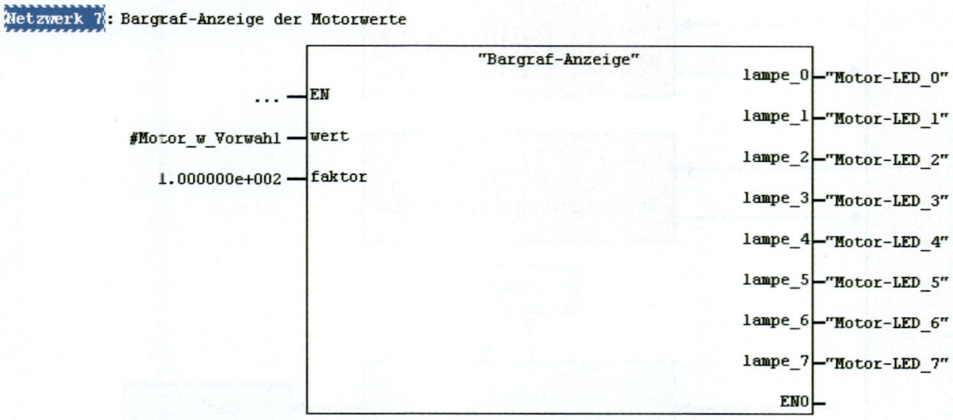

Für eine weitergehende Optimierung der Anlage gilt es, den Proportionalwert, die Integrationszeit und die Differenzierzeit auf eine neue gewünschte Regeldynamik zu parametrieren. Hierbei werden am FB41 die Werte für GAIN, TI und TD mit veränderten Werten beschrieben:

z.B.:	GAIN:	4.5
	TI:	T#1s500ms
	TD:	T#100ms

Außerdem können die regeldynamischen Eigenschaften der Anlage bei einer Reduzierung der OB35-Zykluszeit auf weniger als 20ms untersucht werden.

Und nun viel Erfolg bei der Inbetriebnahme der Aufgabe 5 „PID-Regeln mit Simatic-Bibliothek-Bausteinen“!

C7 PID-Regeln mit PID Control

In **Aufgabe 6** soll folgende Simatic-Funktionalität zur Anwendung kommen:

- Mit dem Softwaretool „PID Control" wird über den Instanzdatenbaustein DB41 die PID-Regelung „CONT_C" (FB41) gesteuert und parametriert. Mit einem Kennlinienschreiber werden die Regelungsvorgänge grafisch dargestellt.

Im Organisationsbaustein OB35 erfolgt die Datenübergabe zur Prozessvisualisierung an den FB63 mit seinem DB63, an die Funktionen „SCALE" FC105 und „Bargrafanzeige-Generator" FC31, an den Funktionsbaustein „Motorsollwerte" FB32 mit seinem DB32, an den Funktionsbaustein „CONT_C" FB41 mit seinem DB41, und an die Funktionen „UNSCALE" FC106 und „Bargrafanzeige-Motor" FC31.

Die Programmstruktur zur Aufgabe 6 des Projektes:

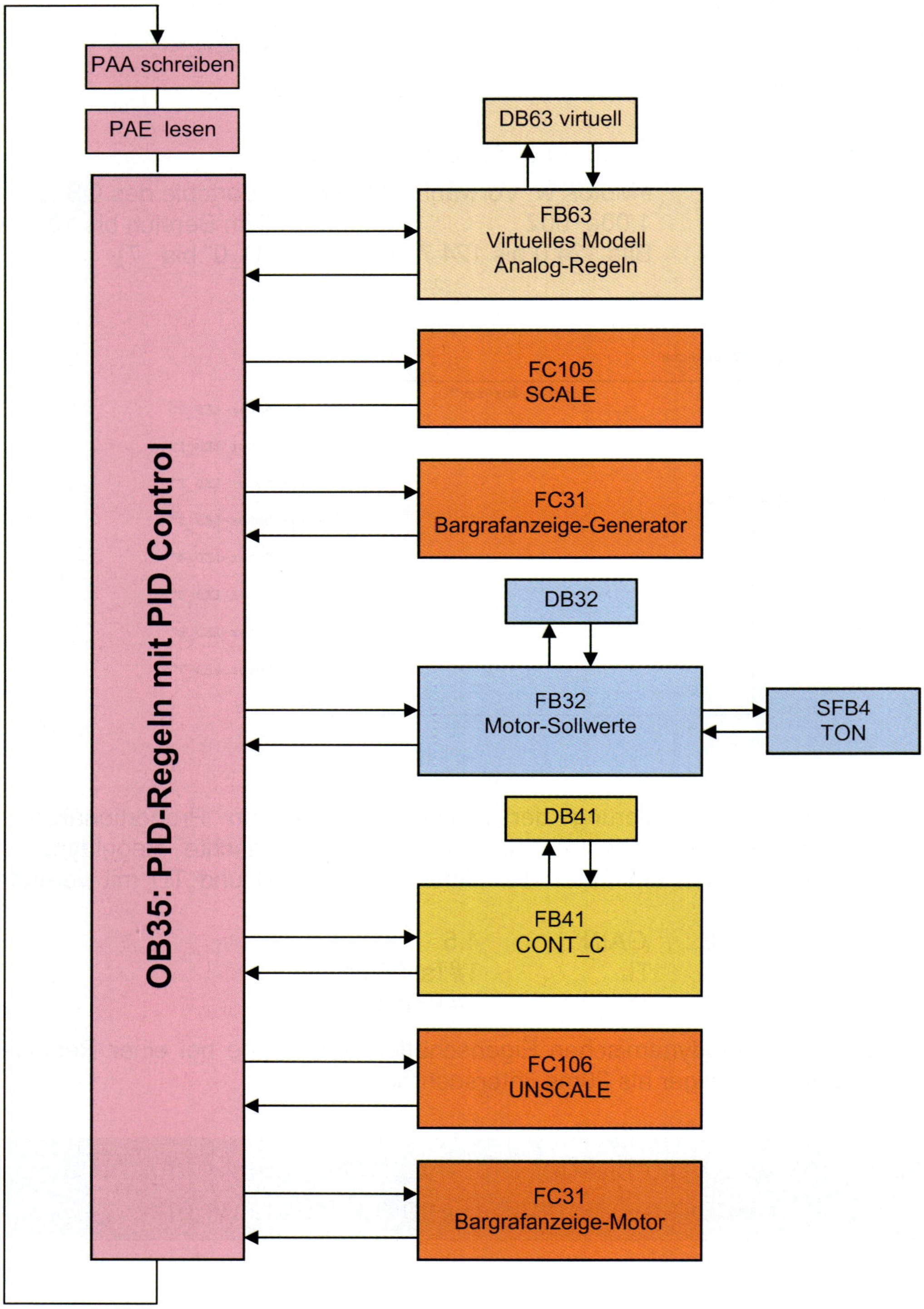

Die aktuelle Generatorspannung ist die **Regelgröße x.** Sie wird über die AD-Karte eingelesen und mit dem FC105 in einem unipolaren Bereich von 0 bis 100% skaliert. Mit dem FB32 „Motor-Sollwerte" wird die **Führungsgröße w** in einem unipolaren Bereich von 0 bis 100% erzeugt. Der PID-Regler CONT_C FB41 erhält zyklische Informationen über die **Führungsgröße w** (SP_INT) und die **Regelgröße x** (PV_IN) und liefert die **Stellgröße y** (LMN) in einem Bereich von 0 bis 100%. Die Regelparameter GAIN, TI und TD werden mit dem Programmtool PID Control im Instanzdatenbaustein DB41 beeinflusst. Die Stellgröße y wird mit dem FC106 deskaliert und über die DA-Karte an den Gleichstrommotor ausgegeben. Sowohl die Höhe der Motorspannung, als auch die Höhe der Generatorspannung werden als Bargraf dargestellt.

Die Runtimeversion für Aufgabe 6 des Projektes:

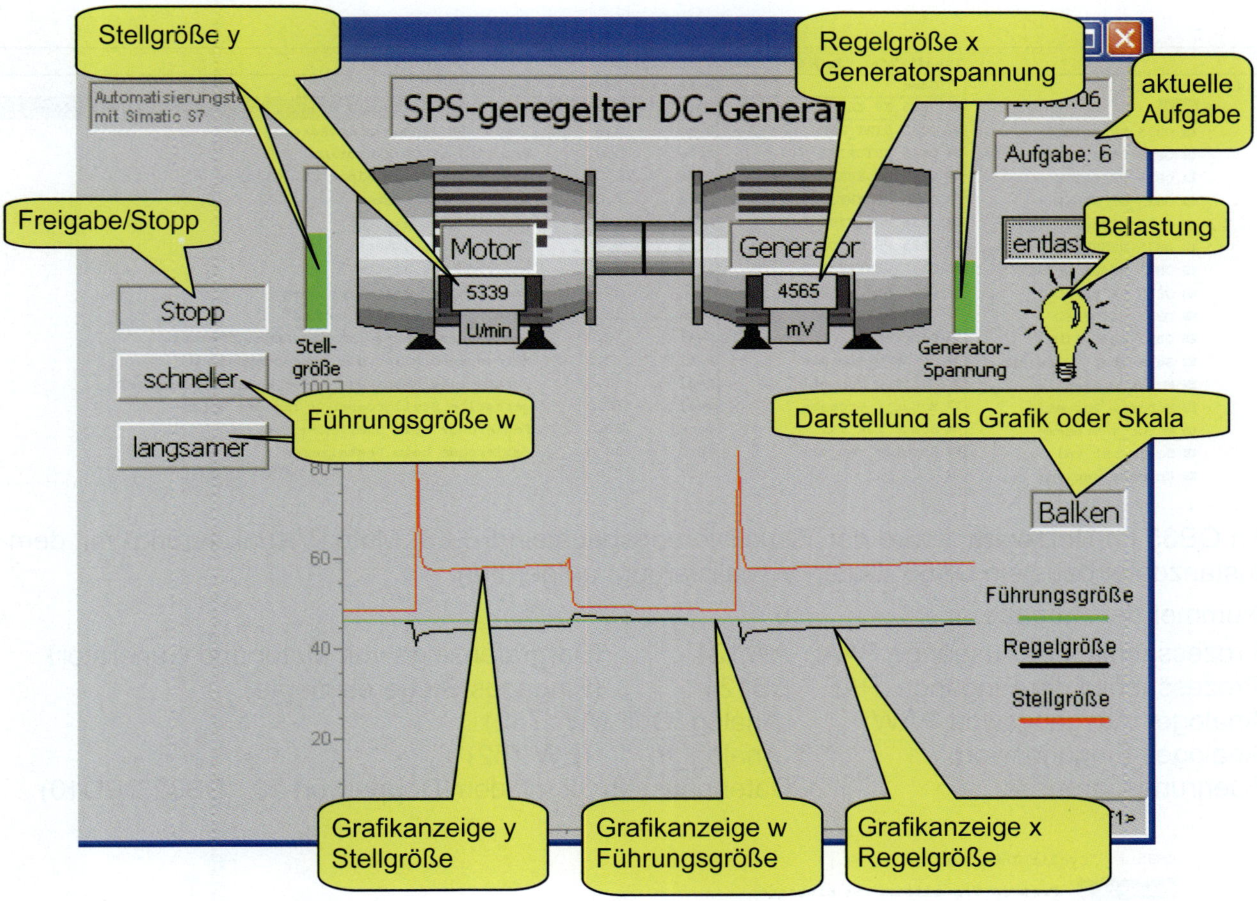

Erklärungen:

• **Aufgabe:**	Die aktuell eingestellte Aufgabe
• **Freigabe/Stopp:**	Mit dieser Umschalttaste wird die Stellgröße y zum Gleichstrommotor frei geschaltet oder gesperrt.
• **Führungsgröße w:**	Mit den Schaltflächen **„schneller"** / **„langsamer"** wird die Führungsgröße w vorgegeben.
• **Hand/Automatik:**	Steuerung über PID Control
• **Stellgröße y Motordrehzahl:**	Anzeige der aktuellen Drehzahl des Motors von 0…10000 min^{-1}.
• **Regelgröße x Gen.-Spannung:**	Die sich aus der Drehzahl und Belastung ergebende Spannung von 0…10000 mV.
• **PID-Regel-Parameter:**	Steuerung über PID Control
• **Belasten / entlasten:**	Die Generatorbelastung durch eine Glühlampe
• **Grafik/Balken:**	Darstellung der Regeldifferenz als Grafik oder Skala
• **Grafikanzeigen:**	Der zeitlicher Verlauf der Führungsgröße, der Regelgröße und der Stellgröße

C7.1 Der Weckalarm OB35 „PID-Regeln mit PID Control“

Der Simatic PID-Regler „CONT_C“ (FB41, DB41) ist ein zyklisch arbeitender Baustein, der nur mit einer definierten Abtastzeit (Zyklus) aufgerufen wird. Der OB35 wird als Weckalarm mit einem konstanten Zeitraster aufgerufen. Standardmäßig ist er auf 100ms eingestellt. In diesem Projekt soll er mit einer Abtastzeit von 30ms aufgerufen werden.

Achtung: Neue Hardwareeinstellungen der CPU:

Weckalarm – OB35 - 30ms: → danach speichern und übersetzen

Der OB35 wird ganz normal wie jeder andere S7-Baustein erstellt und in das Programm eingefügt. Im OB35 werden alle Programmbausteine aufgerufen.

Zunächst werden im OB35 noch temporäre Variable zum Weiterleiten von Daten angelegt.

- Schnittstelle
  - TEMP
    - OB35_EV_CLASS
    - OB35_STRT_INF
    - OB35_PRIORITY
    - OB35_OB_NUMBR
    - OB35_RESERVED_1
    - OB35_RESERVED_2
    - OB35_PHASE_OFFSET
    - OB35_RESERVED_3
    - OB35_EXC_FREQ
    - OB35_DATE_TIME
    - Generator_x_Groesse
    - Motor_w_Groesse
    - Motor_w_Vorwahl
    - Motor_y_Groesse
    - Scale_ret_val
    - Unscale_ret_val

Inhalt von: 'Umgebung\Schnittstelle\TEMP'

Name	Datentyp	Adresse	Kommentar
OB35_EV_CLASS	Byte	0.0	Bits 0-3 = 1 (Coming event), Bits 4-7 = 1 (Event class 1)
OB35_STRT_INF	Byte	1.0	16#36 (OB 35 has started)
OB35_PRIORITY	Byte	2.0	Priority of OB Execution
OB35_OB_NUMBR	Byte	3.0	35 (Organization block 35, OB35)
OB35_RESERVED_1	Byte	4.0	Reserved for system
OB35_RESERVED_2	Byte	5.0	Reserved for system
OB35_PHASE_OFFSET	Word	6.0	Phase offset (msec)
OB35_RESERVED_3	Int	8.0	Reserved for system
OB35_EXC_FREQ	Int	10.0	Frequency of execution (msec)
OB35_DATE_TIME	Date...	12.0	Date and time OB35 started
Generator_x_Groesse	Real	20.0	Generatorspannung ist die Regelgroesse x
Motor_w_Groesse	Real	24.0	Motorspannung ist die Führungsgröße w
Motor_w_Vorwahl	Real	28.0	vorgewählte Führungsgroesse w (ohne Freigabe)
Motor_y_Groesse	Real	32.0	geregelte Stellgroesse y für den Motor
Scale_ret_val	Word	36.0	Fehlercode beim Skalieren
Unscale_ret_val	Word	38.0	Fehlercode beim Deskalieren

Im OB35 im **Netzwerk 1** wird der Visualisierungsbaustein FB 63 „Motor-Visualisierung“ mit dem Instanzdatenbaustein DB63 „Daten Visualisierung“ aufgerufen.

Nummer der Aufgabe:	6	
Prozessabbild der Ausgänge PAA:	AW124	(Bargrafanzeige von Motor und Generator)
Prozessabbild der Eingänge PAE:	EB124	(Eingangs-Steuerelemente)
Analoges Ausgangswort PAW:	„Analog_Out“	(AW 752)
Analoges Eingangswort:	„Analog_In“	(EW 752)
Fuehrungs_groesse:	Datenbaustein 32 mit dem Doppelwort 10	(DB32.DBD10)

OB35 : "Cyclic Interrupt"

Netzwerk 1: Prozess-Visualisierung einbinden

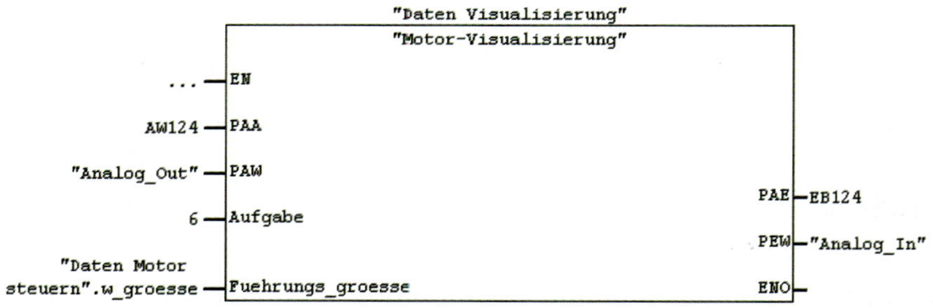

Mit den gleichen Daten wie in der **Aufgabe 5** werden aufgerufen:

Im **Netzwerk 2** der Baustein FC105 „SCALE“

Im **Netzwerk 3** der Baustein FC31 „Bargraf-Anzeige“ der Generatorwerte

Im **Netzwerk 4** der Baustein FB32 „Motor_Sollwerte“ mit dem Instanzdatenbaustein DB32

Im **Netzwerk 6** der Baustein FC106 „UNSCALE“

Im **Netzwerk 7** der Baustein FC31 „Bargraf-Anzeige“ der Motorwerte

Im **Netzwerk 5** wird der PID-Regler-Baustein FB41„CONT_C“ mit dem Instanzdatenbaustein DB41 aufgerufen.

CYCLE:	T#30ms	(30.0ms)
SP_INT:	#Motor_w_Groesse	temporäre Variable des OB35
PV_IN:	#Generator_x_Groesse	temporäre Variable des OB35
MAN:	#Motor_w_Groesse	temporäre Variable des OB35
LMN:	#Motor_y_Groesse	temporäre Variable des OB35

Über PID Control werden die Werte für P_SEL, I_SEL, D_SEL, GAIN, TI und TD gesetzt.

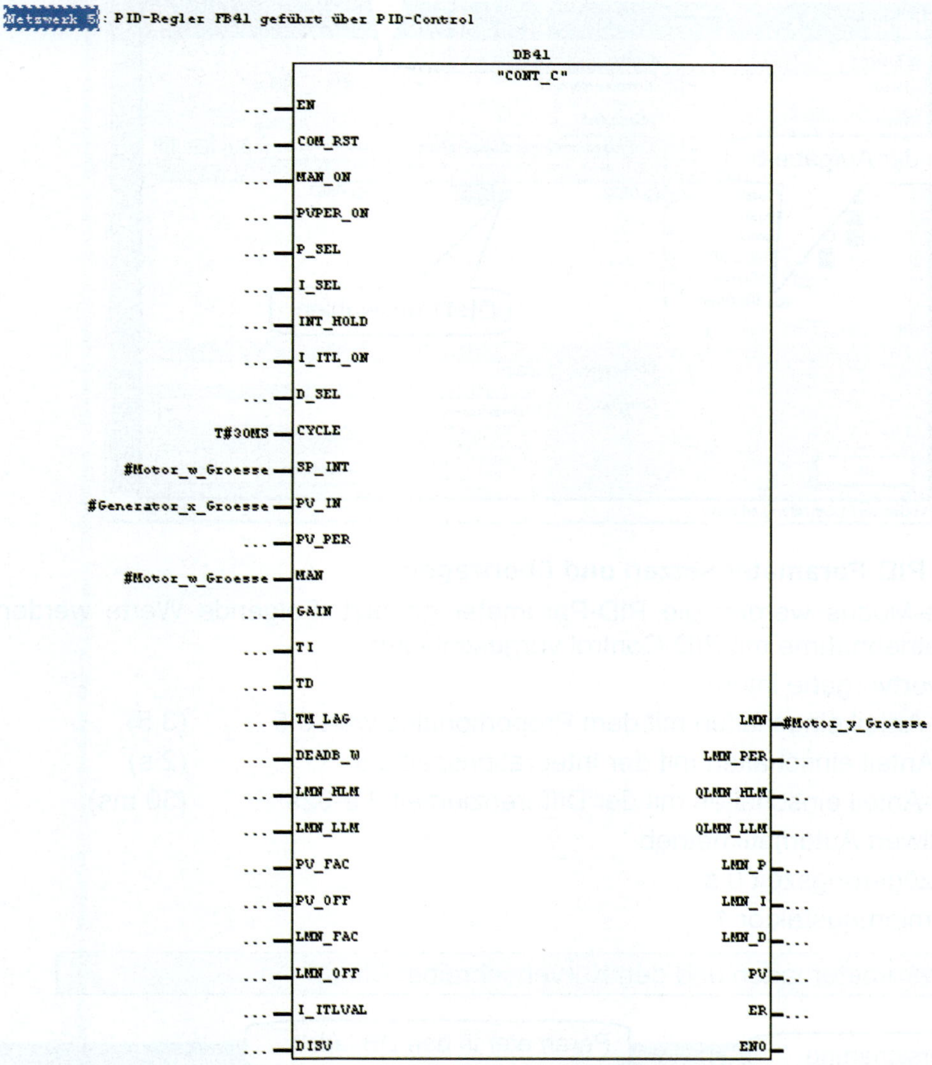

Das gesamte Programm speichern, in die SPS (bzw. PLCSIM) übertragen und die Visualisierung starten.

C7.2 Die Simatic-Software PID Control

C7.2.1 PID Control starten

Unter STEP7 ist das Programm „PID Control parametrieren“ zu finden.

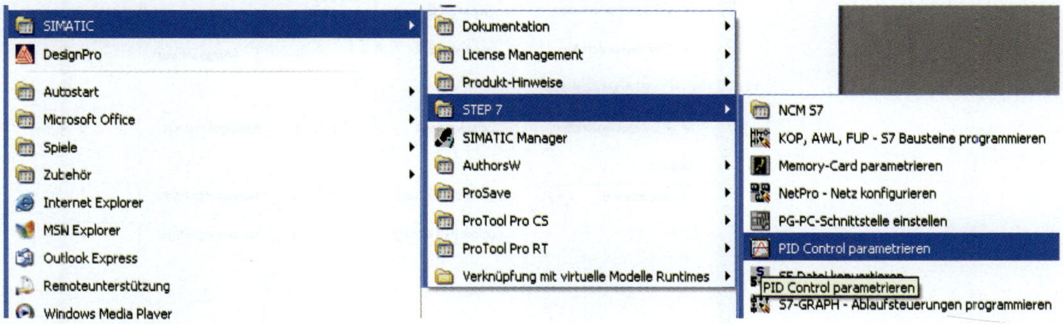

C7.2.2 Den Instanzdatenbaustein DB41 (FB41, CONT_C) öffnen

PID-Control arbeitet mit dem Instanzdatenbausteins DB41. Die Variablen des DB41 sind im Funktionsbaustein FB41 „CONT_C" deklariert worden.

Über PID Control den Datenbaustein DB41 im Modus „Online" öffnen.

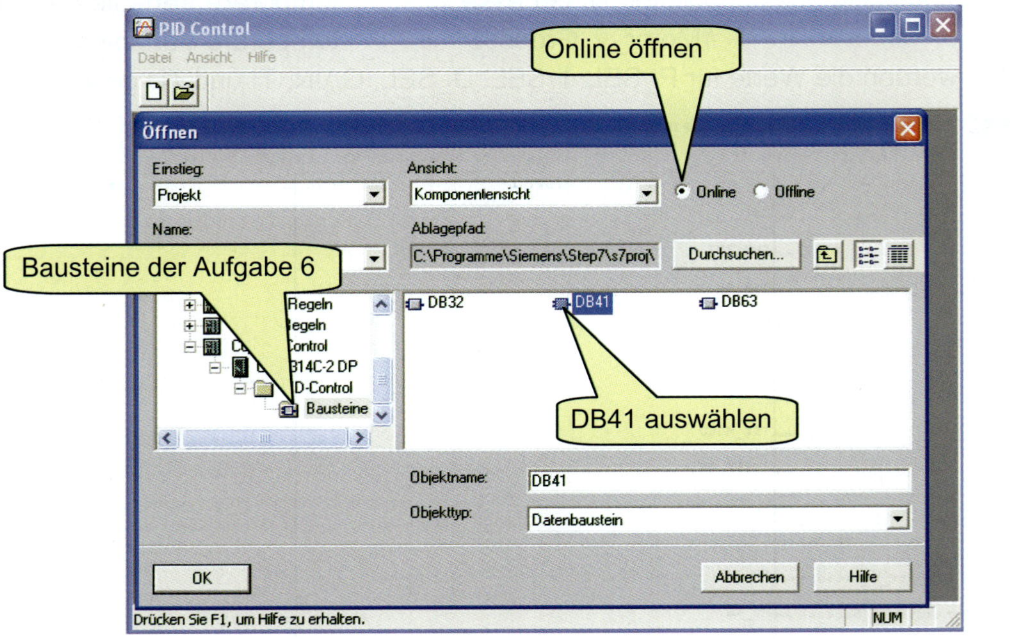

C7.2.3 Die PID-Parameter setzen und übertragen

Im Online-Modus werden die PID-Parameter gesetzt. Folgende Werte werden für eine erste Inbetriebnahme mit PID-Control vorgeschlagen:

Istwertvorgabe intern
1)P-Anteil einschalten mit dem Proportionalbeiwert 3.5 (3,5)
2)I-Anteil einschalten mit der Integrationszeit 2.s (2 s)
4)D-Anteil einschalten mit der Differenzierzeit 3.e-02s (30 ms).
Stellwert Automatikbetrieb
Verzögerungszeit 0.s
Normierungsfaktor 1.

Die Parameter laden und den Kurvenschreiber öffnen.

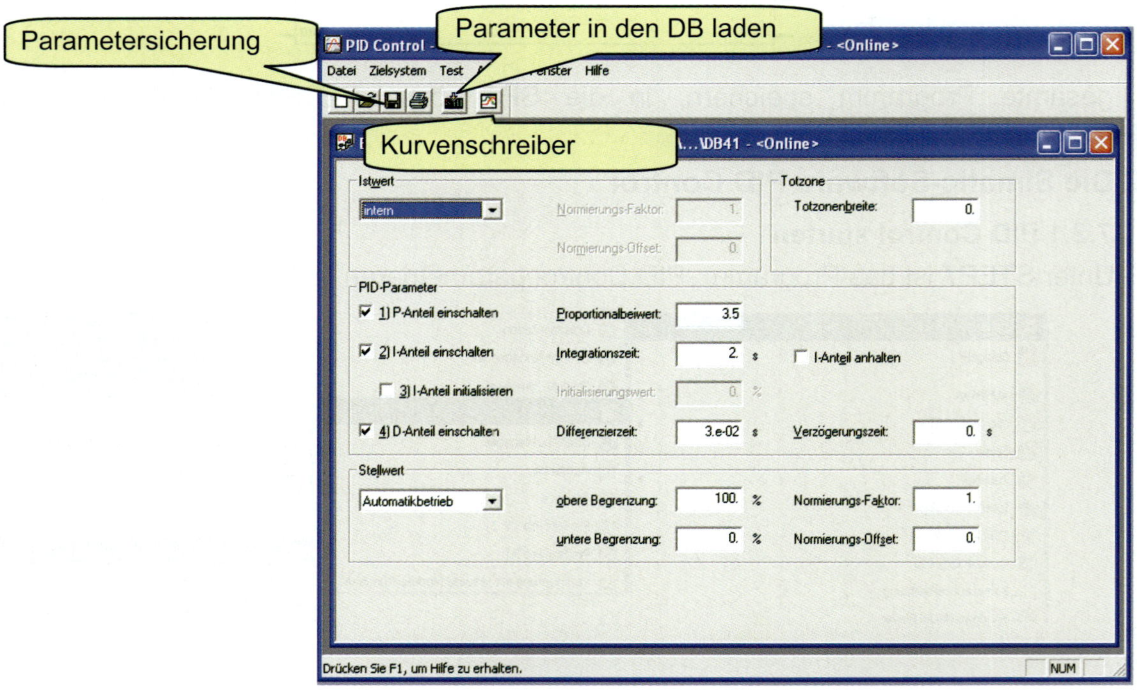

C7.2.4 Die Einstellungen des Kurvenschreibers

Die Skalierung des Kurvenschreibers wird für alle 3 Y-Achsenbegrenzungen geändert auf:

Oben: 100. % Unten: 0. % (Unipolar)

Die Farben können frei gewählt werden. Vielleicht wird die folgende Wahl getroffen:

Sollwert: grün Istwert: schwarz Stellwert: rot

Den Erfassungszyklus und die Länge der Zeitachse einstellen auf:

Erfassungszyklus: 200ms Länge der Zeitachse: 20 s

Danach die Einstellungen mit OK“ bestätigen.

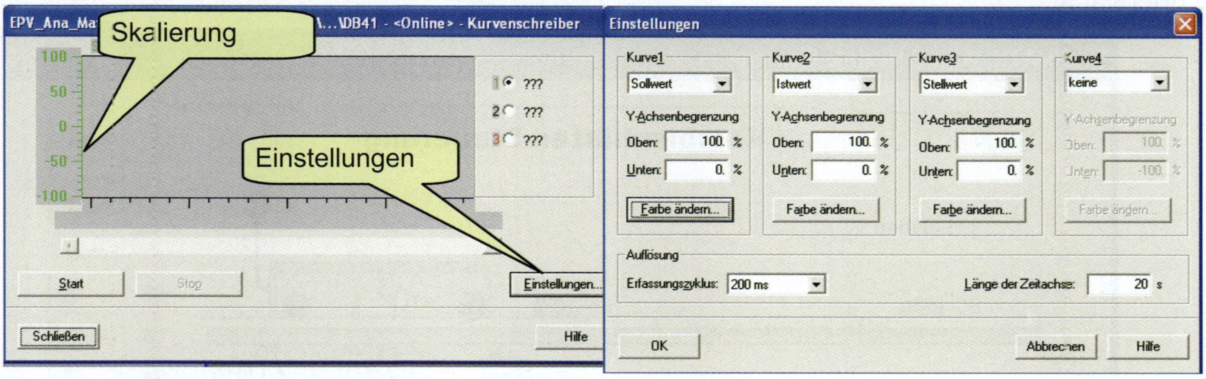

C7.2.5 Die Kennlinienaufnahme starten

Mit „Start“ wird die Kennlinienaufnahme gestartet. Die Sollwertvorgaben, sowie die Be- und Entlastungen werden über die WinCC flexible oder ProTool/Pro Visualisierung aktiviert. Eine Veränderung der Skalierung des Kurvenschreibers auf 80% für oben und 20% für unten ist sinnvoll, wenn die Anlage in einem Bereich um 50 % der maximalen Führungsgröße geregelt wird.

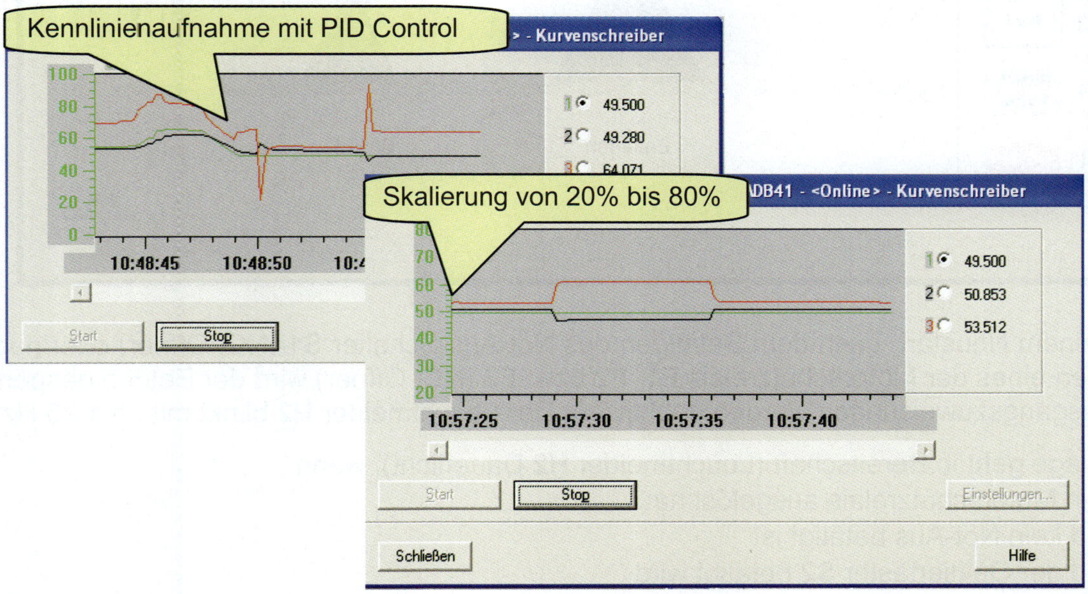

Für eine neue PID-Parametrierung wird der Kurvenschreiber gestoppt. Nach dem Setzen der neuen Vorgaben erfolgt die Übertragung in den Instanzdatenbaustein DB41. Danach wird der Kurvenschreiber wieder gestartet.

Die optimierten Daten müssen nach der Beendigung der Parametrierung gespeichert werden, damit sie auch im DB41 im Programmiergerät (PG) zur Verfügung stehen!

Und nun viel Erfolg mit der Aufgabe 6 „PID-Regeln mit PID Control“!

D Übungsprojekt Kombischütten-Steuerung

Eine fahrbare Kombischütte wird eingesetzt, um in einem Arbeitsgang von der Position **Beladen** mit der linken Schütte Material zur Position **Entladen I** und mit der rechten Schütte Material zur Position **Entladen II** zu transportieren. Die Kombischütte hat den Fahrmotor **M1**. Mit dem Motor **M2** wird die linke Schüttenklappe geöffnet und geschlossen und mit dem Motor **M3** wird die rechte Schüttenklappe geöffnet und geschlossen.
Die Endschalter der beiden Schüttenklappen **S8**, **S9**, **S10** und **S11**, sowie die Positionsschalter **S5**, **S6** und **S7** sind Öffner (NC).
Die drei Motoren werden durch die thermischen Überstromauslöser **F1**, **F2** und **F3** (NC, Öffner) überwacht.

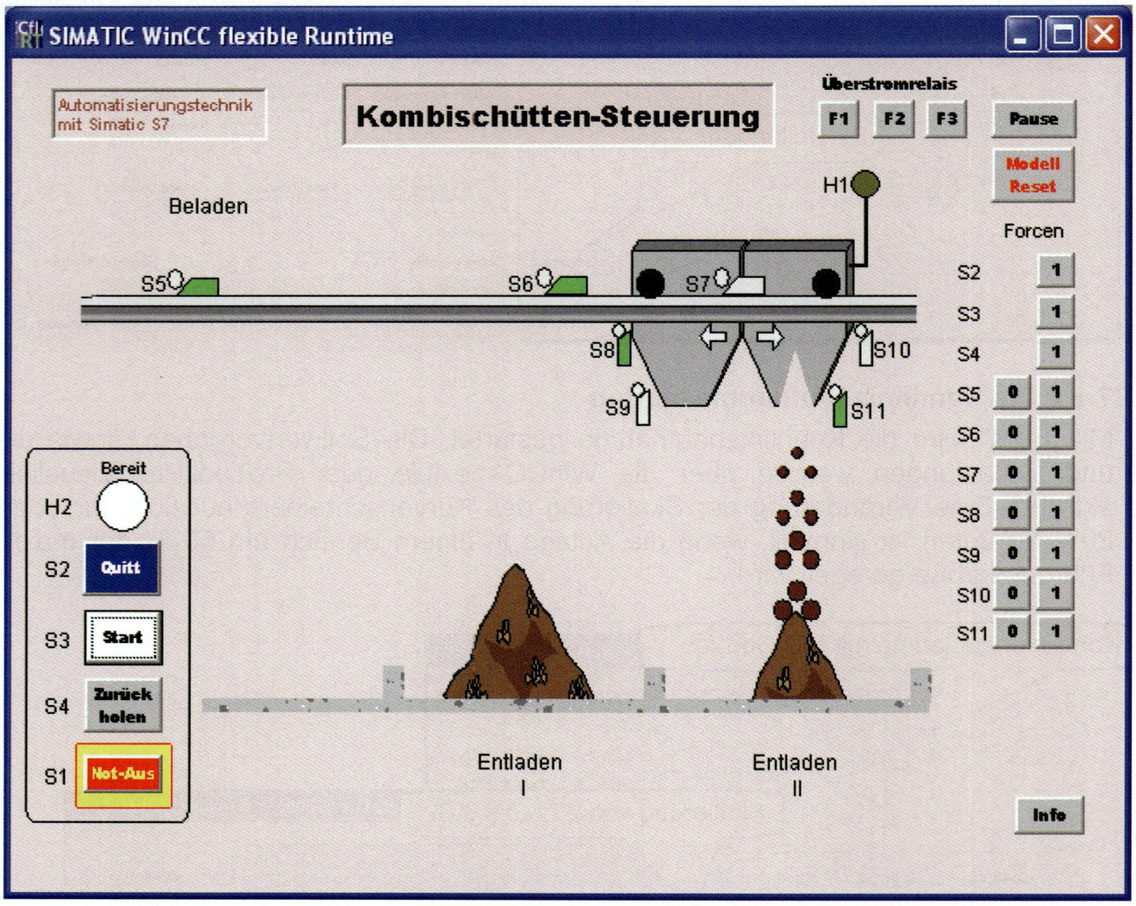

- Nach einem Neustart, nach dem Betätigen des Not-Aus-Schalter **S1** (NC, Öffner) oder nach Auslösen eines der Motorschutzrelais **F1**, **F2** bzw. **F3** (NC, Öffner) wird der Betrieb gesperrt. Alle Ausgangszuweisungen werden deaktiviert. Der Leuchtmelder **H2** blinkt mit $f = 1{,}25$ Hz.
- Die Anlage geht in Bereitschaft (Leuchtmelder **H2** Dauerlicht), wenn
  - kein Motorschutzrelais ausgelöst hat
  - und kein Not-Aus betätigt ist
  - und der Quittiertaster **S2** betätigt wird
- Die Kombischütte fährt zur Position **Entladen I** (Pos.-Schalter **S6** betätigt), wenn
  - die Anlage in Bereitschaft ist
  - das Fahrzeug in der Position **Beladen** steht (Positionsschalter **S5** betätigt)
  - und die Schüttenklappen geschlossen sind (Endschalter **S9** und **S11** betätigt)
  - und der Starttaster **S3** betätigt wird.
- In der Position **Entladen I** wird die linke Schüttenklappe geöffnet und es wird 6 Sekunden lang Material entladen. Nach dieser Entladezeit schließt die linke Schüttenklappe wieder und die Kombischütte fährt weiter zur Position **Entladen II** (Positionsschalter **S7** betätigt).

- In der Position **Entladen II** wird die rechte Schüttenklappe für 4 Sekunden geöffnet. Danach schließt sie wieder und die Kombischütte fährt zur Position **Beladen** zurück. Neues Material kann geladen werden.
- Die Blinklampe **H1** blinkt während des Fahrbetriebs mit *f* = 1,25 Hz.
- Durch Betätigung des Rückholtasters **S4** (NO, Schließer) wird die Kombischütte nach einem Störungs- oder Notfall, nach Herstellen der Bereitschaft und nach dem eventuell notwendigen Schließen der Schüttenklappen zur Position Beladen zurückgeholt.

Die Zuordnungsliste der Kombischüttensteuerung

Bezogen auf die konfigurierte SPS (314C-2DP) ergibt sich diese Zuordnungsliste:

Eingänge			Ausgänge	
Bezeichnung	Typ	SPS	Bezeichnung	SPS
S1 Not-Aus-Schalter	NC	E 124.0	H1 Blinklampe	A 124.0
S2 Quittiertaster	NO	E 124.1	M1-RL Fahrmotor vorwärts	A 124.1
S3 Starttaster	NO	E 124.2	M1-LL Fahrmotor rückwärts	A 124.2
S4 Rückholtaster	NO	E 124.3	M2-RL Klappenmotor L öffnen	A 124.3
F1 Motorschutzrelais (Fahrmotor)	NC	E 124.4	M2-LL Klappenmotor L schließen	A 124.4
F2 Motorschutzrelais (Klappenmotor L)	NC	E 124.5	M3-RL Klappenmotor R öffnen	A 124.5
F3 Motorschutzrelais (Klappenmotor R)	NC	E 124.6	M3-LL Klappenmotor R schließen	A 124.6
Reserve		E 124.7	H2 Leuchtmelder bereit	A 124.7
S5 Endschalter (Pos. Beladen)	NC	E 125.0		
S6 Endschalter (Pos. Entladen I)	NC	E 125.1		
S7 Endschalter (Pos. Entladen II)	NC	E 125.2		
S8 Endschalter (Klappe L offen)	NC	E 125.3		
S9 Endschalter (Klappe L geschlossen)	NC	E 125.4		
S10 Endschalter (Klappe R offen)	NC	E 125.5		
S11 Endschalter (Klappe R geschlossen)	NC	E 125.6		

Die Programmstruktur zur Kombischütten-Steuerung

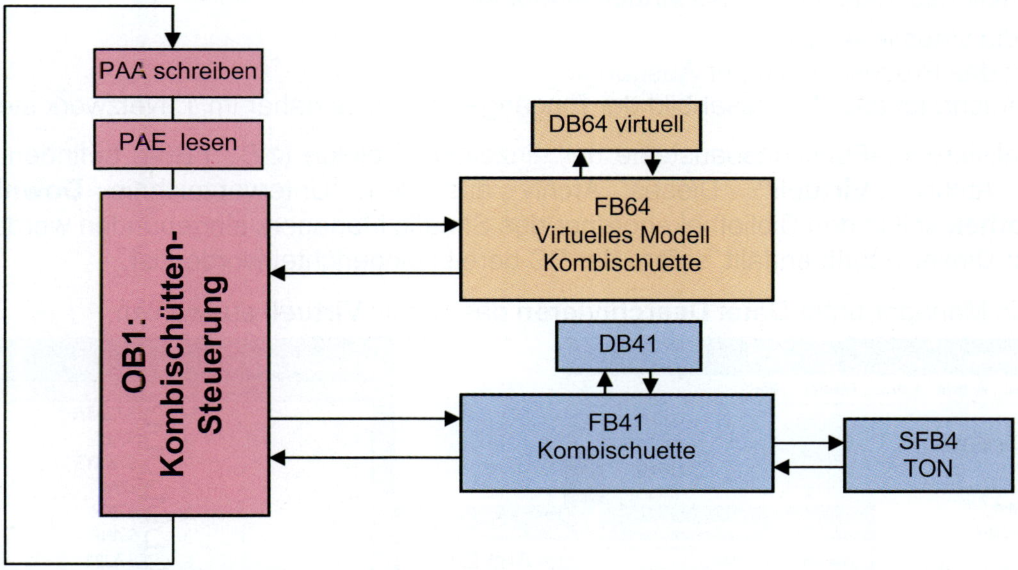

Viel Erfolg bei der Programmierung des Übungsprojektes Kombischütten-Steuerung!

E Die virtuellen Modelle

Die virtuellen Modelle bestehen aus jeweils zwei Komponenten:

- dem FB des virtuellen Modells zur Emulation des Prozesses
- der WinCC flexible Runtime bzw. der Protool/Pro Runtime zur Darstellung des emulierten Prozesses

Die hierfür erforderlichen Dateien stehen gepackt in der jeweils aktuellen Version als Download unter

http://www.epv-verlag.de/automatisierung/simatic.zip

Bitte diese Datei herunterladen und in ein Verzeichnis z.B. C:\Eigene Dateien entpacken. Die Verzeichnisse: „Bibliothek" - „WinCCflexibel Runtimes 200x" - „ProToolPro Runtimes" und „Hotfix Simatic S7" befinden sich nun in dem Unterverzeichnis Download S7.
In dem Verzeichnis „Bibliothek" gibt es für die erforderlichen FBs das Archiv „virtuell.zip". („virtuell.zip" bitte nicht entpacken! Diese Datei wird von Simatic-S7 als „virtuell.zip" benötigt).
In dem Verzeichnis „Hotfix Simatic S7" befindet sich ein Hotfix für die PLCSIM-Version 5.3. Es sollte unbedingt installiert werden, um Laufzeitprobleme mit den IEC-Timern zu beheben.
In den Verzeichnissen „WinCC flexibel Runtimes 200x" und „ProToolPro Runtimes" stehen die erforderlichen Runtime-Versionen „Kuehlhaus", „Palettenhubtisch", Regeln und Kombischuette" zur Verfügung.

E1 Eine Bibliothek für die FBs der virtuellen Modelle im Simatic Manager hinzufügen

Die virtuellen Modelle sind in verschiedenen Funktionsbausteinen (FB84 „Kuehlhaus-Visualisierung", FB60 „Paletten-Visualisierung", FB63 „Motor-Visualisierung" und FB 64 „Kombischuette-Visuali" untergebracht. Diese Funktionsbausteine emulieren reale Modelle oder reale Prozesse.

Wichtig zum Verständnis:

Die Eingänge eines virtuellen Modells sind die	=	Ausgänge der SPS
Die Ausgänge eines virtuellen Modells sind die	=	Eingänge der SPS

Der Funktionsbaustein FB eines virtuellen Modells:

- ist die virtuelle Anlage
- liest das Prozessabbild der Ausgänge
- überschreibt das Prozessabbild der Eingänge und muss daher im 1. Netzwerk stehen.

Die Visualisierungs-Funktionsbausteine der einzelnen Projekte (z.B.: FB84) befinden sich in dem Archiv **„Virtuell"**. Dieses Archiv aus dem Unterverzeichnis **Download S7/Bibliothek** soll in den Bibliothekenordner des Simatic Managers eingebunden werden.
Achtung: Dieser Schritt entfällt, sofern der PC bereits eingerichtet worden ist.

Im Simatic Manager unter **Datei Dearchivieren** das Archiv **Virtuell** auswählen.

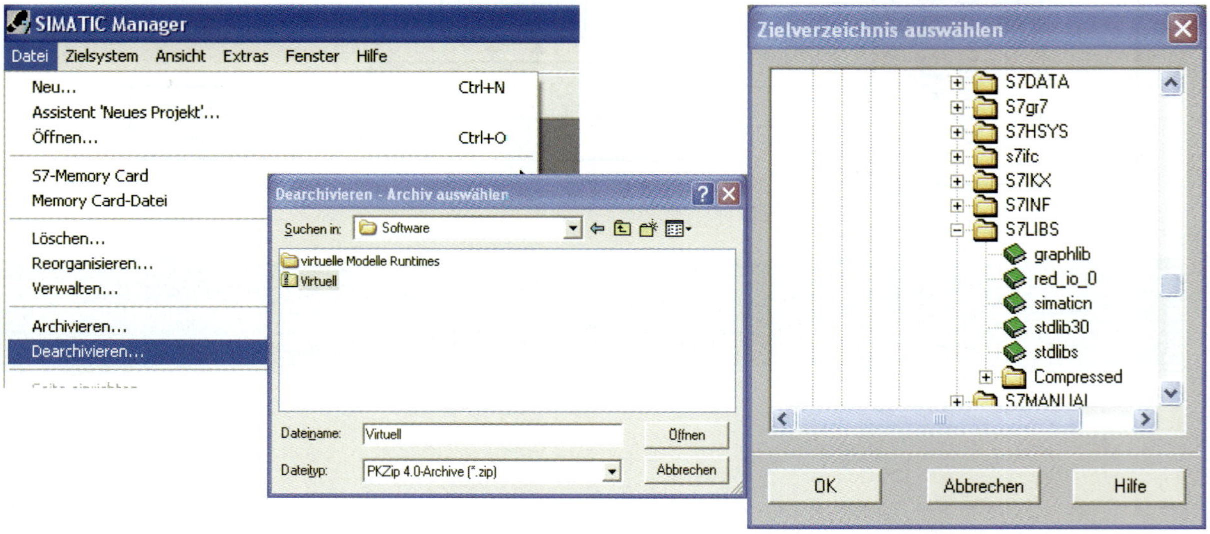

Nach dem **Öffnen** erscheint nun ein Dialog zur Abfrage des Zielverzeichnisses. Ein S7-Projekt würde standardmäßig in das Verzeichnis:

C:\Programme\ Siemens\ Step7\ S7Proj

dearchiviert werden. Da es sich aber um eine Bibliothek handelt, bitte das Verzeichnis **...\S7LIBS** auswählen. In diesem Ordner hat Siemens alle Bausteine zusammengestellt, die für diverse Anwenderprogramme zur Verfügung stehen. Hier findet sich zum Beispiel auch der IEC-Timer TON wieder. Alternativ kann natürlich auch ein freigegebener Ordner in einem Netzwerk gewählt werden. Die Meldung, dass die Daten dearchiviert wurden, bitte quittieren. Die Bibliothek muss auch nicht geöffnet werden.

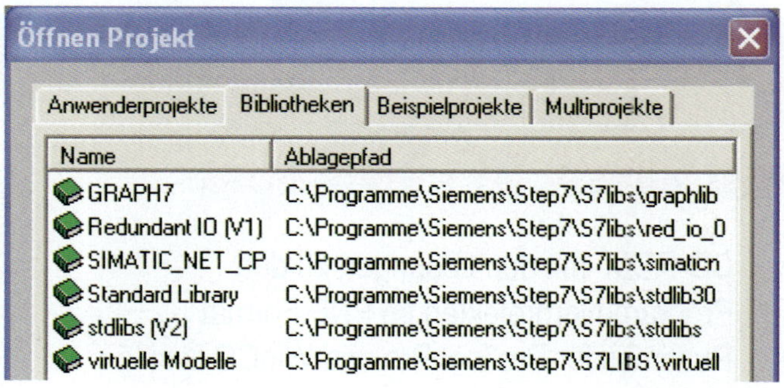

Die Bibliothek **„virtuelle Modelle"** hat den Simatic-Bibliotheksordner ergänzt. Die FBs der virtuellen Modelle stehen nun jederzeit zum Einbinden in die entsprechenden Programme bereit.

E2 Einen Ordner mit den Runtime-Versionen hinzufügen

Zu jedem Modell gibt es eine WinCC flexible bzw. eine ProTool/Pro Runtime-Version. Eine WinCC flexible bzw. eine ProTool/Pro Runtime-Version ist bei installierter Runtime-Software direkt ausführbar. Eine Version der Software WinCC flexible 2005 SP1 Trial CD ist als Demoversion ausreichend und im Lieferumfang dieses Buches enthalten. Bei einer Demoversion muss in regelmäßigen Abständen ein entsprechender Lizenzhinweis quittiert werden.

- **Einen Ordner für die virtuellen Runtime-Versionen erstellen**
  In dem Pfad **„C:\Programme\Siemens\Step7"** (oder entsprechend) für die Runtimes den Ordner **„virtuelle Modelle Runtimes"** erstellen.
- **Die Runtimes aus dem Download S7 Unterverzeichnis in den Ordner kopieren**
  Die Runtimes aus den Ordnern „ProToolPro Runtimes" bzw. „WinCC flexibel Runtimes" in den zuvor erstellten Ordner **„virtuelle Modelle Runtimes"** kopieren.
- **Den Runtime-Ordner in das Startmenü verlinken**
  Um ein Runtime-Programm bequemer erreichen und starten zu können, wird ein Link zwischen dem **Simatic-Start-Ordner** und dem Ordner mit den **virtuellen Modellen** hergestellt. Dabei im Explorer den Ordner **„virtuelle Modelle Runtimes"** auf die entsprechende Stelle in der Startleiste ziehen.

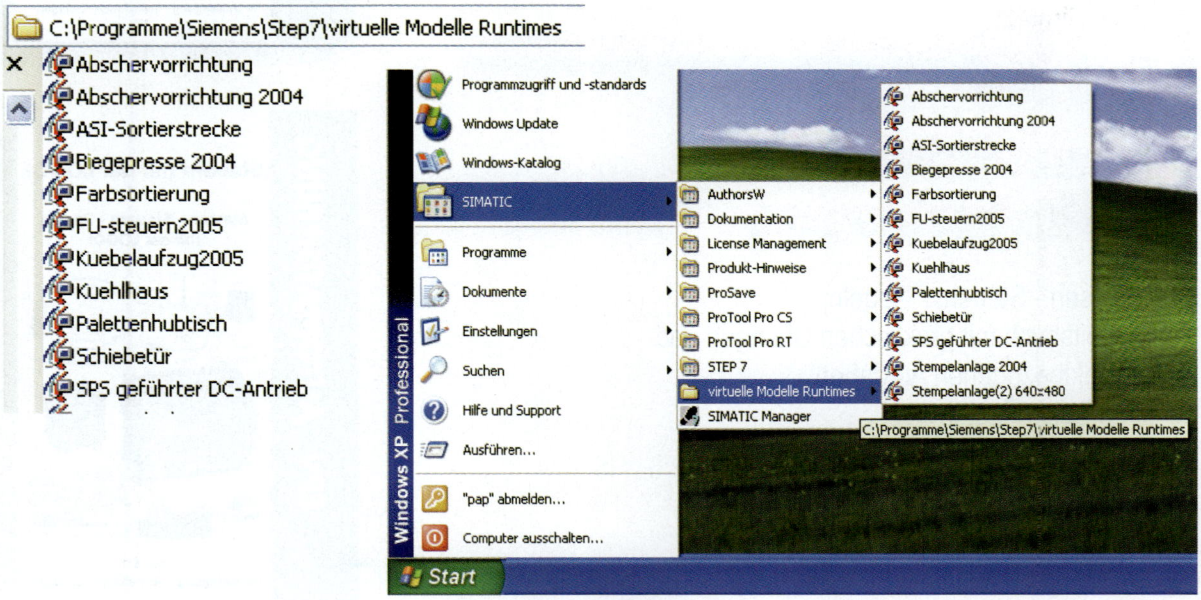

Weitere Titel aus unserem Programm

Automatisierungstechnik mit Simatic S7 - Lösungen

- CD-ROM mit den Lösungen zu den Programmierprojekten im PDF-Format
- Runtimes für ProTool Pro und WinCC flexible, jeweils mit Visiualisierungsmodellen
- SPS-Projekt-Archive / Bausteine
- ISBN 978-3-936318-76-0

€ 24,80 (inkl. ges. MwSt.)

Steuern mit der LOGO! Band 1 - Grundlehrgang

- Arbeitsbuch mit praktischen Übungen und projektbezogenen Aufgaben
- 110 Seiten, zahlr. Abb.
- 2., überarb. Auflage 2006
- ISBN 978-3-936318-53-1

€ 15,90 (inkl. ges. MwSt.)

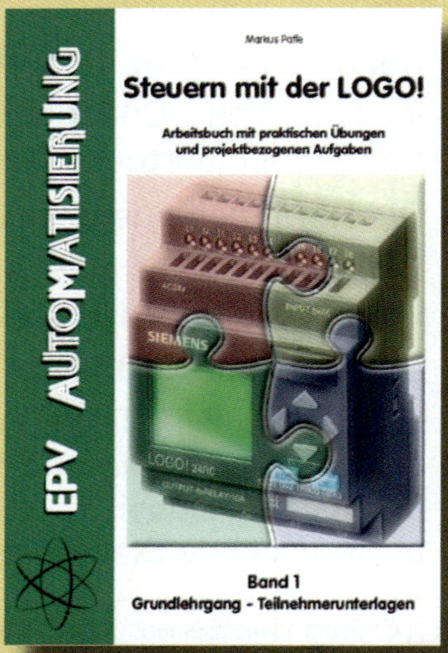

Steuern mit der LOGO! Band 2 - Fachlehrgang

- Messen - Steuern - Regeln
- Arbeitsbuch mit praktischen Übungen und projektbezogenen Aufgaben
- 128 Seiten, zahlr. Abb.
- ISBN 978-3-936318-48-7

€ 16,90 (inkl. ges. MwSt.)

Elektrofachkraft für festgelegte Tätigkeiten nach BGV A3

- Theorie und Praxis für alle gewerblich-technischen Berufe in Handwerk und Industrie
- 240 Seiten, zahlr. Abb.
- 2., aktualisierte und erw. Auflage 2008
- ISBN 978-3-936318-63-0

€ 24,80 (inkl. ges. MwSt.)

ISDN-, LAN- und analoge Anschlusstechnik

- mit Einführung Lichtwellenleiter
- 118 Seiten, zahlr. Abb.
- 3., überarb. und erw. Auflage 2005
- ISBN 978-3-936318-19-7

€ 16,90 (inkl. ges. MwSt.)

Diagnose Elektrik/Elektronik für Kfz-Mechatroniker

- Grundlagen der Kfz-Elektrik, Kfz-Elektronik und Mikroelektronik
- 160 Seiten, zahlr. Abb.
- 3. Auflage 2006 - Print on Demand
- ISBN 978-3-936318-50-0

€ 22,80 (inkl. ges. MwSt.)

EPV Elektronik-Praktiker-Verlagsges. mbH
Obertorstraße 33 · 37115 Duderstadt
Fon: 0 55 27 / 84 05 - 0 · Fax: 0 55 27 / 84 05 - 21
Email: info@epv-verlag.de · Web: www.epv-verlag.de

Mehrwert durch Partnerschaft. So lautet die Maxime bei Siemens Automation Cooperates with Education (SCE) – unserem Programm zur Förderung der Zusammenarbeit zwischen Industrie und Ausbildung. Dabei stehen Lernende und Lehrende in Forschungs-, Entwicklungs- und Ausbildungsstätten im Mittelpunkt. Im Rahmen von SCE unterstützen wir bei der Vermittlung von Basiswissen der Automatisierungstechnik und ermöglichen einfaches Lernen in strukturierter Lernumgebung. Mehr Informationen über das umfangreiche Leistungsangebot von SCE finden Sie im Internet.

SIEMENS

www.siemens.de/sce